"十三五"国家重点图书出版规划项目
国家出版基金资助项目

CHINESE INDUSTRIAL HERITAGE HISTORIC RECORDS

中国工业遗产史录

河北卷

闫 觅 马中军 郑红彬 著

华南理工大学出版社
SOUTH CHINA UNIVERSITY OF TECHNOLOGY PRESS
·广州·

图书在版编目（CIP）数据

中国工业遗产史录. 河北卷 / 闫觅，马中军，郑红彬著. — 广州：华南理工大学出版社，2022.5

（中国工业遗产丛书 / 刘伯英，徐苏斌，彭长歆主编）

ISBN 978-7-5623-6798-7

Ⅰ. ① 中… Ⅱ. ①闫… ②马… ③郑… Ⅲ. ①工业建筑-文化遗产-研究-河北 Ⅳ. ①TU27

中国版本图书馆CIP数据核字（2021）第162071号

Chinese Industrial Heritage Historic Records · Hebei Volume

中国工业遗产史录 · 河北卷

闫 觅 马中军 郑红彬 著

出 版 人：柯 宁

出版发行：华南理工大学出版社

（广州五山华南理工大学17号楼，邮编510640）

http://hg.cb.scut.edu.cn E-mail : scutc13@scut.edu.cn

营销部电话：020-87113487 87111048（传真）

策划编辑：赖淑华

责任编辑：刘志秋

责任校对：梁樱雯

印 刷 者：广州一龙印刷有限公司

开 本：889mm × 1194mm 1/16 印张：19.75 字数：520千

版 次：2022年5月第1版 2022年5月第1次印刷

定 价：249.00元

学术支持单位

中国建筑学会工业建筑遗产学术委员会

中国文物学会工业遗产委员会

中国历史文化名城委员会工业遗产学部

主编单位

清华大学建筑学院

天津大学建筑学院

华南理工大学建筑学院

策　　划：赖淑华　　卢家明

项目负责：赖淑华　　骆　婷

项目执行：赖淑华　　骆　婷

编辑统筹：骆　婷

砥砺奋进、铸就辉煌

——谱写中国工业遗产的史诗

（代序）

2018年中国改革开放40周年，2019年中华人民共和国成立70周年，2020年我们又迎来全面建成小康社会的关键时期。历史呈现给我们一幅壮美的画卷，也赋予了我们崇高的责任。在城市建设从扩张开发到更新挖潜实现转型发展，大量工业用地更新和工业遗产保护利用呈现高潮的关键时刻，我们共同投身到了为中国工业遗产的保护利用树碑立传的伟大事业当中。“中国工业遗产丛书”的出版，记录了中国工业遗产保护利用研究与实践的发展历程，谱写了中国工业遗产的史诗。

随着城市产业结构和社会生活方式的变化，传统工业或迁离城市，或面临“关、停、并、转”的局面，留下了很多工厂旧址、设施、机器设备等具有遗产价值的工业遗存。工业遗产是文化遗产的重要组成部分，加强工业遗产的保护利用，构建中国工业遗产价值体系，对于传承人类先进文化，保持和彰显城市的文化底蕴和特色，推动地区经济社会可持续发展，具有十分重要的意义。借鉴国内外工业遗产保护的经验，探索适合我国的工业遗产保护方法和利用途径，形成相对完整和独立的当代工业遗产保护理论体系，指导工业遗产保护与利用的良性发展是一项艰巨和长期的任务。

1. 齐抓共管：聚焦工业遗产

2005年10月ICOMOS在中国西安举行的第15届大会上做出决定，将2006年4月18日“国际古迹遗址日”的主题定为“保护工业遗产”。2006年4月国家文物局在无锡举办中国工业遗产保护论坛，通过《无锡建议》；2006年6月国家文物局下发《加强工业遗产保护的通知》；2007年国家文物局开展第三次全国文物普查，首次将工业遗产纳入调查范围；2009年6月在上海召开全国工业遗产保护利用现场会。在第一批至第八批全国重点文物保护单位中，近代工业遗产共计143处，占比2.83%。2019年12月国家文物局印发《国家文物保护利用示范区创建管理办法（试行）》，为工业遗产保护利用奠定了坚实的基础。

2013年3月，国家发改委编制了《全国老工业基地调整改造规划（2013—2022年）》并得到国务院批准，该规划涉及全国120个老工业城市。2014年3月，国务院办公厅发布《关于推进城区老工业区搬迁改造的指导意见》，把加强工业遗产保护再利用作为一项主要任务。2020年6月，国家发改委、工信部、国资委、国家文物局、国家开发银行联合印发《推动老工业城市工业遗产保护利用实施方案》，实现了政府部门之间的紧密合作，标志着工业遗产保护利用工作进入真抓实干的新阶段。

2017—2019年，工信部工业文化发展中心发布了三批“国家工业遗产名单”，共102项；印发了《国家工业遗产管理暂行办法》，对开展国家工业遗产保护利用及相关管理工作进行了明确规定。工业遗产是工业文化的重要载体，蕴含着丰富的历史信息和文化基因，见证了工业以及国家发展的历史进程。保护和利用工业遗产，是对尘封记忆的唤醒，更是对光辉历史的弘扬，有助于提升和坚定民族文化自信。

2018—2019年，国资委分行业、分批次发布中央企业工业文化遗产名单，包括核工业11项、钢铁工业20项、信息通信行业20项，指导中央企业发掘利用历史文化遗产价值，丰富企业文化内涵，彰显企业品牌价值，提升企业文化软实力和企业竞争力，逐步形成中央企业工业文化遗产集群。国资委还对中央企业文化遗产基本情况进行了摸底，编印了《央企老照片——中央企业历史文化遗产图册》，展示了国防科工、石油化工、电力、冶金、建筑等行业的发展轨迹、历史遗存与工业遗产。

2018年，住建部发布《关于进一步做好城市既有建筑保留利用和更新改造工作的通知》，提出要充分认识既有建筑的历史、文化、技术和艺术价值，坚持充分利用、功能更新原则，加强城市既有建筑保留利用和更新改造，避免片面强调土地开发价值，防止“一拆了之”。坚持城市修补和有机更新理念，延续城市历史文脉，保护中华文化基因，留住居民乡愁记忆。

2016—2019年，中国文物学会和中国建筑学会分四批公布“中国20世纪建筑遗产”名录，共396项，其中有64项工业遗产，占总数的16.2%。

2018—2019年，中国科协与中国规划学会联合公布两批“中国工业遗产保护名录”，共200项。同时，中国科协联合南京出版社出版了“中国工业遗产故事”科普系列丛书，更是广泛唤起了公众对工业遗产保护的关注。

2005—2017年，自然资源部分四批公布了88座国家矿山公园。2017年，国家旅游局发布《全国工业旅游发展纲要》，指出要充分挖掘和利用好工业文化，传承工业文明，实施工业旅游“十百千”工程，即10个工业旅游城市、100个工业旅游基地、1000个国家工业旅游示范点，并推出10个国家工业遗产旅游基地。

2010年以来，我国成立了多个工业遗产领域的学术组织，包括中国建筑学会工业建筑遗产学术委员会（2010年）、中国历史文化名城委员会工业遗产学部（2013年）、中国国史学会三线建设研究会（2014年）、中国文物学会工业遗产委员会（2014年）、中国科技史学会工业遗产研究会（2015年）等，工业遗产受到专家和学者的共同关注，成为学术研究的热点；工业遗产还吸引了大量规划师、建筑师参与到城市更新和既有工业建筑改造利用的实践当中，创造了丰富多彩的实践案例。他们成为我国工业遗产保护利用领域最强大的学术共同体，初步建构了我国工业遗产保护利用的学术体系。本套丛书的出版也将是作者们学术生涯的重要成果。

2. 回眸历史：树立国家丰碑

工业创造了曾经的辉煌，今天依然壮观美丽，工业遗产的价值得到越来越广泛的认识，工业美学得到越来越多的欣赏。英国、法国、德国、美国、日本等工业强国，把工业遗产保护作为国策，彰显了各国政府对人类工业文明的重视，展示了各国工业化进程的经验和成果，这是特别值得我们深刻思考的。工业遗产在广袤的大地上留下了独特的工业景观，见证了空想社会主义的社会实验，探索了现代城市规划方法和新建筑思想，其影响持续至今。

以造纸、酿酒、陶瓷、盐业、矿冶、桥梁、水利、运河为代表的中国古代传统工艺和手工业是中华民族智慧的结晶。洋务运动“自强”“求富”，引进西方先进的科学技术，兴办近代军事工业和民用企业，迈出了中国近代工业发展的第一步。民族资本家的“实业救国”使中华民族摆脱贫穷，实现自救。殖民工业见证了侵略者的掠夺和中国遭受的耻辱。抗战工业展现了中国人民不屈不挠的决心。革命工业遗产谱写了中国人民英勇奋斗的壮丽篇章。

中华人民共和国成立后，国民经济恢复时期的建设项目、“一五”“二五”时期苏联援建的“156项目”，奠定了新中国工业化的坚实基础。“三线”建设开启了西部大开发的序幕，中国的工业布局得到进一步完善，国防工业得到进一步发展。改革开放前以四大化纤基地和八大化肥厂为代表的“四三方案”，以及以宝钢和深圳“三来一补”工业企业为代表的改革开放工业建设的伟大成就，书写了中国工业化的历史，树立了一座座中国工业化进程的丰碑。

中华人民共和国成立70年，我们逐步建立了独立、完整的工业体系和国民经济体系，实现了从工业化初期到工业化后期的历史性飞跃，实现了从落后的农业国向世界工业大国的历史性转变。这两大历史性成就表明：我们在实现强国之梦的征程上迈出了决定性的步伐。这为我国工业遗产的未来发展树立了坐标。

3. 牢记使命：传承文化精神

中国今天的工业辉煌是用历史书写的，是前辈们用勤劳和汗水、聪明和智慧以及文化和精神铸就的。前辈学者们在工业发展历史的茫茫大海中去发现那些有价值的工业遗产，为我们的研究奠定了坚实的基础，让我们获益匪浅。

2015年11月21—23日，“中国第六届工业遗产学术研讨会”在华南理工大学召开。其间，华南理工大学出版社提出了组织出版“中国工业遗产丛书”的思路和想法，得到了专家们的认同和响应。之后历经上海、南京、鞍山、郑州四届年会的专题研讨会，不断丰富思路，细化计划，组织撰写。

本套丛书以省、直辖市为单位，将本地区工业发展的历程，工业遗产的保存、保护与活化利用工作进行梳理和总结，并通过大量的田野调查、研究成果、实践案例、政策法规的汇总，展现了本地区工业遗产的全貌，从而使本套丛书成为中国工业遗产集大成之作。

对于本套丛书的出版，华南理工大学出版社卢家明社长、周莉华副总编给予了大力支持，赖淑华编审、骆婷编辑全程负责项目推进和实施，在此特别感谢。也特别感谢撰写书稿的各位作者，他们来自多所大学，多年来做了大量现状调查，取得了丰硕的研究成果；他们还培养了大量研究生，参与了多项规划设计项目；结合书稿的需要，他们又补充进行了大量的资料搜集和现场调查、测绘，付出了艰辛和努力；特别是工业遗产分散，“三线”、军工遗产丰富的省份作者，他们付出的努力更加令人钦佩。

很多丛书分卷的作者开展了口述历史的搜集和整理工作，采访了工业企业的开创者、建设者、亲历者，包括各级领导、劳模、工人，收集了大量珍贵的文献档案、影像资料和工业文物；采访了文创园区的经营者和游客，开展问卷调查，大大丰富了本套丛书的内容，甘之如饴。

4. 结语

工业遗产书写了中国工业化的进程，承载着国家记忆和民族精神，是不朽的历史丰碑，是中国优秀文化的重要标识，是中国为人类文明的进步所做贡献的重要见证。让我们以更加饱满的热情、更加旺盛的斗志、更加严谨的作风投身到工业遗产调查研究、保护利用的事业中去，让工业遗产所承载的工业精神，凝结为中国人民和中华民族的优秀“基因”，为中国的“文化自信”做出新的贡献。

刘伯英

2020年12月

前言

河北因位于黄河下游以北而得名，是中华文明的诞生地之一，有着悠久的历史文化传统。河北由于拱卫京师的特殊地位，又有“京畿重地”之称。优越的地理环境、丰富的矿产资源、方便的海上交通为河北省近代工业的发展提供了便利条件，使河北省成为华北地区重要的工业基地。随着近代军工业的发展，河北省丰富的煤炭资源使其成为华北地区重要的工业发源地。煤矿的开采带动铁路、港口大力发展，为日后工业的发展奠定了基础，之后机械、纺织、化学、食品等工业开始逐渐发展。中华人民共和国成立之后，河北省兴建了一批重点项目，其中苏联援建的“156项目”（156项重点工程项目）河北省占有5项。经过多年发展，河北省形成了以能源、冶金、纺织、建材为支柱工业的现代工业体系。

悠久的工业发展史，使河北省拥有丰富的工业遗产资源，它们主要集中在石家庄、唐山、秦皇岛、张家口等城市。这些工业遗产见证了河北省工业近代化的历程，也反映了中国工业在近代化过程中的艰难起步。河北省的工业遗产创造过多个中国工业史上的“第一”，具有重要的科技价值，那些在相关行业具有革新性或者率先使用某种设备或生产工艺流程的工业遗产，在行业史上占有重要地位。工业遗产本身具有重要的美学价值，遗存的建筑结构、建筑构架、机器设备都是现代主义机器美学的直接表现。工业的发展促进基础设施的建设，工人的各项需求促使教育、医疗、居住、休闲等相关领域的发展，对当地社会的发展起到推动作用，因此工业遗产具有重要的社会价值。

虽然河北省工业企业较多，但仍有很多工业遗产在城市的发展过程中消失了，这成为当下工业遗产的保护再利用的重要议题。目前河北省大部分地区已经出台了相关的工业遗产保护政策，强化了工业遗产的内涵，明确了各部门的职责，强调多部门协同保护，并在普查认定、保护管理、利用发展、法律责任等方面做出详细规定。同时，河北省已对部分工业遗产进行了改造再利用，如开滦煤矿国家矿山公园、启新1889创意产业园区、秦皇岛西港花园等都是工业遗产改造的典范，成为河北省重要的工业旅游景点。

本书首先从历史发展和行业发展两个方面梳理了河北省工业发展的脉络；然后在实地调研的基础上，从工业行业的角度总结河北省工业遗产特征，并根据《中国工业遗产价值评价导则》分析河北省工业遗产的价值。同时，本书从煤炭类、纺织类、交通运输类、建筑材料类、机械类、化工与制药类以及食（饮）品制造业7个类型的工业遗产中选取河北省典型工业遗产案例进行深入分析研究，最后总结整理河北省工业遗产保护相关法规政策，并对保护再利用典型案例进行分析，以期为河北省工业遗产保护再利用提供借鉴，推动河北省工业遗产保护工作不断深入，续写河北省工业遗产保护的新篇章！

闫　觅

2021年6月

目 录

第1章　绪 论

1.1　地理位置与建置沿革……2
1.1.1　地理位置……2
1.1.2　建置沿革……4
1.2　工业建设与发展脉络……8
1.3　工业遗产与分布概况……9
1.3.1　工业遗产现状……9
1.3.2　工业遗产特点……11

第2章　河北省工业发展历史概况

2.1　历史发展沿革……16
2.1.1　传统手工业状况（鸦片战争之前）……16
2.1.2　近代工业起步（1860—1910年）……17
2.1.3　民族工业发展（1911—1936年）……22
2.1.4　战时工业停滞（1937—1948年）……23
2.1.5　现代工业建设（1949—1980年）……23
2.2　行业发展脉络……26
2.2.1　煤炭工业……26
2.2.2　纺织工业……27
2.2.3　冶金工业……28

2.2.4　建材工业......29
2.2.5　化学工业......30
2.2.6　电力工业......31
2.2.7　交通运输业......32

第3章　河北省工业遗产现状调查

3.1　行业类型与特征......36
3.1.1　行业构成......36
3.1.2　行业分布......36
3.2　价值评估......38
3.2.1　年代......38
3.2.2　历史重要性......38
3.2.3　工业设备与技术......41
3.2.4　建造设计与建造技术......43
3.2.5　文化与情感认同、精神激励......44
3.2.6　推动地方社会发展......47
3.2.7　重建、修复及保存状况......50
3.2.8　地域产业链、厂区或生产线的完整性......51
3.2.9　代表性和稀缺性......51
3.2.10　脆弱性......51
3.2.11　文献记录状况......52
3.2.12　潜在价值......53

第4章　河北省工业遗产案例实录

4.1　煤炭类工业遗产......56
4.1.1　开滦煤矿......56
4.1.2　井陉煤矿工业遗产群......74
4.1.3　邯郸通二矿......90
4.2　纺织类工业遗产......96
4.2.1　石家庄棉纺织工业......96
4.2.2　化纤厂（保定工业区）......102

4.3 交通运输类工业遗产......112
4.3.1 唐胥铁路......112
4.3.2 京张铁路（河北段）......128
4.3.3 正太铁路（河北段）......134
4.3.4 秦皇岛港西港工业遗存群......142
4.4 建筑材料类工业遗产......153
4.4.1 启新水泥厂......153
4.4.2 启新瓷厂......165
4.4.3 马家沟砖厂......169
4.4.4 耀华玻璃厂......175
4.5 机械类工业遗产......179
4.5.1 石家庄煤矿机械厂......179
4.5.2 张家口探矿机械总厂......185
4.5.3 山海关桥梁厂......192
4.5.4 石家庄车辆厂......199
4.6 化工与制药类工业遗产......202
4.6.1 华北制药厂......202
4.7 食（饮）品制造业工业遗产......212
4.7.1 长城酿造集团......212
4.7.2 保定乾义面粉厂......217

第5章 河北省工业遗产的保护与利用

5.1 相关法规及政策......224
5.1.1 法规和政策制定概况......224
5.1.2 法规和政策内容概况......224
5.2 登录情况......225
5.3 保护与利用典型案例......227
5.3.1 开滦煤矿（开滦国家矿山公园）......227
5.3.2 启新水泥厂（启新 1889 创意产业园区）......234
5.3.3 秦皇岛港西港工业遗存群（西港花园）......238

附录Ⅰ 河北省工业遗产调研案例一览表......243
附表1 石家庄市工业遗产调研案例一览表......243
附表2 唐山市工业遗产调研案例一览表......248
附表3 秦皇岛市工业遗产调研案例一览表......254
附表4 邯郸市工业遗产调研案例一览表......261
附表5 邢台市工业遗产调研案例一览表......263
附表6 保定市工业遗产调研案例一览表......264
附表7 张家口市工业遗产调研案例一览表......266
附表8 承德市工业遗产调研案例一览表......268
附表9 沧州市工业遗产调研案例一览表......271
附录Ⅱ 河北省各地市工业遗产保护与利用条例......272
1．《保定市工业遗产保护与利用条例》（2018年7月1日实施）......272
2．《邯郸市工业遗产保护与利用条例》（2019年9月1日实施）......276
3．《邢台市工业遗产保护与利用条例》（2020年1月1日实施）......280
4．《承德市工业遗产保护与利用条例》（2020年12月1日实施）......285
5．《唐山市工业遗产保护与利用条例》（2021年1月1日实施）......289

参考文献......294
后 记......298

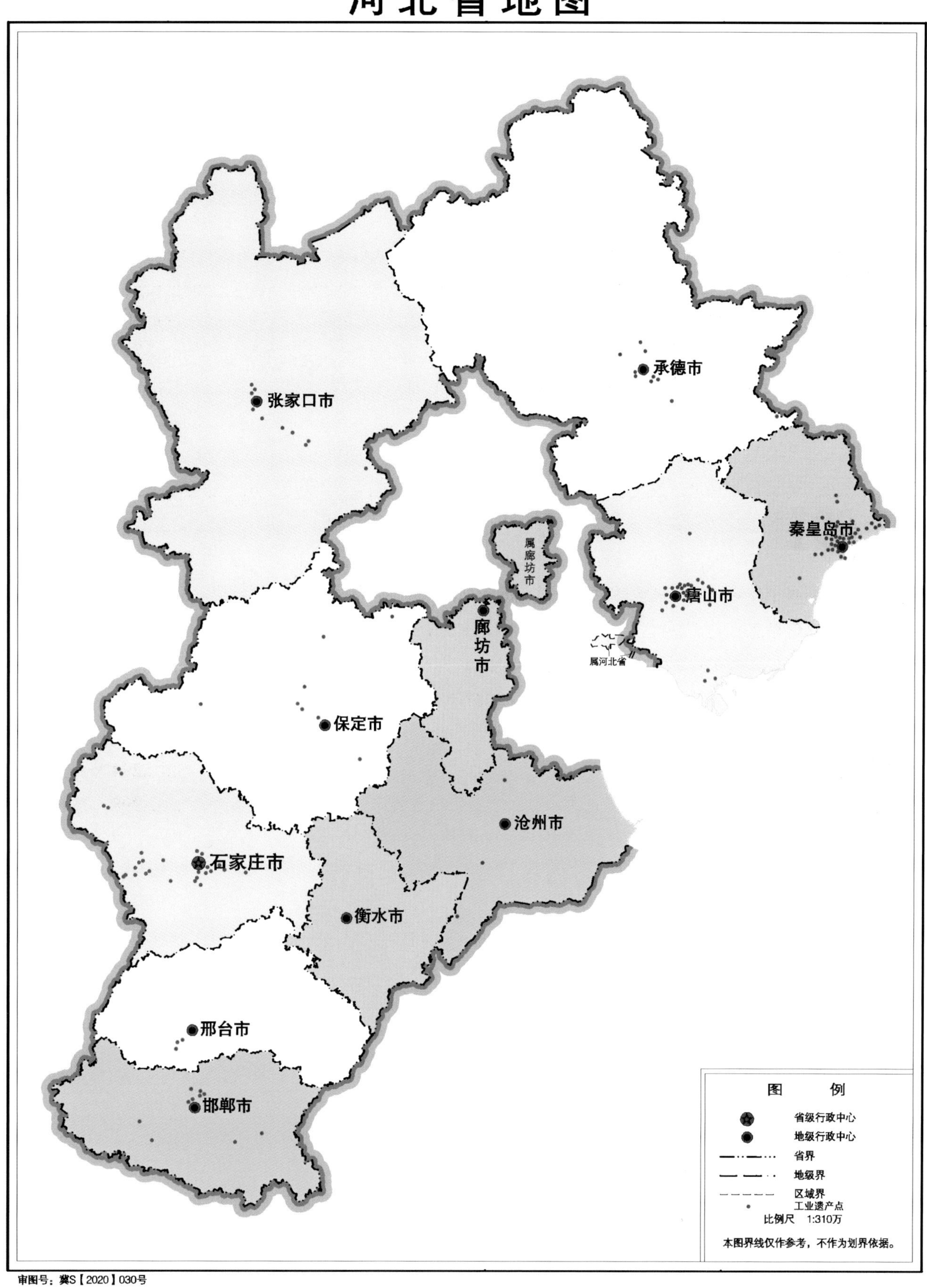

河北省地图
承德市
张家口市
属廊坊市
秦皇岛市
唐山市
廊坊市
属河北省
保定市
沧州市
石家庄市
衡水市
邢台市
邯郸市
图 例
省级行政中心
地级行政中心
省界
地级界
区域界
工业遗产点
比例尺 1:310万
本图界线仅作参考，不作为划界依据。
审图号：冀S【2020】030号

河北工业遗产分布图

第 1 章

绪 论

1.1 地理位置与建置沿革

1.1.1 地理位置

河北省地处华北地区的东部，因位于黄河下游以北而得名“河北”，历史悠久，资源丰富。河北省东临渤海、内环京津，既有丰富的海洋资源，又有方便的海上交通；西为太行山山脉，北部与内蒙古自治区接壤，南部毗邻河南、山东两省。河北省地处北纬36°03′～42°40′，东经113°27′～119°50′之间，总面积约18.77万平方公里，占全国土地总面积的1.96%[①]（图1-1-1）。

河北省是华东、华南、西南地区连接东北、西北、华北地区的枢纽和中转站，有四通八达的交通运输网，其中铁路网密度较大，京广、京九、京哈、津沪、京承、京包、京原、京通、石德、石太等线路从河北省经过。河北省的公路交通网也较为发达，经过河北省的高速公路主要有京沪高速、京石高速、京沈高速、京港澳高速、石太高速、石骅高速等，经过河北省的国道有17条，数量居全国前列。河北省的石家庄、秦皇岛、张家口都设有机场。河北省海运条件十分便利，省内有秦皇岛港、京唐港、黄骅港、曹妃甸港等，其中秦皇岛港是华北地区的不冻港，有“能源运输枢纽”之称。河北省是全国各地通往北京的必经之地，又是东北地区与关内各省、自治区、直辖市联系的枢纽，是广大西北地区通往天津港和秦皇岛港的通道。

河北省地势西北高、东南低，地貌以高原、山地、平原为主。西北部的高原属于蒙古高原的一部分，习惯被称为“坝上”，占全省总面积的9.3%，包括张家口、承德等地；山地分布在西部和北部，主要由太行山和燕山山脉组成，占全省总面积的49.5%；平原位于东部和南部，是华北平原的一部分，海拔多在300米以下，占全省总面积的41.2%，主要为农业区[②]。河北省气候属于温带季风气候，春季干燥多风、夏季炎热多雨、秋季晴朗适宜、冬季寒冷少雪，四季分明。河北省全年日照时间为2500～3063小时，太阳辐射总量较高，光热资源丰富；年平均气温在-0.5～13.9摄氏度之间，但是各地气温差异较大；年平均降水量处于350～800毫米之间，分布不均，沿海多，内陆少，6～9月为全年降水量最大的时段。河北省内长度在10公里以上的河流约300条，分属海河、滦河、内陆河、辽河四大水系，其中海河水系流域面积最广，占全流域的48%，为河北省第一大河，也是华北地区重要河流之一；河北境内湖泊、洼地众多，主要分布在河北平原和坝上高原。[③]

河北省目前已经发现各类矿产资源156种，其中储量占全国前十的有30种，主要为能源矿产、金属矿产和非金属矿产三种类型[④]。河北省能源矿产以煤炭和石油为主，被誉为“燕赵煤仓”，煤炭储量居全国第十一位，产量居全国第三位，主要分布在唐山、邯郸、邢台和张家口等地；油气资源也很丰富，是我国主要石油产地之一，境内有华北、冀东、大港三大油田，分布在冀中平原的任丘和东南部沿海地区，天然气主要分布在

① 河北省地方志编纂委员会. 河北省志・第3卷：自然地理志 [M]. 石家庄：河北科学技术出版社，1993：1.
② 河北省地方志编纂委员会. 河北省志・第3卷：自然地理志 [M]. 石家庄：河北科学技术出版社，1993：1.
③ 河北省地方志编纂委员会. 河北省志・第3卷：自然地理志 [M]. 石家庄：河北科学技术出版社，1993：184-218.
④ 张贵，刘雪芹. 河北经济地理 [M]. 北京：经济管理出版社，2017.

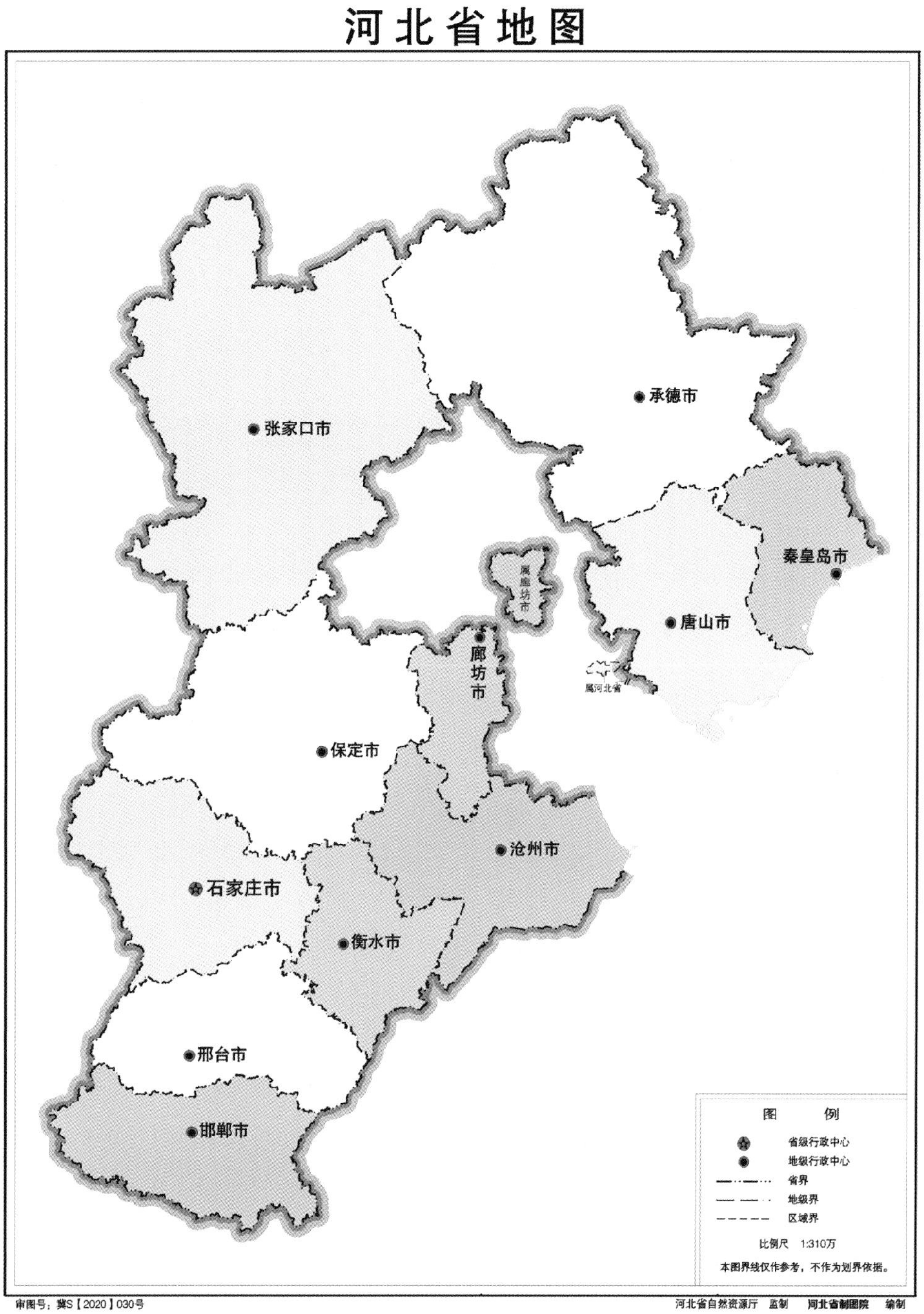

河北省地图

图1-1-1 河北省地图①

（资料来源：河北省地理公共服务平台http://hebei.tianditu.gov.cn）

① 本书中的图、表若未注明来源则均为作者原创。

廊坊、固安和霸县一带[1]。河北省金属矿产品种较多，其中铁、金、钒、钛等金属矿产为优质矿产资源。河北省铁矿探明储量居全国第三位，主要分布在太行山和燕山山脉，且接近煤矿产地，为钢铁工业的发展提供了便利条件；金矿也是河北省主要金属矿产之一，是我国六大金矿集中分布区之一；钒矿和钛矿资源也较为丰富，主要分布在承德、丰宁、元氏等市县。河北省的非金属矿产按照用途可以分为冶金辅助原料非金属矿产、化工原料非金属矿产和建筑材料非金属矿产。冶金辅助原料非金属矿产种类齐全、储量丰富，溶剂用白云岩储量居全国第二位，铁钒土矿、高铝矿物原料矿产、溶剂用石灰岩储量居全国第三位，耐火黏土矿储量居全国第四位；化工原料非金属矿产中含钾砂页岩储量居全国第一位，化工用石灰岩居全国第二位，磷矿储量居全国第七位，主要分布在承德、隆化、丰宁等市县；建筑材料非金属矿产如石棉、石膏、水泥用石灰岩、玻璃用石英砂岩、陶瓷原料、大理石等也是河北省的优势矿产资源。[2]

地理位置的优越性与资源的丰富性使河北省在近代工业发展中占有重要地位，河北省的工业生产门类主要集中在煤炭、钢铁、电力、纺织等方面，逐渐形成了雄厚的物质技术基础和工业体系。

1.1.2　建置沿革

河北省部分地区古属冀州，简称“冀”；战国时期河北省大部分地区属于赵国和燕国，因此又称“燕赵”；至明清两朝泛称“畿辅”。冀州建制始于汉朝，沿袭到隋。唐朝河北开始设道，北宋时期改道为路，河北路的治所在大名府，所辖范围包括今河北易县、雄县、霸县以南，山东、河南两省黄河以北的广大地区。元、明、清三朝，河北地区直隶中央政府管辖。元朝实行行省制度，河北的大部分地区直属中书省管辖。明朝改行省为承宣布政使司，河北的大部分州府直属于京师。清朝承袭明制，设直隶省，河北大部分州县隶属于直隶省。1912年中华民国成立后，直隶省行政区仍然沿袭清制，1928年改直隶为河北省。

大量的古遗址证明河北省从旧石器时代起就有古人类在此生活，历经旧石器时代、中石器时代和新石器时代一直繁衍生息。历史上记载的“涿鹿之战”“阪泉之战”都发生在古代河北，这些部落的后裔在河北一带向南发展，华夏文明便始于此。《禹贡》中记载大禹治水时将天下分为九州，以冀州为首，这也是河北简称冀的由来。[3]

据文献记载，夏朝是中国奴隶社会的第一个王朝，这一时期河北地区的建置主要是部落建置，包括商部落、有易氏部落、有仍氏部落。商朝是我国奴隶社会比较发达的朝代，河北是商人从事经济政治活动的重要地区。西周时期实行的分封制导致了行政区划的出现，西周封于河北地区的主要诸侯国有6个。公元前770年，周平王迁都洛邑，史称东周。从公元前770年到公元前476年为春秋时期，这一时期周王朝式微，诸侯崛

① 河北省地方志编纂委员会．河北省志·第3卷：自然地理志 [M]．石家庄：河北科学技术出版社，1993：116-119．
② 河北省地方志编纂委员会．河北省志·第3卷：自然地理志 [M]．石家庄：河北科学技术出版社，1993：91-120．
③ 河北省地方志编纂委员会．河北省志·第2卷：建置志 [M]．石家庄：河北人民出版社，1993：1-2．

起。战国时期是我国封建社会的开端，这一时期在河北建都的有燕、赵、中山三个大诸侯国，这也是河北被称为“燕赵之地”的由来。公元前221年，秦统一六国，实行郡县制，将全国划为36个郡，在河北设置了右北平、渔阳、上谷、代、广阳、恒山、巨鹿、邯郸8个郡。秦朝末年，各地纷纷爆发动乱，公元前202年刘邦称帝，史称西汉，至汉武帝时期为加强中央集权将全国分为13个行政监察区，每州部设刺史一人，河北主要属幽州刺史部和冀州刺史部管辖，北部山区属并州刺史部，张家口地区为匈奴、乌桓活动区域。之后的魏晋南北朝时期，幽州、冀州仍沿袭汉朝时的名称。①

隋统一全国后，隋文帝将北朝以来实行的州、郡、县三级地方行政建置改为州、县两级行政建置，有10州州治在今河北省境内。后隋炀帝改州为郡，治所在河北省境内的有北平（现北京）、上谷、恒山、博陵、河间、赵、信都、襄国、武安、清河、武阳11郡。隋之后，幽州、冀州作为一级政区消失于史籍。唐初，改郡为州，唐贞观元年（627年）开始设道作监察，将全国分为10道，现河北地区主要属于当时的河北道。盛唐衰落后，藩镇割据，五代十国时期，河北中南部分属梁、晋、燕以及赵、北平等割据势力，北部主要属辽契丹。宋初将辖区分为15路，河北路是其中之一，治所在大名府；宋熙宁年间（1068—1077年）又分为河北东路和河北西路两个政区，东路治所在大名府，西路治所在真定府。②

元、明、清三朝定都北京，在此期间，河北地区直隶中央政府管辖，始终是京畿重地。元朝为了加强统治实行行省制度，中央设置中书省，其他地区设行中书省，河北地区大部分属中书省。明朝改北平为京师，所辖今河北地区的有顺天府、延庆州、万全都司、保安州、永平府、保定府、真定府、河间府、顺德府、广平府、大名府。清朝置直隶省，在今河北范围内的有11府：顺天、保定、正定、大名、顺德、广平、天津、河间、承德、宣化、永平，还有6个直隶州：遵化、易、冀、赵、深、定。③

民国初期，直隶省行政区划仍沿袭清制，1913年分置渤海、范阳、冀南、口北4个观察使，共辖131县；1914年改为保定道、大名道、口北道和津海道4道，共辖120县。1928年，改直隶为河北省，县均直属于省，共辖139县。清末民初河北省会名义上在保定，事实上权力中心已经移至天津，1914年定天津为省会。1928年河北省会移驻北平，1930年又迁至天津，1935年又移驻保定，并将天津改为直辖市。1936年后，由于战事复杂，省、县二级区划无法满足正常的工作安排，于是实行省、区、县三级行政区划。1937年，河北省分为17个督察专员区，辖县112个。1946年，抗日战争胜利后，建置分为河北省各解放区行政建置和国民政府河北省行政建置两部分，北、中部属晋察冀边区，南部属晋冀鲁豫边区。1945年国民政府所辖河北省政府从西安迁回北平，1946年迁到保定，1947年迁至北平，全省共分11个行政督察区、1个行政区、2个省辖市，共辖132个县。

① 河北省地方志编纂委员会．河北省志・第 2 卷：建置志 [M]．石家庄：河北人民出版社，1993：3-79．
② 河北省地方志编纂委员会．河北省志・第 2 卷：建置志 [M]．石家庄：河北人民出版社，1993：89-135．
③ 河北省地方志编纂委员会．河北省志・第 2 卷：建置志 [M]．石家庄：河北人民出版社，1993：147-171．

1949年8月1日，河北省人民政府成立，以保定市为省会，辖保定、石家庄、唐山、秦皇岛4个省辖市，保定、邯郸、邢台、石家庄、定县、通县、唐山、天津、沧县、衡水10个地区，下辖131个县。1952年，平原省撤销，武安、涉县、临漳3个县划归河北；同年察哈尔省撤销，赤城、怀来、宣化、涿鹿、张家口等划归河北省，成立了张家口专署。1956年，热河省撤销，承德、隆化、滦平等划归河北省，成立承德专署。1958年，天津市划归河北省，河北省会由保定迁往天津市，顺义、延庆、平谷、通县、房山等县划归北京市，同年怀柔、密云、平谷、延庆4个县也划归北京市。1960年各专区陆续撤销，1961年又恢复邯郸、邢台、石家庄、保定、张家口、承德、唐山、天津、沧州9个专区的建制，1962年恢复衡水专区的建制。1967年，天津成为直辖市，河北省会由天津迁回保定市。1968年1月29日，河北省会由保定市迁至石家庄市。1970年，石家庄、邯郸、邢台、保定、张家口、承德、唐山、天津、沧州、衡水10个专区被改为地区。1973年，蓟县、宝坻、武清、静海、宁河5个县划归天津，天津地区改为廊坊地区。1978年，石家庄市和唐山市划为省辖市。1983年，河北省开始地市合并，秦皇岛、唐山首先撤地建市；1993年，石家庄、沧州、张家口、邯郸、邢台、承德6个地区撤地改市；1994年，保定撤地改市；1996年，撤销衡水地区，设立地级衡水市。[①] 截至2020年6月，以石家庄为省会，河北省共辖11个地级市，49个市辖区、21个县级市、91个县、6个自治县（合计167个县级行政区划单位）（表1-1-1）。

表 1-1-1 2020年河北省行政区划

地级市	市政府驻地	行政区划类别	数量	名称
石家庄	长安区	市辖区	8	长安区、桥西区、新华区、井陉矿区、裕华区、藁城区、鹿泉区、栾城区
		县级市	3	辛集市、晋州市、新乐市
		县/自治县	11	井陉县、正定县、行唐县、灵寿县、高邑县、深泽县、赞皇县、无极县、平山县、元氏县、赵县
唐山	路北区	市辖区	7	路南区、路北区、古冶区、开平区、丰南区、丰润区、曹妃甸区
		县级市	3	遵化市、迁安市、滦州市
		县/自治县	4	滦南县、乐亭县、迁西县、玉田县
秦皇岛	海港区	市辖区	4	海港区、山海关区、北戴河区、抚宁区
		县/自治县	3	昌黎县、卢龙县、青龙满族自治县
邯郸	丛台区	市辖区	6	邯山区、丛台区、复兴区、峰峰矿区、肥乡区、永年区
		县级市	1	武安市

① 河北省地方志编纂委员会．河北省志·第2卷：建置志 [M]．石家庄：河北人民出版社，1993：253-275.

续上表

地级市	市政府驻地	行政区划类别	数量	名称
邯郸	丛台区	县/自治县	11	临漳县、成安县、大名县、涉县、磁县、邱县、鸡泽县、广平县、馆陶县、魏县、曲周县
邢台	襄都区	市辖区	4	襄都区、信都区、任泽区、南和区
		县级市	2	南宫市、沙河市
		县/自治县	12	临城县、内丘县、柏乡县、隆尧县、宁晋县、巨鹿县、新河县、广宗县、平乡县、威县、清河县、临西县
保定	竞秀区	市辖区	5	竞秀区、莲池区、满城区、清苑区、徐水区
		县级市	4	涿州市、定州市、安国市、高碑店市
		县/自治县	15	涞水县、阜平县、定兴县、唐县、高阳县、容城县、涞源县、望都县、安新县、易县、曲阳县、蠡县、顺平县、博野县、雄县
张家口	桥西区	市辖区	6	桥东区、桥西区、宣化区、下花园区、万全区、崇礼区
		县/自治县	10	张北县、康保县、沽源县、尚义县、蔚县、阳原县、怀安县、怀来县、涿鹿县、赤城县
承德	双桥区	市辖区	3	双桥区、双滦区、鹰手营子矿区
		县级市	1	平泉市
		县/自治县	7	承德县、兴隆县、滦平县、隆化县、丰宁满族自治县、宽城满族自治县、围场满族蒙古族自治县
沧州	运河区	市辖区	2	新华区、运河区
		县级市	4	泊头市、任丘市、黄骅市、河间市
		县/自治县	10	沧县、青县、东光县、海兴县、盐山县、肃宁县、南皮县、吴桥县、献县、孟村回族自治县
廊坊	广阳区	市辖区	2	安次区、广阳区
		县级市	2	霸州市、三河市
		县/自治县	6	固安县、永清县、香河县、大城县、文安县、大厂回族自治县
衡水	桃城区	市辖区	2	桃城区、冀州区
		县级市	1	深州市
		县/自治县	8	枣强县、武邑县、武强县、饶阳县、安平县、故城县、景县、阜城县

1.2　工业建设与发展脉络

河北省地理环境优越，交通发达便利，矿产资源丰富。从燕山脚下到太行山麓，从漳水河畔到渤海之滨，燕赵大地蕴藏着丰富的铁矿和煤炭等资源，发展各种现代工业有着得天独厚的条件，经过100余年的建设与发展，如今，河北省的多项现代工业已成为全国的重点工业。

19世纪后半叶，天津开埠后，西方各国的大量外贸物资涌入中国，促使清政府实行工业、经济体制的改革。通过引进西方军事装备、机器生产和科学技术来富国强兵的洋务运动加速了手工业向机器工业转变、家庭工业向工厂工业发展的进程，使天津逐渐成为北方的经济中心，并带动了北京、唐山、秦皇岛等地的经济发展。

1878年在唐山创办的开平煤矿成为河北近代煤炭工业之始，而机器采煤引发的一系列产业链带动了河北省工业的初步发展，尤其是促进了运输业、制造业、基础设施的发展。煤炭的开采，首先带动了近代运输业的发展。为了运送开平煤矿的煤炭，修建了唐山到胥各庄的铁路，这是中国第一条准轨铁路。1912年以后，在提倡实业救国的背景下，河北省的运输业有了进一步的发展，建立了完整的铁路网，如京汉、津浦、正太、京张等铁路，为河北省的物资运输提供便利。其次，促进了近代制造业的发展。丰富的煤炭资源和便捷的交通网络为制造业的发展提供了基础，袁世凯任直隶总督时期为了推行“北洋新政”，颁布了一系列政策大力发展工商业，唐山机车厂、山海关桥梁厂、井陉煤矿、启新洋灰公司①、唐山华新纺织厂、石家庄大兴纺织厂等一批近代工业企业相继出现。第三，完善了基础设施的建设。制造业的发展需要相应的配套系统建设，动力、仓储、通信等基础设施因而相继建立，不仅服务于工业企业，而且服务民生，改善了生活条件。这些近代工业的建立不仅促进了河北省经济和城市建设的发展，而且带动了整个华北地区经济的发展，使河北省成为中国北方的经济中心。

1933年“榆关事变”对河北省的工业企业造成很大损害，特别是抗日战争爆发之后，河北省的工业受到巨创。日伪通过合并、收买、接管等手段，直接控制了山海关桥梁厂、唐山华新纺织厂、石家庄大兴纺织厂、秦皇岛耀华玻璃厂、井陉煤矿、石家庄焦化厂、唐山机车厂、开滦矿务局②、龙烟铁矿、峰峰煤矿等。此外，日军还在河北建立了峰峰电厂、下花园电厂、唐山电厂、唐山制钢厂等企业掠夺资源。

解放战争时期，国民党的独裁政策和战乱更是使河北省的工业雪上加霜，大部分工业生产萧条，企业濒临停业和倒闭。与此相反，河北解放区各级人民政府则建立了一些制糖、火柴、印刷、榨油等小型工厂，并建立了电站、运输公司、实业公司等，同时恢复了一些工业企业如泊

① 1889年，开平矿务局在唐山建成唐山细绵土厂，后来由于连年亏损，1893年停办，1901年被迫卖给墨林公司。周学熙收回该厂后于1907年将其更名为“启新洋灰股份有限公司”。1954年工厂更名为启新水泥公司，1962年更名为启新水泥厂。

② 1878年，开平矿务局在唐山成立，1901年被迫卖给墨林公司。1907年，滦州煤矿有限公司成立。1912年，开平矿务局与滦州煤矿有限公司合并，称开滦矿务总局，简称开滦矿务局或开滦煤矿。

头火柴厂、大兴纺织厂、保定三三烟厂等的生产，工业发展呈欣欣向荣之势。

中华人民共和国成立之后，“一五”时期建设了大批国家和省级重点项目，苏联援建的“156项目”中，河北省占有5项，分别是华北制药厂、石家庄热电厂（一、二期）、热河钒钛矿、峰峰中央洗煤厂及峰峰通顺二号立井。1958—1976年期间虽然受到政治运动的影响，河北省工业仍保持了一定的发展速度，钢铁、汽车、煤炭、化肥、拖拉机等工业都有所发展。改革开放之后，河北省工业更是飞速发展，在冶金、煤炭、电力、建材、纺织、机械、电子、化学、医药等领域均取得了巨大进展。

1.3 工业遗产与分布概况

河北省地处中原，地理位置优越，矿产资源丰富，交通方便，历史悠久，近代工业发展较早，工业行业门类较全，工厂数量众多。河北省现遗存有大量工业遗产、遗迹，其中许多工业遗产、遗存时间跨度大，地域范围广，工业行业门类丰富，形态多样，具有重要的工业遗产保护和研究价值。

1.3.1 工业遗产现状

河北省现遗存有工业遗产131处，在全省均有分布（图1-3-1），其中有5处全国重点文物保护

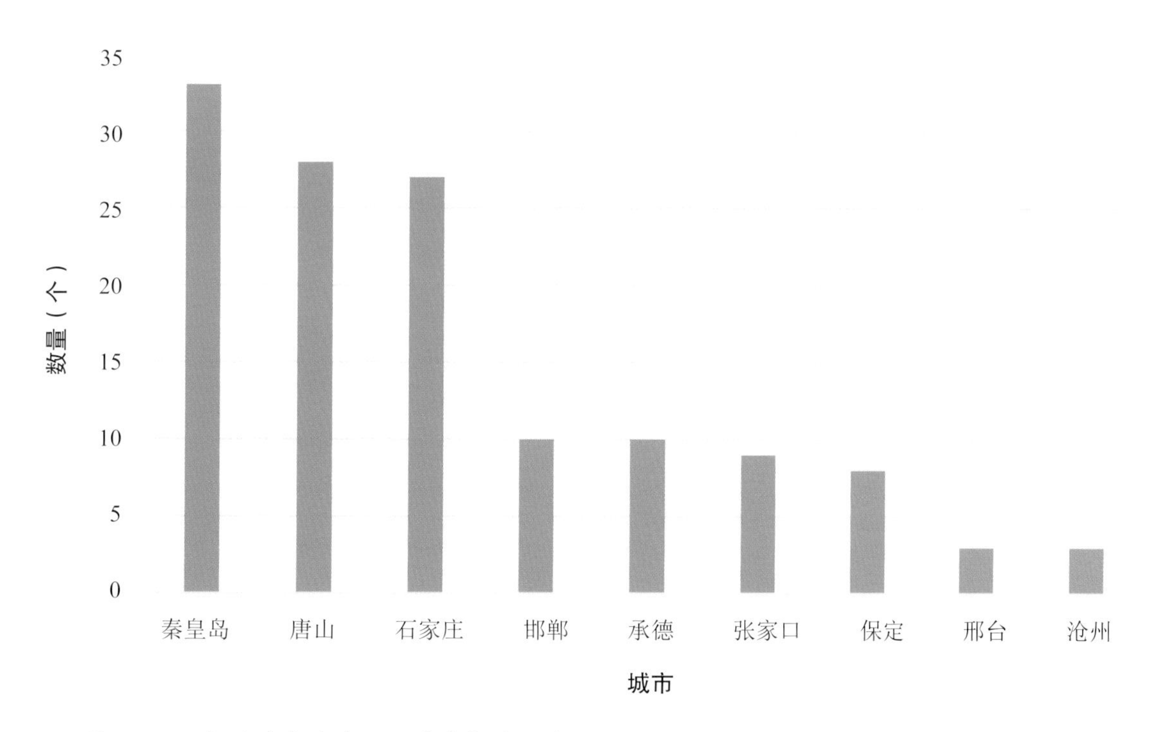

图1-3-1 河北省各地市工业遗产数量统计

单位，26处河北省文物保护单位（表1-3-1）。这些工业遗产中，有7处被收录至国家工业遗产名单①，18处被收录至中国工业遗产保护名录②。此外，还有大量未被列入保护名录的工业遗存，以纺织、煤炭、铁路、建材、机械等类型为主，主要集中在石家庄、唐山、秦皇岛、张家口等城市。

表1-3-1 河北省部分工业遗产名录

工业遗产名称	所在城市	保护级别	始建时期/年份
正丰矿工业建筑群	石家庄市	全国重点文物保护单位	清末
大石桥	石家庄市	河北省文物保护单位	清末
正太饭店	石家庄市	河北省文物保护单位	民国
井陉煤矿老井、皇冠塔	石家庄市	河北省文物保护单位	清末
井陉煤矿总办大楼	石家庄市	河北省文物保护单位	清末
段家楼	石家庄市	河北省文物保护单位	清末
井陉矿区南大沟万人坑	石家庄市	河北省文物保护单位	清末
中央人民广播电台旧址	石家庄市	河北省文物保护单位	1948年
石家庄电报局营业厅旧址	石家庄市	河北省文物保护单位	民国
正太路局路章碑	石家庄市	河北省文物保护单位	清末
石家庄车辆厂法式别墅	石家庄市	河北省文物保护单位	清末
华北制药厂办公楼	石家庄市	河北省文物保护单位	1955年
懋华亭	石家庄市	河北省文物保护单位	1935年
乏驴岭铁桥	石家庄市	河北省文物保护单位	清末
沕沕水电厂旧址	石家庄市	河北省文物保护单位	1948年
滦河铁桥	唐山市	全国重点文物保护单位	清末
开滦唐山矿早期工业遗存	唐山市	全国重点文物保护单位	清末

① 国家工业遗产名单是经过申报、评审和现场核查后由工业和信息化部认定的工业遗产名单，截至2019年已公布了三批共104项，其中分布在河北省的国家工业遗产有：秦皇岛港西港、开滦矿务局秦皇岛电厂、山海关桥梁厂、井陉煤矿、开滦赵各庄矿、开滦唐山矿、启新水泥厂。

② 中国工业遗产保护名录由中国科学技术协会调研宣传部主办，中国科学技术协会创新战略研究院、中国城市规划学会共同发布，截至2019年底已公布了两批共200项，其中分布在河北省的中国工业遗产有：京汉铁路、关内外铁路、京张铁路、正太铁路、津浦铁路、新中国面粉厂、滦河铁桥、耀华玻璃厂、开滦矿务局秦皇岛电厂、秦皇岛港、山海关桥梁厂、井陉矿务局、华北制药厂、开滦煤矿、唐山铁路遗址、启新水泥公司、唐山磁厂、唐胥铁路修理厂。

续上表

工业遗产名称	所在城市	保护级别	始建时期/年份
机车车辆厂地震遗迹	唐山市	河北省文物保护单位	1976年
唐山钢铁公司俱乐部地震遗迹	唐山市	河北省文物保护单位	1976年
唐山陶瓷厂办公楼地震遗迹	唐山市	河北省文物保护单位	1976年
唐山二号、三号井	唐山市	河北省文物保护单位	清末
秦皇岛港口近代建筑群	秦皇岛市	全国重点文物保护单位	清末至民国
秦皇岛耀华玻璃厂旧址	秦皇岛市	全国重点文物保护单位	民国
山海关近现代铁路附属建筑	秦皇岛市	河北省文物保护单位	清末
通二矿旧址	邯郸市	河北省文物保护单位	1957年
京张铁路张家口火车站	张家口市	河北省文物保护单位	清末
京张铁路下花园车站	张家口市	河北省文物保护单位	清末
京张铁路宣化府车站	张家口市	河北省文物保护单位	清末
滦平铁路隧道遗址	承德市	河北省文物保护单位	抗日战争时期
倒流水金矿遗址	承德市	河北省文物保护单位	民国
沧州青县铁路给水所	沧州市	河北省文物保护单位	清末至民国

1.3.2 工业遗产特点

1.3.2.1 历史久远

河北省的工业遗产历史久远、时间跨度大，见证了河北省工业近代化的历程。瓷器工业可追溯到南北朝时期，纺织工业始于明末，近代化煤矿工业起源于清末。清末的一系列煤矿、铁路的建设反映了河北省在工业近代化初期的探索过程。除了清末政府筹办的开平矿务局、铁路等军工企业的衍生工业外，民族资本家也建立了很多民族企业，如大兴纱厂、启新水泥公司、耀华玻璃厂等，堪称民族工业中的典范。日本占领时期建设的铁路、厂矿、电力、兵工设施等，反映了中国工业发展的艰难历程，也是中国近代史的重要例证。1949年后建立的大型工业企业更是中国工业经济蓬勃发展的见证。

1.3.2.2 类型丰富

河北省工业遗产类型丰富，涉及纺织、煤炭、钢铁、冶金、电力、机械、建材、铁路运输、海港运输、生活用品、文化用品、军工业、工业附属设施、民用设施等多个门类，其中比较重要的主要有纺织类、煤矿类、铁路运输类、建材类工业遗产。

（1）纺织类工业遗产

河北省纺织业历史悠久，是中国重要的产棉区之一，为纺织业的发展提供了良好的基础。第一次世界大战期间，河北省的纺织工业在手工业的基础上有了发展。1919年筹建的唐山华新纺织厂是河北省第一家机器纺织厂，由当时的财政总长周学熙创办。1922年，石家庄大兴纱厂投产，由湖北楚兴公司兴建。中华人民共和国成立之后，石家庄纺织厂（现石家庄第六棉纺织厂）和邯郸第一棉纺织厂的建立是河北纺织基地兴建的前奏，河北省纺织工业局在石家庄、邯郸、保定、承德等地兴建了一系列纺织、印染和纺织机械厂[①]。现遗存有大兴纱厂、邯郸第一棉纺厂、成安县良棉厂等工业遗产。

（2）煤矿类工业遗产

河北省煤炭资源丰富，是中国早期实现机械采煤的地区之一。洋务运动兴办的军工企业需要大量的煤作为能源，手工煤炭不能满足要求，而进口煤炭价格较高，因此李鸿章奏请创办新式煤矿，于1878年在唐山成立开平矿务局，开凿了唐山矿一号井，开创中国机械采煤之先河。1882年，李鸿章委托钮秉臣试办临城煤矿，1905年与芦汉铁路合办，称“临城矿务局”。1906年，袁世凯委托天津海关梁敦彦督办井陉煤矿，1908年改称井陉矿务局，1923年开凿新井[②]。开滦、临城、井陉三座煤矿对河北的煤炭业发展产生了积极的影响，此后，磁州、中和、柳江、兴业等煤矿公司相继成立，使河北省成为中国近代煤矿的聚集地，产量也居于全国首位。开滦、磁州、井陉、临城、正丰等煤矿是煤矿类工业遗产的典型代表。

（3）铁路运输类工业遗产

河北地处北京的周围，交通地理位置非常重要，境内铁路纵横，与全国各地的交通联系非常紧密。河北省是中国最早修建铁路的省份之一，为了运送煤炭，1880年开平煤矿决定修筑唐山至胥各庄之间的铁路，1886年建成。这是中国准轨铁路之始，并延伸至北京、奉天，成为后来的京奉铁路。1906年借款修筑的卢汉铁路，连通范围广泛，打破了传统交通网络格局。1907年修筑的正太铁路，使石家庄成为了京汉、正太两条铁路的交汇点，对石家庄日后的发展起了决定性作用。由詹天佑主持修建，1909年建成通车的京张铁路，则是中国第一条自主设计、自主施工的铁路，开创了中国自主修建铁路的历史。西马、峰光、柳江、长城等地方铁路的相继建立，有力地促进了煤炭的运输和生产[③]。唐胥铁路、正太铁路、京张铁路、石德铁路等铁路线以及沿线的铁路附属设施都是河北省重要的铁路运输类工业遗产。

（4）建材类工业遗产

近代工业企业的建设都与建筑材料分不开，近代工业企业的发展带动了河北省水泥、缸砖、瓷砖、玻璃等建材工业的发展。河北省的水泥工业始于1889年，唐廷枢在唐山开平煤矿附近设水泥工厂，称唐山细绵土厂，聘请英国技师用旧式直窑烧制水泥，1907年正式定名为启新洋灰有限公司[④]。总公司设在天津旧法租界，工厂厂址接近北宁铁路线，水陆交通均极为便利，且距煤矿

① 河北省地方志编纂委员会．河北省志・第23卷：纺织工业志[M]．北京：方志出版社，1996：4-7.
② 河北省地方志编纂委员会．河北省志・第28卷：煤炭工业志[M]．北京：方志出版社，1996：3-6.
③ 方尔庄．河北通史・清朝（下）[M]．石家庄：河北人民出版社，2000：240.
④ 南开大学经济研究所．启新洋灰公司史料[M]．北京：生活・读书・新知三联书店，1963：35-36.

亦近，并于塘沽建有码头、仓库、岔道等，在天津河东及上海南市均设有仓库，除制造普通洋灰（水泥）外，还制造速凝洋灰及抗海水洋灰。始建于1909年的马家沟砖厂是由启新洋灰公司建立的华北第一家机器造砖厂，后来并入开滦矿务局更名为“开滦矿务局马家沟砖厂”，现为唐山陶瓷马家沟耐火材料制造有限公司，主要生产缸砖和硬砖。1914年启新公司利用工厂闲置土地建立瓷厂，定名为启新瓷厂，后由德国人汉斯·昆德承包，1927年初具规模，成为国内第一家使用机械设备生产的陶瓷厂[①]。现在河北遗存的启新水泥厂、马家沟砖厂、耀华玻璃厂等均是建材类工业遗产的典型代表。

1.3.2.3 形态多样

河北省工业遗产有多种形态，既有在平面上呈线性延展的线性遗产，如京张铁路河北段、正太铁路河北段、京奉铁路河北段等，也有占地面积较大的厂区遗产，如开滦煤矿、井陉煤矿、启新水泥厂等，其中保留有多种工业要素，内容庞杂。由于年代久远，很多工业现只有部分遗存，甚至只余一个或几个建（构）筑物单点遗产。这些遗产在平面上呈现为独立的点状，如滦河铁桥、石家庄车辆厂法式别墅、唐山陶瓷厂办公楼地震遗迹等。遗产的遗存形态不同，对其保护利用也要采取不同的方式。

①严兰绅．河北通史·民国（上）[M]．石家庄：河北人民出版社，2000：262-263．

第 2 章

河北省工业发展历史概况

2.1 历史发展沿革

2.1.1 传统手工业状况（鸦片战争之前）

河北作为京畿重地，历来鼓励发展农业与运输业，促进商品经济与手工业的发展。河北是中国重要的产棉区之一，手工纺织业一向比较发达，是农民的主要副业，如河间府的肃宁县享有“北土之布，肃宁为盛”的美誉，高阳也是著名的棉布织区，各家各户均有一两架纺织机，手工纺纱、织布除自用之外尚有剩余的便贩卖给棉商。当时各农村“妇女们把每一空闲的时刻都投入纺纱和织布，纺车和投梭的声音，深夜可闻。几乎所有土布都是妇女的劳动成果”①。

随着殖民主义的原料掠夺和商品倾销，河北的手工业生产遭受前所未有的压力。洋纱由于物美价廉，逐渐取代了土纱，成为土布的主要生产原料。“直隶河间、顺德、正定、保定各属，并京东、乐亭、宝坻等县，向产棉花，既多且佳。近年民间织布，其线大都买自东洋”②。虽然洋布物美价廉，但是手工业者拼命抵制洋布，使用洋纱织土布，降低成本，再加上低廉的劳动力与结实耐用的成品，使得土布的生产得到一定的发展。棉布除了销往河北省内的定县、香河、栾城、高阳等地，还大量外销北京、天津、山西、山东等地，从而出现了一批专门从事棉布买卖的商人与商店。

河北省矿产资源丰富，除煤炭资源外，还盛产金、银、铜、铅、铁等矿产，虽然统治者禁止私自开矿，但是由于生活所迫，手工采矿仍是劳动人民的重要副业之一。其中煤矿开采最为普遍，如唐山在开平矿务局成立之前就有民众在缸窑、马家沟、陈家岭等地开采煤炭，较大煤窑就有20余处。在清光绪年间，井陉、邯郸、磁州、宣化等地也有不少小煤窑，均采用手工作业。

河北的皮毛加工业以张家口、辛集为代表。张家口是连接中原和漠北的交通枢纽，北临天然牧场，年平均气温较低。这些自然条件有利于张家口发展皮毛加工业，成为皮毛贸易集散地。至清光绪年间，张家口已有皮行十余家，皮毛作坊店铺千余家。此外，辛集在清末也成为著名的皮毛贸易中心。据《束鹿乡土志》记载：“辛集一区，素号商埠，皮毛二行，南北互易，远至数千里。羊皮由保定、正定、河间、顺德及泊头、周家口等陆路输入，每年计粗细二色约三十万张。本境制成皮袄、皮褥等货，由陆路运至天津出售。”

河北的手工陶瓷业以唐山、邯郸为代表。在清嘉庆年间，唐山就已经有陶瓷作坊，其中以东缸窑的陶成局最为有名，以生产大缸、陶盆为主。至鸦片战争时，唐山的陶瓷作坊已经发展至十余家，唐山近代的陶瓷工业是在此基础上发展而来的。邯郸的陶瓷业，宋代创烧，延续至今，是著名的磁州窑所在地。清代后期，彭城一带窑场密集，产品分为粗瓷碗类和精巧瓷器两种，销往河北、河南、山东各省区。

此外，造纸、烟草加工、酿酒、铸铁等手工业都在河北省手工业中占有重要的地位，同时

① 李文治．中国科学院经济研究所中国近代经济史参考资料丛刊第三种·第1辑：中国近代农业史资料（1840—1911）[M]．北京：生活·读书·新知三联书店，1957：520．

② 李文治．中国科学院经济研究所中国近代经济史参考资料丛刊第三种·第1辑：中国近代农业史资料（1840—1911）[M]．北京：生活·读书·新知三联书店，1957：515．

也为工业近代化奠定了物质基础和人力资源。

2.1.2　**近代工业起步**（1860—1910年）

2.1.2.1　洋务运动创办的工业

从18世纪中叶开始，西方列强一次又一次发动从海上侵略中国的战争。因为中国历代只重视西北边防，忽略海防建设，且中国海岸线绵延万里，处处设防实为困难。清末西方列强船坚炮利，中国的土枪土炮无法抵挡，战争多以失败告终。来自海上的威胁成为近代中国需要防御的主要威胁，这种新形势的出现，使中国的国防形势发生了历史性转变。面对西方列强的入侵，清政府采取一系列措施如引进先进设备、创办军工产业、建立新式海军、购买并仿造军械弹药、派遣留学生学习西方先进技术等，来发展本国经济和推动军事近代化进程。

（1）煤矿

随着近代军工业兴起，煤作为主要能源需求量大增，而国内手工煤窑所产煤炭量少且不适用，只能进口外国昂贵的煤炭[①]。为了保证军工企业的正常发展，防止矿权落入外国人手中，李鸿章主张开办煤炭产业，委派唐廷枢勘察选址，最终选定在河北省滦县的开平开办煤矿，取名为开平矿务局（图2-1-1、图2-1-2）。选址确定后，投资者向国外订购各种采煤机器，并在唐山南麓买地造房，1878年正式开始钻探，1881年开始出煤。开平煤矿的顺利创办，吸引了大量的私人资本投资新式矿业。磁州一带盛产煤铁，且离卫河不远，在创办开平煤矿之前李鸿章曾在此选址，但是由于资金、矿产、运输等原因，李鸿章暂时放弃了磁州煤铁矿的开办计划，直至1909年才正式筹建磁州煤矿，定名为“北洋磁州官矿有限公

图2-1-1　开平矿务局唐山矿矿场

（资料来源：开滦矿务局史志办公室，《开滦煤矿志》，1992）

图2-1-2　开平矿务局林西矿矿场

（资料来源：开滦矿务局史志办公室，《开滦煤矿志》，1992）

① 《筹海防议折》中指出：“外国每造枪炮，机器全副购价须数十万金，再由洋购运钢铁等料，殊太昂贵。须俟中土能用洋法自开煤铁等矿，再添购大炉、汽锤、压水柜等机器，仿造可期有成。”引自：李鸿章. 李鸿章全集（1—12册）[M]. 长春：时代文艺出版社，1998：1062-1075.

司”。临城煤矿是李鸿章在直隶创办的第三个煤矿，据化验，该煤矿所产煤炭“烧焦成色在七成以上，火力甚长，足供制造、轮船之用[①]”。1882年，李鸿章委派钮秉臣在临城设矿务局，用土法开采煤炭，1890—1896年共产煤2.25万吨。除煤矿之外，还兴办了平泉铜矿、三山银矿、土槽子褊山线银铅矿等金属矿，均为官督商办，但是最终都因亏损而停办。

（2）铁路

开平煤矿初期采用畜力车运煤到芦台，再由煤船沿蓟运河运至塘沽，销往各地，运输成本高且冬季运输受限，开平矿务局奏请修建轻便铁路，李鸿章转奏清廷同意后，于1881年6月动工修建，11月建成从唐山煤井至胥各庄间的轻便铁路，即唐胥铁路（图2-1-3），这是我国自建并保留至今的第一条准轨铁路。1887年，李鸿章为加强海防建设，提出大沽、北塘之间防御太少，如果建设铁路则可快速调兵[②]，建议将唐胥铁路经大沽延伸至天津。经批准后，1888年3月，将该铁路修建延伸到塘沽，新河站和塘沽站建成，是为津沽铁路。后延伸至山海关，甲午战争之前，天津至山海关的津榆铁路全线通车。

（3）港口

开平煤矿的产量逐年增加，运输量增大，而大沽、塘沽、营口均不适合作为海港，只有秦皇岛自然条件优越，且离津榆铁路较近，于是1898年开辟为通商口岸。同时由开平矿务局出资，兴建秦皇岛港，建设码头（图2-1-4），连接铁路，

图2-1-3 李鸿章等人视察唐胥铁路

（资料来源：开滦矿务局史志办公室，《开滦煤矿志》，1992）

图2-1-4 秦皇岛码头初期情形

（资料来源：开滦矿务局史志办公室，《开滦煤矿志》，1992）

① 谢忠厚，方尔庄，刘刚范，等．近代河北史要 [M]．石家庄：河北人民出版社，1990：105．

② 《海军衙门请准建津沽铁路折》中指出：“自大沽、北塘以北五百余里之间，防营太少，究嫌空虚。如有铁路相通，遇警则朝发夕至，屯一路之兵，能抵数路之用，而养兵之费，亦因之节省。今开平矿务局于光绪七年创造铁路二十里后，因兵船运煤不便，复接造铁路六十五里，南抵蓟运河边阎庄为止。此即北塘至山海关中段之路，运兵必经之地。若将此铁路南接至大沽北岸八十余里铁路，先行建造，再将天津至大沽百余里之铁路，逐渐兴办。”引自：宓汝成．中国近代铁路史资料·第1册（1863—1911）[M]．北京：中华书局，1963：131．

以运输煤炭为主，兼运送旅客、杂货、文件等。秦皇岛港的建设促进了河北贸易的发展，推动了河北工商业的繁荣。

2.1.2.2 经济掠夺与直隶新政

西方列强通过设立洋行对中国输出商品进行经济掠夺，而原料掠夺主要通过修筑铁路和开采矿山进行。通过投资修建铁路，便可以获得铁路沿线的矿山开采权，因此各国竞相争夺铁路的修筑权。首先表现在芦汉铁路的修建上，1896年，张之洞和王文韶奏请建设芦汉铁路，虽为官督商办，但是由于资金缺乏，只得筹借外款。为了获得铁路管理权，英、美、俄、法等国展开激烈的竞争，最后当局决定向比利时借款。在与比利时公司签订合同之前，已经由关内外铁路局修筑好卢沟桥至保定的铁路，比利时人接手之后分南北两段开始建设。1900年，法国人擅自修建了卢沟桥至北京前门站之间的铁路，因此改称京汉铁路。该铁路虽然宣称“国办”，但实际上的权力还是掌握在比利时和法国人手中[①]。英国看到俄国、法国、比利时夺得京汉铁路的管理权，于是要求清政府将津镇铁路的修筑权交由其承接作为补偿，这条铁路北起天津，南至镇江，途经山东，连接南北。但是山东是德国的势力范围，经过协商，由英德两国共同修筑，两国借此控制了这条铁路。1907年，改津镇铁路为津浦铁路。1896年，山西巡抚胡聘之奏请修建卢汉铁路正定站附近的柳林铺（石家庄）与太原之间的铁路，以运送山西的煤炭，当局向俄国华俄道胜银行借款筹办，总工程师与管理人员均由俄方委派，后来日俄战争中由于俄方失败，全部债权被让渡给法国。1909年，正太铁路竣工通车。

另外，西方列强通过控制中国煤矿开采权，掠夺原料和利润。英国借逼迫开平矿务督办张翼偿还英国墨林公司和德国德华银行的账务之机，通过技术顾问胡佛骗取了开平煤矿的所有权，将煤矿、码头、秦皇岛港等产权均出卖给英国。此外，列强还攫取了井陉煤矿和临城煤矿的部分权益。临城煤矿由于资金短缺，设备简陋，产量一直不高。卢汉铁路借款合同签订后，比利时以临城煤矿在卢汉铁路周围15公里范围内的理由，向清政府提出路矿合营的要求。于是，双方签订了办矿合同，采矿权和土地使用权全部被让渡给比利时。

甲午战争后，为了拯救民族危机，清政府推行了一系列的章程则例，鼓励兴办实业。时任直隶总督的袁世凯派周学熙到日本考察工商业。周学熙回国后建议在直隶设工艺局，作为振兴直隶全省的枢纽。1903年袁世凯委派周学熙在天津创办了直隶工艺总局，包括实习工场、北洋工艺学堂、考工厂和教育品陈列馆，培养技术人才，陈列最新产品，传授工商知识，通过各种方式劝导、奖励工商业的振兴。在直隶工艺总局的推动下，创立了北洋官立造纸厂、劝业铁工厂、织染缝纫公司、造胰有限公司、牙粉公司、玻璃厂、毛巾厂、洋式草帽厂等工厂[②]。为了推动全省的工业发展，直隶工艺总局在各地均开办工艺局或有关传习工厂（表2-1-1），推动工商业发展。

① 铁道部档案史志中心．中国铁路历史钩沉 [M]．北京：红旗出版社，2002：357．

② 方尔庄．河北通史·清朝（下）[M]．石家庄：河北人民出版社，2000：210．

表2-1-1 河北省各传习工厂概况①

工厂名称	开办年月	科目	工厂名称	开办年月	科目
南宫县公立实业工厂	1906.9	机织、染色、木工、烛皂	永年县工艺局	1906	织、染
			内丘县官立工艺局	1908.6	纺、织
深泽县实习工厂	1907.10	织、染	祁州工艺局	1906.6	织、染
满城县积祥有限工厂	1908.9	织、染	蓟州官立工艺局	1905.4	织
满城县实习工厂	1909.11	织	长垣县工艺局	1907.4	酿酒、机织、染、提花
高阳县织布工场	1908.9	织			
邯郸县织工厂	1907.8	织	涞水县工艺局	1904.3	织
清苑县实习工厂	1905.8	机织、染色、提花、粉笔	庆云县工艺局	1907.11	织
			任县工艺局	—	织
临榆县实习工厂	1907.4	织	万全县张家口官督商办工艺局	1904.2	木作
南皮县工艺厂	1905.2	织、染			
肥乡县工艺厂	1904.9	木工	乐亭县工艺局	1904.7	织
盐山县工艺厂	1904.11	织、染	滦州工艺局	1904.9	织、染
磁州工艺所	1904.12	纺织	平山县工艺局	1904.12	织
广宗县商办纺织局	1906.10	纺织	吴桥县工艺局	1904.6	成衣、织带、制靴、木作
宁津县教养局	1907.9	织布			
隆平县工艺局	1905.8	织	抚宁县工艺局	1904.12	染、织
饶阳县工艺局	1907.9	织	赞皇县工艺局	1907.4	织
宣化县工艺总局	1904.7	织、裁缝	灵寿县工艺局	1904.8	织
束鹿县工艺局	1905.5	弹花、织	南乐县工艺局	1904.9	织
赵州工艺局	1904.12	纺、织	景州工艺局	1907.8	织
赤城县工艺局	1904.7	织、洋烛、胰子、粉笔、酒、糖	涿州工艺局	1907.2	机织、粉笔
			大城县工艺局	1904.12	草帽辫
东路厅工艺官局	1906.1	织	故城县工艺局	1903.12	挂画、织
蔚州工艺局	1906.1	织、木器	元氏县工艺局	1904.11	织
交河县工艺局	1905.11	机织、染色、草帽辫	青县工艺总局	1906.12	织
多伦厅工艺局	1904.10	毛毡	获鹿县工艺局	1905.4	线毯、栽绒、线条
衡水县桃城工艺局	1906.11	织	肃宁县工艺局	1905	织
雄县工艺局	1907.11	织、染	正定县工艺局	1904.9	织
南和县工艺局	1904.12	纺、织、制草帽辫	冀州工艺局	1907.3	染、织
清丰县教养工艺局	1906.4	织	武邑县织工传习所	1907.12	织
新乐县工艺局	1907.7	织、染	广宗县官办织工传习所	1907.11	织
博野县工艺局	1906.8	织			

① 方尔庄. 河北通史·清朝（下）[M]. 石家庄：河北人民出版社，2000：213-223.

工矿企业是民族资本投资的主要对象，华资直接投资的矿场，早期有山海关石门寨煤矿、冀东钒土矿、武安煤矿等；后期有曲阳白石沟煤矿（1903年）、井陉华丰煤矿（1903年）、张北恒升煤矿（1906年）、磁县怡立煤矿（1908年）、宣化鸡鸣山煤矿（1909年）、宣化华兴银矿（1909年）、张家口宝兴煤矿（1909年）等①。这些煤矿大多为当地官绅所办，由于资金、技术、设备等问题，仅勉强维持经营。除矿业外，纺织业也是这一时期民族资本投资的主要对象。河北省作为重要的产棉区，手工纺织业一向发达，而且相对于矿业而言，近代纺织业所需资金少、周期短、利润高，因此在1904年至1910年间纺织工厂大量增加，如遵化华纶纺织厂（1905年）、深州同益织染厂（1907年）、安州蚨丰纺织厂（1909年）、清苑聚和纺织厂（1909年）、饶阳协成元织工厂（1909年）、饶阳益记工场（1909年）、张家口信生织布厂（1910年）等②都创立于这一时期。

伴随着近代铁路的修建，河北的机械工业应运而生。如创立于1880年的胥各庄修车厂（今唐山机车车辆厂），1893年的山海关造桥厂（今山海关桥梁厂），1904年的石家庄正太铁路总机厂（今石家庄车辆厂）、林西开平机器厂（今开滦煤矿机车修配厂），1909年的张家口铁路机修厂（今铁路机械厂）等，都是为唐胥铁路、正太铁路、津榆铁路等修理机车而建造。此外，也出现了一些近代化学工业和食品工业的工厂，主要集中在天津，河北省也有少量相关民族资本工业企业，如任县益济生造纸公司（1911年）、泊头永和火柴公司（1913年）等。

虽然这一时期的商办工业相对于官办企业数量较少，但是表明民族资本已经开始萌芽。

北洋新政中具有代表性的实业是唐山启新洋灰公司和滦州煤矿有限公司。启新洋灰公司前身为开平矿务局督办唐廷枢于1889年开办的唐山细绵土厂，开平煤矿被英国占取后，细绵土厂也被夺取。1906年周学熙收回该厂，并于1907年成立启新洋灰公司，公司股东多为官僚和资本家，产品“马牌”水泥畅销国内外，成为当时中国最大的民营水泥厂。开平煤矿被英国占取后，各界人士纷纷呼吁政府收回矿权，在这一背景下，周学熙建议袁世凯在开平附近的滦州一带开办煤矿，与英国人占领的开平煤矿抗衡，达到“以滦收开”的目的。1907年，滦州煤矿有限公司正式成立，占地面积82.5平方公里，由于设备先进、管理严格，产量逐年上升。滦州煤矿的迅速发展引起了英国人的恐慌，他们以滦州煤矿越界开采为借口，要求停办滦州煤矿，并凭借其经济实力兼并滦州煤矿。1912年，滦州煤矿最终并入开平煤矿，开滦矿务总局成立。

张家口是华北与西北之间的交通枢纽，是中俄贸易通道，在经济、军事上均占有重要地位，因此急需修建一条北京至张家口的铁路。义和团运动后，袁世凯奏请修建京张铁路，英国却借口京张铁路是京奉铁路的延长线，声称必须由英国工程师主持，以达到控制通往蒙古的铁路线来对抗俄国的目的。清政府曾答应俄国享有修筑北京向北铁路的优先权，因此在这个两难的境地，清政府决定不用外籍工程师，而由中国人自行设计

① 方尔庄. 河北通史·清朝（下）[M]. 石家庄：河北人民出版社，2000：226.

② 方尔庄. 河北通史·清朝（下）[M]. 石家庄：河北人民出版社，2000：228.

修筑这条铁路。1904年开设京张铁路工程局，任命詹天佑为总工程师，同年动工修建，次年北京丰台至南口段竣工通车，继而开始修建南口至岔道城之间的铁路。这段工程非常艰巨，经过一年的努力，詹天佑解决了火车转向等许多难题，最终于1909年竣工通车。京张铁路作为中国人自行设计修筑的第一条铁路，极大地增强了国人的自信心，促进了张家口城市的发展。

2.1.3 民族工业发展（1911—1936年）

这一时期政府颁布的奖励工商业发展的政策法规、第一次世界大战的爆发、反帝反封建的爱国运动都推动了河北省民族工业的发展，迎来了民族工业发展的“黄金时代”。纺织业、采矿业、化学工业、食品工业均有发展，成为河北近代工业的主体。新增加的行业以轻工业为主，如白鹿泉大兴纱厂、高阳纺织印染总厂、泊头火柴厂、唐山第一面粉厂等。

第一次世界大战之后，河北省纺织工业飞速发展。1918年开始筹建唐山华新纺织厂，1928年先后建立了唐山华新纺织厂、大兴纺织公司等大型纺织厂，至1929年共有33 001家小型纺织工厂，占当年全省工厂总数的59.9%[①]。辛亥革命后，采矿业进入发展时期。1914年至1932年新注册包括能源矿、有色金属矿、非有色金属矿等各类矿业企业207家，比清末增长了20倍。其中产值最大的是煤炭，这一时期河北大中型煤矿有开滦、临城、井陉、柳江、长城、中和、正丰、怡立、鸡鸣山、六河沟等10余家[②]。河北省的化学工业涵盖火柴、玻璃、制盐、制碱、制皂、制烛、制革、硫酸、漂染、化妆品、制药等行业，其中火柴业、制盐业和玻璃业影响较大。火柴业是河北近代工业中较早出现的行业之一，规模较大的有永华（泊镇）、振华（石家庄）、保阳（清苑）、滦县火柴厂等。河北省盐业资源丰富，这一时期较大的制盐厂有通达精盐工厂、保定通惠盐厂。民国初年，唐山、邢台等地陆续建立了一些小型的料器、制镜、玻璃砂厂，1922年耀华玻璃公司的建立标志着中国玻璃工业的发展进入新时期。食品工业的支柱产业是面粉业，大型面粉厂包括保定乾义面粉公司、沧县富利面粉公司、邯郸怡丰面粉股份有限公司、唐山德成面粉公司、石家庄聚丰面粉有限公司、保定福和公面粉厂、石家庄鼎兴面粉厂等，1931年河北省年产面粉总计1417万包。此外还有新中罐头食品公司、恒裕蛋厂等罐头、制糖、酿造、制烟等行业。民国以来，造纸业得到进一步发展，1929年全省共计有367家造纸厂[③]，其中显记造纸厂、济华造纸厂、因利造纸厂等机器造纸厂发展较为显著。河北省电力工业始于开滦矿务局，第一次世界大战之后，各厂矿纷纷自建电厂或发电设备，张家口华北电灯股份有限公司、唐山发电厂、山海关电灯公司、保定电灯公司等相继建立。1933年，河北省发电量居全国第二位[④]。

这一时期交通业也有了很大发展，向以机器

① 朱文通，王小梅．河北通史·民国（上）[M]．石家庄：河北人民出版社，2000：246．

② 朱文通，王小梅．河北通史·民国（上）[M]．石家庄：河北人民出版社，2000：247-249．

③ 资料来源：河北省实业厅视察处编《1929年度河北省工商统计》。

④ 二十二年全国电业概况 [J]．河北建设公报，1934，6（8）．

为动力的现代运输方式过渡。清末时期就已经初步建立了河北省的铁路交通网，1912年至1937年共修筑4条地方铁路和3条支线，4条地方铁路均为运煤而建，依次为柳江铁路、西马铁路、峰光铁路、长城铁路，3条支线为京奉路北戴河支线、京汉路保定南关支线、京绥路宣庞支线。同时，初步形成了以省路为主、县路为辅的公路运输网络。截至1937年6月，河北省共计有省路61条，共计5553公里①。秦皇岛港增建了码头，客货运输能力明显提高。

2.1.4　战时工业停滞（1937—1948年）

太平洋战争爆发后，日本控制了英国经营的开滦煤矿。日军占领河北后，民族工商业纷纷倒闭，河北省工业产业受到巨创。日军通过合并、收买、接管等手段，直接控制了山海关桥梁厂、唐山华新纺织厂、石家庄大兴纺织厂、秦皇岛耀华玻璃厂、井陉煤矿、石家庄焦化厂、唐山机车厂、开滦矿务局、龙烟铁矿、峰峰煤矿等。此外，日军还在河北建立了峰峰电厂、下花园电厂、唐山电厂、唐山制钢厂等掠夺资源。在抗日战争和解放战争时期，军工生产是河北根据地工业生产的主要组成部分，太行山区先后建立了军工一、二、三、四所和铁厂、复装子弹试验厂、炸弹厂、机器厂等8个兵工厂，到1943年，形成了比较完整的军事工业，包括枪厂、炮厂、子弹厂、化学厂、炸弹厂、机器厂、煤炭厂、铁厂等，生产手枪、步枪、掷弹筒、迫击炮、燃烧弹、信号弹、手榴弹等军工产品，基本上满足了武器弹药供应②。1944年河北将分散的小工厂按照产品、工艺合并扩大，大大提高了生产能力。

1945年日本投降后，国民政府接收了各项产业，但是各项苛捐杂税使河北省的工业雪上加霜，大部分工业生产萧条，濒临停业。与此同时，河北各解放区制订了工业生产与农业生产并重的方针，各级人民政府建立起一些制糖、火柴、印刷、榨油等小型工厂，还建立电站、运输公司、实业公司等。此外还恢复了一些工业企业，如泊头火柴厂、大兴纺织厂、保定三三烟厂等，军工、面粉、榨油、造纸、毛纺织等工厂已经在国民经济中占有一定比重。

2.1.5　现代工业建设（1949—1980年）

“一五”时期，我国建设了一批国家级和省级重点项目，在苏联援建的“156项目”中，河北省占有5项：华北制药厂、石家庄热电厂（一、二期）、热河钒钛矿、峰峰中央洗煤厂及峰峰通顺二号立井。1958—1976年期间仍保持一定的发展速度，钢铁、汽车、煤炭、化肥、拖拉机等工业都有较快发展。改革开放之后，河北省工业快速发展，在冶金、煤炭、电力、建材、纺织、机械、电子、化学、医药等领域均有建树。

2.1.5.1　国民经济恢复与“一五”时期

这一时期主要是对战争中遭受损害的企业恢复生产能力，进行重点建设，为工业发展奠定基础。1949—1952年国民经济恢复时期，河北省迅速修复了交通，恢复和发展了工业生产。交通运输是经济生产的重要命脉，河北省人民政府成立之后，首先恢复了中断三年的京汉铁路运营，1949年11月正式恢复通车，为安定人民生活和恢复生

① 朱文通，王小梅．河北通史・民国（上）[M]．石家庄：河北人民出版社，2000：271．
② 朱文通，王小梅．河北通史・民国（下）[M]．石家庄：河北人民出版社，2000：149-150．

产发挥了重要作用。短时间内，煤炭、冶金、电力、纺织等行业的工厂如唐山华新纺织厂、石家庄大兴纺织厂、邯郸翔丰纱厂都迅速恢复了生产。此外，工厂实行民主化管理，工人们热情高涨，努力恢复生产，涌现出一批劳动模范。1951年，峰峰煤矿罗永近小组创造了日产254.4吨煤的最高纪录，唐山发电厂李秀俊带领工人创造出每度电耗煤0.558千克的先进纪录，龙烟铁矿马万水带领组员首创手工凿岩月进23.7米的纪录[①]。除恢复生产外，还新建和扩建了一些厂矿，如1950年自行设计施工的邯郸国棉一厂开始兴建，并对开滦、峰峰、井陉等矿井进行了恢复性建设和改造，对河北工业的恢复和发展起到了重要作用。

进入“一五”时期，河北省根据国家发展国民经济的第一个五年计划精神，确定了河北省的“一五”计划：能源工业先行，加强基础工业建设，有重点地发展消费资料生产，将煤炭、电力、纺织三大产业作为河北省工业建设的重点。煤炭工业投资3.37亿元，新建兴隆煤矿，改建了开滦煤矿的4对矿井，恢复了马家沟矿，在峰峰煤矿新建了矿井和洗煤厂，还建设了张家口煤矿机械制造厂，河北省成为全国重要的煤炭基地。电力工业投资2.28亿元，1957年国家“156项目”之一的石家庄热电厂建成投产，此外还建设了唐山发电厂、下花园电厂、保定发电厂，在南部地区形成了峰峰电网和石家庄电网，北部的唐山、张家口与北京、天津形成了京津唐电网。这一时期纺织业也快速发展，1953年起兴建石家庄国棉一、二、三、四厂，石家庄印染厂和邯郸国棉二、三、四厂，形成石家庄、邯郸两大纺织基地，1955年还新建了石家庄华新纺织厂（即石家庄国棉五厂）。此外，国家“156项目”之一的华北制药厂于1955年开工兴建，扩建和新建了龙烟铁矿和寿王坟铜矿。“一五”时期河北工业的发展对北京、天津甚至全国工业建设都有重要作用。

2.1.5.2　发展道路探索中曲折前进

“二五”时期的河北工业发展基本任务是在“一五”计划的基础上稳步增长，扩大农业生产资料的生产，全面发展交通运输，合理分布各种企业，将京广铁路两侧确定为全省工业发展地区。但是后来的“大跃进”运动给工业发展带来一定的影响。1957年，河北全省实际生产钢24.77万吨，生铁12.85万吨。1958年，掀起了“以钢为纲”的“大跃进”运动，河北省提出了1958年生产钢105万吨、铁140万吨，1959年生产钢400万吨、铁600万吨的跃进指标[②]。于是，全省开展了全民大炼钢的运动，采用土法炼钢，但是由于不讲科学，消耗了大量的物资，合格的钢铁却寥寥无几。在“大跃进”运动中，河北兴建了邯郸、邢台、石家庄、张家口、承德钢铁厂，其中的邢台、石家庄、张家口钢铁厂仓促上马后在1962年停产。这一时期除钢铁外其他行业也在“大办工业”，1958年，全省新增企业中“小土群”“小洋群”工业占71.5%，兴建了一批矿山、煤炭、机修等小企业，但是大多设施简陋，技术不合格。但是这一时期的工业发展还是取得了一定的成绩，对唐山、宣化钢铁公司，开滦、峰峰、井陉煤矿进行了扩建；新建了一批电力、化工、纺

①《当代中国的河北》编辑委员会．当代中国的河北（上）[M]．北京：当代中国出版社，2009：48.

②《当代中国的河北》编辑委员会．当代中国的河北（上）[M]．北京：当代中国出版社，2009：73–74.

织、机械等工业企业，如马头发电厂、石家庄拖拉机配件厂、保定国棉一厂、石家庄化肥厂、保定变压器厂、化工部第一胶片厂等[①]。

1960年，由于生产大幅下降、国民经济比例失调、人民生活困难，中央对国民经济实行“调整、巩固、充实、提高”八字方针，对国民经济陆续进行调整。河北省针对工业发展过多、重工业占比过大的情况，调整轻重工业比例，将大厂划分为小厂，关、停、转、迁了部分工厂。经过三年调整，工业得到了恢复和发展。其中“二五”时期新建的邯郸钢铁厂被扩建为一家中型联合企业，停建的邢台钢铁厂、石家庄钢铁厂又恢复建设。遵循“以农业为基础，工业为主导”的指导方针，对电网配套工厂填平补齐，扩建了部分矿井，提高了煤炭生产能力，新建了一批氮肥厂、农药厂、农业机械制造厂和修配厂。

1966年，全国开始了“文化大革命”，河北工业生产受到了很大的冲击，但是部分行业也有所发展。化肥工业大部分是在这一时期发展起来的，宣化、迁安、邯郸3座中型化肥厂的建设支援了农业发展。农业机械制造工业方面，新建扩建了石家庄拖拉机厂、邢台拖拉机厂等中小型农业机械制造工厂。以开滦煤矿为代表的煤炭工业，均进行了大规模基本建设，煤炭产量与1965年相比实现了翻番。电力工业也开展了基本建设，新建了马头、一五〇、邢台、微水、陡河、保定和滦河等大中型火力发电厂，加强了京津唐电网、石邯、石邢电网的输电能力。1964年任丘发现了石油，随即迅速兴建了沧州炼油厂、保定炼油厂、石家庄炼油厂，扩建了邯郸石油化工机械厂，河北成为全国第三大石油生产基地。

1976年唐山大地震使唐山市顷刻成为废墟，不仅造成了重大的人员伤亡，而且对工业厂房机器产生了巨大的损害。

2.1.5.3　工业发展的新时期

1978年，河北省的工业发展翻开了新的一页，省政府认真贯彻党的十一届三中全会提出的“调整、改革、整顿、提高”方针，调整轻重工业比例，合理利用资源，调整了煤炭采掘比和原油采储比，对全省1674家长期亏损的企业实行了关、停、并、转[②]，纠正了企业的盲目发展。其中在调整轻重工业的比例方面，对不同的工业部门提出不同的要求：纺织工业以化纤、印染、针织、毛纺和丝绸为发展重点；电子工业以基础元器件为根本，以电视机、收音机、录音机为重点；机械工厂提高技术，发展专业化；石油化学工业以围绕消费品生产和农业服务为主。经过调整，1982年工业生产开始稳步上升，扭转了之前下降的局面。

河北省工业在“六五”期间得到迅速发展，年平均递增8.6%。能源工业在这一时期明显加强，陡河电厂三期工厂、马头电厂四期工厂和下花园电厂、邢台电厂以及丰润电厂扩建工程等电力工程均完工；建成了东庞、显德旺煤矿和陶庄、万年二号井、林南仓立井、范各庄洗煤厂等煤矿工业。交通运输部门也完成了一批国家重点工程，如石德铁路复线、京秦铁路、石太线改造、秦皇岛港油码头、煤码头工程等建设。科学

① 《当代中国的河北》编辑委员会．当代中国的河北（上）[M]．北京：当代中国出版社，2009：79.

② 《当代中国的河北》编辑委员会．当代中国的河北（上）[M]．北京：当代中国出版社，2009：109.

技术也得到了飞速发展，在很多领域成功达到国际先进水平，微机、生物工程等技术均有新进展。

经过多年的发展，河北省形成了门类比较齐全、规模布局合理、具有相当技术水平的工业体系，以能源、冶金、纺织、建材为支柱工业，建成了能源工业基地（包括煤炭、石油、电力工业基地）、钢铁工业基地、建材工业基地和纺织工业基地。河北作为全国重要的焦煤基地之一，焦煤在邯郸、邢台、石家庄、保定、唐山、秦皇岛、张家口、承德等地均有分布，形成了从勘探、基建到采煤、洗煤的综合煤炭生产体系。华北油田是中国第三大油田，先后有27个油田投入开发。由于煤炭资源丰富，河北形成了以火力发电为主，电热联产的现代电力工业体系。河北省铁矿资源丰富，邯郸、邢台、石家庄、保定、唐山、张家口、承德等地均有铁矿，形成了从勘探、采矿、选矿、焦化、炼铁、炼钢到轧钢等门类齐全的冶金工业。1985年纺织工业产值占全省总产值的13.3％[①]，棉纱、棉布产量均居全国第五，成为支柱产业。这一时期，建材工业也有了很大发展，水泥、玻璃、卫生陶瓷、石棉等行业均有突出贡献，如拥有全国最大的水泥厂——唐山冀东水泥厂，最大的平板玻璃厂——秦皇岛玻璃厂，最大的建筑卫生瓷厂——唐山建筑陶瓷厂，最大的水泥机械厂——唐山水泥机械厂，最大的黏土砖厂——石家庄市获鹿砖厂。工业既均衡分布，又适当集中，逐步形成了若干经济区。河北省的工业发展虽然在前进的道路上有曲折，但最终还是取得了明显的成绩。

2.2　行业发展脉络

2.2.1　煤炭工业

河北省煤炭储量较为丰富，而且是中国开发利用煤炭较早的省份，最早可追溯至战国时期。鸦片战争之后，洋务派先后在上海、天津、广州、武汉等地建立军工企业，手工煤矿的生产不能满足需求，于是直隶总督李鸿章极力倡导开办新式煤矿。1875年先在磁州试办煤矿，失败后李鸿章命唐廷枢前往开平筹办开平煤矿。1878年，开平矿务局正式成立，开凿河北省第一个近代矿井，1881年正式出煤，开创了中国近代煤矿的先河。1882年，李鸿章派钮秉臣试办临城煤矿，但因技术上的不足以及矿井渗水等问题，开采并不顺利。井陉煤矿是1898年由井陉县绅士张凤起筹备成立的，后由袁世凯委托天津海关梁敦彦督办，1908年定名为“井陉矿务局”。开滦、临城、井陉三大煤矿的创办对河北煤炭工业的发展起到推动作用，清末民初河北省兴起了创办煤矿的高潮，先后创办了鸡鸣山、正丰、怡立、中和、柳江、长城、宝兴等新式煤矿。[②]“七七事变”后，日军委托兴中公司对河北省近代煤矿进行军事管理，1939年，日本制铁公司与开滦合设“开滦煤炭贩卖股份有限公司”，煤炭贩卖权也落入日本人手中。1945年抗日战争胜利后，开滦、井陉、长城煤矿被国民政府接管，峰峰、下花园以及武安、沙河等地区的小煤窑被边区政府接管，恢复生产的工作相继展开。

中华人民共和国成立之初，河北省煤炭企业

①《当代中国的河北》编辑委员会．当代中国的河北（上）[M]．北京：当代中国出版社，2009：155．

②河北省地方志编纂委员会．河北省志·第28卷：煤炭工业志[M]．北京：方志出版社，1996：2-6．

有开滦矿务局、峰峰矿务局、井陉矿务局及地方煤矿12处。经济恢复时期和“一五”时期，对老矿井进行了恢复性改造扩建。至1957年，原煤产量达到1445.78万吨，取得了明显的经济效益①。“二五”时期，河北省建成投产了24对新井，除了建成兴隆矿区外，基本建设主要在峰峰矿区。1967年虽然受到了“文化大革命”的干扰，但是河北煤矿企业职工顾全大局、坚守岗位、努力生产，胜利完成了第三个五年计划。“四五”期间，开滦煤矿提出了按设计能力翻番的大胆设想，在企业职工的共同努力下，各煤矿生产水平都有大幅度提高，1975年，全省原煤产量达5196.79万吨②。1976年的唐山大地震对开滦煤矿造成了极其严重的破坏，几乎将这座百年老矿变成一片废墟，在各方支援下，开滦煤矿生产系统很快恢复正常，完成了当年的生产计划。党的十一届三中全会之后，河北省煤炭工业步入了健康发展的时期，革新改造老矿井、调整各项比例关系、提高机械化程度，至1988年建成投产新矿井11对，这些新矿井大多是技术先进的现代化大型矿井。煤炭工业作为河北省重要的支柱产业，1949—1988年共生产原煤14.1亿吨，占全国总产量的10.72%，是国家重要的能源基地③。

2.2.2 纺织工业

河北省是中国重要产棉区之一，优越的自然条件为纺织业提供了良好的物质基础。河北省纺织业历史悠久、源远流长，商代时就有相当高的纺织技术，此后棉纺织业逐渐兴盛。闻名全国的高阳布自清末开始兴起，1900年，高阳商人王士颖第一次把国外铁轮织布机引进高阳，并加以改进，使织布效率提高了近10倍。从木制织机到铁轮织布机，从织造窄幅土布到织造宽幅洋布，这是纺织技术质的飞跃，在河北省纺织史上有非常重要的意义。河北省第一家机器纺织厂，是由民族资本家周学熙于1919年在唐山兴建的华新纺织厂，隶属于官商合办的华新纺织有限公司。1922年在石家庄又成立了大兴纱厂，由湖北私人资本楚兴公司兴建。1937年石家庄被日军攻占，大兴纱厂搬至汉口，原厂被改为“中日合营”工厂，1945年日本投降后才由国民政府经济部接管。河北省近代纺织业在中华人民共和国成立前仅有唐山华新纺织厂和石家庄大兴纱厂两家企业。④

中华人民共和国成立之后，河北省首先对原有的纺织工厂进行了恢复建设。1950年华北纺织管理局成立，开始着手建设河北纺织基地。“一五”期间，纺织工业部在综合考察的基础上确定在石家庄和邯郸建立棉纺织工业基地，1953年在石家庄长安区范谈村附近建设了4个棉纺织厂和1个印染厂，整个纺织区长约1500米，占地面积约156公顷，1957年全部建成投产。⑤同时，唐山华新纺织公司于1956年建成了石家庄华新纺织厂。1956年邯郸纺织基地开始兴建，建成3个棉纺织厂，并在涉县兴建1个印染厂，纺织基地建设初具规模。在保定、石家庄、邯郸、唐山等

① 河北省地方志编纂委员会. 河北省志·第28卷：煤炭工业志 [M]. 北京：方志出版社，1996：8.
② 河北省地方志编纂委员会. 河北省志·第28卷：煤炭工业志 [M]. 北京：方志出版社，1996：10.
③ 河北省地方志编纂委员会. 河北省志·第28卷：煤炭工业志 [M]. 北京：方志出版社，1996：12.
④ 河北省地方志编纂委员会. 河北省志·第23卷：纺织工业志 [M]. 北京：方志出版社，1996：2-6.
⑤ 河北省地方志编纂委员会. 河北省志·第23卷：纺织工业志 [M]. 北京：方志出版社，1996：6-7.

地兴建了一批针织厂，生产针织内衣、袜子等产品。1958年至1966年间，河北省先后在石家庄、邯郸、唐山、保定、承德兴建和扩建了一批纺织、印染、化纤等企业，包括张家口毛纺厂、保定化学纤维联合厂、邯郸纺织机械厂、石家庄纺织机械厂、石家庄纺织器材厂等，并先后建立了河北省针织工业科学研究所、河北纺织工学院及河北印染机械厂，在印染、化纤、纺织机械方面有了突出发展。“文化大革命”期间河北纺织工业发展受阻，但仍建设了一批小型布厂和小型纱厂。党的十一届三中全会之后，河北纺织工业进入新的飞跃发展时期，完成了唐山华新棉纺织厂、唐山印染厂的复建工程，河北印染厂的搬迁工程，涤棉印染生产线的技术改造和扩建工程，以及一些中小型纺织厂、化纤厂的扩建、填平补齐工程。①至此，河北省纺织工业包括纺织加工工业、纺织原料工业、纺织装备工业三大部分。其中纺织加工工业又包括棉纺织印染，毛纺织、麻纺织、丝绸、针织复制，化学纤维以及纺织机械制造和纺织专用器材制造等8个行业，形成以石家庄、邯郸为基地，以唐山、保定、邢台、张家口等城市为拱卫，县、区、乡、镇全面发展的格局。从1951年至1990年河北省共生产纱3400万件、布274.8亿米，为全省乃至全国国民经济做出了巨大贡献。②

2.2.3 冶金工业

河北省铁矿石保有储量居全国第三位，此外，钛、钒、铬、黄金等矿藏名列全国前十位，还有铜、铅、锌、钼等12种有色金属矿藏，蕴含丰富的冶金矿产资源。早在春秋战国时代，此地就发展出较高的冶铁技术。20世纪初河北近代冶金工业开始发展，1914年由井陉矿务局筹建的第一座炼焦厂是我国最早使用近代焦炉炼焦和回收化工产品的焦化企业，1914年德国资本家在石家庄建立了桥西焦化厂，1918年北洋政府以官商合办形式成立的龙烟铁矿公司是当时北方最大的冶金企业。1944年日本人在唐山组建了一个小型轧钢车间，随后又成立了唐山制钢所。③

中华人民共和国成立之后，河北省冶金工业发生了翻天覆地的变化，从无到有历经曲折，最终取得了显著成就。在三年经济恢复和“一五”计划期间，宣化钢铁公司和唐山钢铁公司首先恢复和发展生产建设，唐钢率先试验成功空气侧吹碱性转炉炼钢技术，为我国钢铁工业发展开辟了新途径，成为我国侧吹碱性钢炉炼钢的发源地。④1950年，龙烟铁矿总厂成立，并逐渐发展成为全省最大的钢铁原料生产基地。“大跃进”和三年调整时期，在“以钢为纲”的口号带领下，河北省在邯郸、邢台、承德、石家庄、唐山、张家口、保定等地兴建了一批冶金工业。1960年，全省高炉达到666座，总容量1.2672万立方米。1957年开始，河北建立了峪耳崖、马兰峪、冷咀头、金厂峪和倒流水等5个国营地方金矿以及第一座有色金属矿山——寿王坟铜矿。但是由于片面追求高产量，大量企业亏损，走了一段曲折的路程。“文化大革命”给冶金工业带来了一定的冲击，但是冶金

①《当代中国的河北》编辑委员会．当代中国的河北（上）[M]．北京：当代中国出版社，2009：284-286．
②河北省地方志编纂委员会．河北省志·第23卷：纺织工业志[M]．北京：方志出版社，1996：11．
③河北省地方志编纂委员会．河北省志·第31卷：冶金工业志[M]．北京：方志出版社，1996：5．
④河北省地方志编纂委员会．河北省志·第31卷：冶金工业志[M]．北京：方志出版社，1996：7．

企业职工坚守岗位、坚持生产，先后对邯郸钢铁工厂、邢台钢铁厂、承德钢铁厂、石家庄钢铁厂、涞源钢铁厂进行了扩大改造。1970年代初，陆续建成了涞源、东荒峪、小寺沟、北龙门、洒河桥铜矿以及周杖子铅锌矿等6家有色金属企业，河北省冶金工业在这一时期取得一定的成绩。① 党的十一届三中全会给河北省冶金工业发展指明了方向，河北先后建成投产了55个重大技术改造项目，至1983年先后建设了马头铝厂、石家庄铝厂、保定铝厂以及邢台有色金属冶炼厂、小寺沟有色金属冶炼厂和宣化七〇一场等11家有色金属冶炼企业，形成了邯邢、龙烟和冀东三大钢铁原料生产基地，以铁路沿线建起的唐钢、宣钢、邯钢、邢机、承钢、邢钢、石钢、石焦等大中型企业为骨干，形成了门类比较齐全、具有一定规模的冶金工业体系。河北省冶金工业不仅是全省国民经济的重点行业，而且长期支援了北京、天津的冶金工业发展。②

2.2.4　建材工业

建筑材料工业是为国民经济提供建筑材料、非金属矿产品和无机非金属新材料及其制品的重要原材料工业。河北省的建材工业历史悠久、资源丰富，特别是水泥、玻璃、建筑陶瓷三个行业在全国占有重要地位，是河北省的支柱产业之一。烧制水泥的主要原料石灰岩在河北省储量大、分布广，玻璃原料石英砂岩分布在唐山、石家庄、邢台、保定等地，此外沸石、石膏、大理石、硅灰石等原材料的资源非常丰富，为河北省建材工业的发展奠定了基础。

坐落在河北省唐山市的启新水泥厂是全国第一家水泥生产厂，其产品“马牌”水泥在国际大型博览会上多次获得国际奖章。1958年，邯郸水泥厂开始筹建，至1969年建成投产，成为当时全国最大、最先进的水泥企业。1960年代中期到1970年代，随着农田水利工程的大规模建设，水泥工业开始蓬勃发展，至1975年，河北已建设有近百个水泥生产企业，产量达到188.9万吨③。1980年代，“六五”计划的重点建设项目——冀东水泥厂开始建设，引进日本的先进设备，采用窑外分解新技术，1984年正式投入生产，在国内第一个实现由计算机控制生产工艺流程，产品达到了世界先进水平。水泥工业发展的同时还带动了水泥制品工业的发展，水泥管、水泥电杆、水泥构件等产品随之销往全国各地。

中国的平板玻璃工艺诞生在河北省秦皇岛，1922年成立的耀华玻璃厂是最早使用机器制造玻璃的企业，利用比利时的“弗克法”制造玻璃。经历战时工业停滞阶段后，1949年耀华玻璃厂恢复生产并改造扩大，虽然历经曲折，但是仍不断发展，而且发展了一批中小玻璃厂，全省达40多家，仅秦皇岛就有25家④。除平板玻璃外，工厂还发展了玻璃纤维、玻璃钢和工业技术玻璃等品种。从耀华玻璃厂分离出来的秦皇岛玻璃纤维厂是生产玻璃纤维这一新兴材料的代表企业，1985年产量居全国第三位。玻璃钢除耀华玻璃厂生产

① 《当代中国的河北》编辑委员会．当代中国的河北（上）[M]．北京：当代中国出版社，2009：168-193.
② 河北省地方志编纂委员会．河北省志・第 31 卷：冶金工业志 [M]．北京：方志出版社，1996：10-13.
③ 《当代中国的河北》编辑委员会．当代中国的河北（上）[M]．北京：当代中国出版社，2009：265.
④ 《当代中国的河北》编辑委员会．当代中国的河北（上）[M]．北京：当代中国出版社，2009：269.

外，还有很多乡镇企业也生产，主要分布在衡水地区的枣强县，产量巨大，枣强有“中国玻璃钢工业基地县”之称。

唐山陶瓷厂是全国第一家生产建筑陶瓷的现代工厂，开启了建筑卫生陶瓷工业的新纪元，主要产品有卫生瓷、釉面砖、墙地砖和卫生瓷铜活配件。除了唐山陶瓷厂外，还有一些中小建筑陶瓷企业60多家，再加上日用瓷企业，唐山成为北方的“瓷都”。此外，张家口、承德、石家庄、邯郸等地也有一些中小陶瓷企业。不断改造技术工艺、开发新产品、提高产品质量，使得河北省卫生陶瓷工艺一直保持着国内领先地位，“胜利”牌卫生瓷、“三环”牌釉面砖等产品在国际上也有较强的竞争力。

2.2.5　化学工业

河北省拥有丰富的煤炭、石油、原盐等矿产资源，具有发展化学工业的有利条件。

早在明清时期，张家口就有人用内蒙古的湖碱生产“口碱”供居民食用。清光绪年间，宣化县有人用手工开采硫铁矿烧炼硫磺。

民国中后期，民族工商业者开始在河北省兴办化学工业企业。1937年以前保定市就开办有“布云工厂”，生产擦字橡皮、小皮球和水车皮钱等小杂品。1937—1939年间，日本侵略者在河北省也建有部分化学工业，如1937年在宣化龙烟铁矿建三分厂，生产铝粉炸药；1938年在张家口市开办蒙疆橡胶厂，生产雨靴、胶板、橡胶零件和再生胶；1939年在宣化县下花园开办蒙疆东亚电气化学工场，主要生产电石。抗日战争和解放战争时期，抗日根据地逐步建立和发展了主要为军事工业和军民生活服务的化学工业，建立了化工一厂（位于唐县大安沟村）、化工二厂（位于阜平县马兰沟村）、化工三厂（位于建屏县南苍蝇沟村），生产硫酸、硝酸、酒精、硝化甘油等化学产品。1947年永华火碱公司在束鹿县辛集镇成立，用苛化法生产烧碱，用路布兰法试制纯碱，用土法制取硝酸。1947—1949年间，唐山市建立了唐山市东兴化学实业股份有限公司、唐山市建华化学实业工厂、大同橡胶厂和古冶中天化学厂。

中华人民共和国成立后，河北省化学工业进入了新的发展时期。国民经济恢复时期，龙烟三分厂、永华化学厂（后改名为辛集化学厂）等工厂恢复生产。与此同时，还新建了一批化学企业：山海关私营鼎立农药厂、石家庄市私营信德电化厂、唐山市古冶中天化学厂、井陉火药厂、唐山市古冶中天化学厂、石家庄市私营长城橡胶厂等，到1952年底，完成工业总产值171.92万元[①]。

“一五”期间，河北省化学工业进入筹建化工重点项目阶段，同时新建、改扩建了一批小型企业。苏联援建的国内第一座大型感光材料厂——保定电影胶片厂和省内第一座中型氮肥厂——石家庄化工厂在这一时期开始筹建。石家庄市化学制药厂、保定市文教用品厂、承德市橡胶厂、唐山市古冶中天化学厂、建华化学实业工厂和东兴化学实业股份有限公司都相继进行了扩建。同时新建了石家庄市公私合营橡胶厂、下花园电石厂等工厂。至1957年底，全省有县级以上

① 河北省地方志编纂委员会. 河北省志 · 第 24 卷：化学工业志 [M]. 北京：方志出版社，1996：3-4.

化工企业28家，化工总产值达166 383万元①。

“二五”时期，河北省化学工业受到“大跃进”思想影响，导致很多项目不能按期完成，经过调整后，到1962年底全省化工企业由1960年的108家调减为30家。三年调整时期重点安排了化肥、农药、硫酸、烧碱、电石、橡胶加工和感光材料等项目的建设。石家庄化肥厂一期工程、柏各庄化肥厂、邯郸市磷肥厂普钙装置建成投产，扩建和新建了下花园电石厂、山海关农药厂、石家庄市农药厂和保定市化工厂等企业。

“文化大革命”期间，虽然受到了干扰和破坏，但是河北化学工业仍有较大发展，新建了一大批化工企业，重点发展了化肥、农药等化工工业，建成投产石家庄化肥厂三期工程、宣化化肥厂、迁安化肥厂、邢台市轮胎厂等，扩建了邯郸化肥厂、沧州化肥厂、邯郸市农药厂、唐山市橡胶厂、沧州市红旗橡胶厂等工厂，能生产酚醛塑料、聚氯乙烯树脂、有机玻璃、轮胎、胶管、胶鞋等各类产品。

党的十一届三中全会之后，河北省化学工业走上稳步发展的轨道。转变思想观念、引导成本管理、调整产品结构、发展科学技术，河北按照“改造化肥，发展化工”的发展方针，重点发展农业化工、基本化学原料和石油加工的重点项目。改革开放后，河北积极改革经济管理体制、引进先进技术设备、鼓励中外合作建厂，化工产品销往世界各地；化学工业结构日趋合理，拥有化肥、农药、涂料、化学试剂、合成材料、感光材料与磁记录材料、橡胶加工、石油加工等20个行业，主要化工产品有700多个品种。

2.2.6　电力工业

河北省的电力工业开始于20世纪初，1903年英国人在开平煤矿建立了第一座小型火力发电厂，1916年林西发电厂扩建并更名为开滦中央电厂，同年林西矿、唐山矿、马家沟矿、赵各庄矿相继建成变电站，形成了开滦自备的电网。之后电力工业企业迅速发展，分布在煤矿、铁矿或铁路沿线的唐山、承德、张家口、保定、石家庄、邢台、邯郸、沧州等地。截至1937年，河北省共有发电厂26家，均为低温低压小火电机组，主要供应煤矿、纺织厂、面粉加工厂以及商号、军政机关等。抗日战争爆发后，河北地区沦陷，日方为了掠夺资源，相继在河北省建立了一些发电厂，包括下花园发电一所、发电二所、发电三所，张家口南菜园发电所，石家庄北岔道发电所，唐山发电所，井陉微水发电所，邯郸峰峰煤矿发电所，承德双塔山发电所等。②同时河北省解放区的电力工业也有所发展，1942年，晋冀鲁豫边区人民政府在邯郸涉县修建了3座小电站，1947年晋察冀边区人民政府在平山县建立了沕沕水电站，向兵工厂、军政机关、机要部门供电。截至1949年，河北省共有电厂16座，用电区域集中在城市和矿区。③

1949年开始，河北省的电力工业得到了迅速发展，河北充分利用煤炭资源丰富、交通便利等优势，以“火电为主，适当发展热电联产”为方

① 河北省地方志编纂委员会．河北省志·第 24 卷：化学工业志 [M]．北京：方志出版社，1996：3.

② 河北省地方志编纂委员会．河北省志·第 30 卷：电力工业志 [M]．北京：方志出版社，1996：1-2.

③《当代中国的河北》编辑委员会．当代中国的河北（上）[M]．北京：当代中国出版社，2009：240.

针，进行了大规模建设。国民经济恢复时期，扩建了保定、微水、峰峰等电厂，在定县新建了一座175千瓦机组的小电厂。“一五”时期，新建了石家庄热电厂，扩建了下花园、秦皇岛等电厂，同时对电网进行了技术改造，实现了区域性联网。“二五”期间，新建了邯郸、保定热电厂，滦河电厂和岗南水电站，扩建了唐山、沧州发电厂和石家庄热电厂，但由于受到“大跃进”思想的影响，经济效益降低。1966—1978年期间，国家对河北省电力工业进行了大规模的基本建设，新建和扩建了马头、陡河、唐山、涉县、邢台、微水、下花园、滦河、沧州等大中型火力发电厂，同时新建和扩建了潘家口、岗南、黄壁庄、岳城、王快等水电站，实现了南部地区联网。1979年以来，河北又对马头、陡河、下花园、邢台电厂和保定热电厂进行扩建，建成潘家口水电站，形成了以邯郸、邢台、石家庄、保定、唐山、张家口、承德、沧州等城市为重点的电源中心，电力系统分为南部电网和北部电网，同时与京津唐和山西电网联网，形成了华北地区统一的大电网。①

2.2.7 交通运输业

河北省位处北京的周围，交通地理位置非常重要，既是东北地区与关内各省的联系通道，又是西北地区通往北方海上门户天津港的必经之路。这样在河北省境内就形成了以公路、铁路为大动脉，水路、航空相结合的交通运输网。

河北省的近代交通运输业兴起较早。1881年开平矿务局投资修建的唐胥铁路是我国第一条自主修建的准轨铁路，被称为“中国铁路建设史的正式开端”。此后该铁路北延奉天，南接北京，为沿途资源的运输和经济贸易提供了契机。1906年建成的京汉铁路虽然是借款修筑的，但由于连通范围广泛，打破了之前仅能依靠水路和驿道的传统交通网络格局。1907年建成通车的石太铁路东起石家庄，西至太原，沿线有煤、铁等矿产资源，是晋煤外运的主要通道，它的建成通车也使石家庄成为了京汉、正太两条铁路的交汇点，这对石家庄日后的发展起了决定性作用。1909年，我国自行设计和施工的第一条铁路——京张铁路通车。该铁路由中国铁路工程师詹天佑亲自设计和主持修建，其规模之大、工艺技术之复杂，在当时世界上也属罕见。1912年建成通车的津浦铁路北起天津，南到位于南京市的浦口镇，这是一条纵贯河北、山东、安徽、江苏四省的南北铁路干线。石德铁路于1940年建成通车，途经藁城、晋州等站到达山东省德州市，将京汉铁路和津浦铁路连接了起来。

除干线之外，河北省还有不少地方铁路，如柳江铁路、长城铁路等。河北省最早出现的地方铁路是1902年建成的新易铁路。这条铁路起自新城的高碑店，终至易县，全长45公里。河北省还为秦皇岛输出煤炭修建了专门的铁路，1915年修建的柳江铁路自柳江矿区至秦皇岛港口，全长20公里。同样，1924年建成的长城铁路自长城矿区至秦皇岛港口，全长近34公里。此外，还有从邯郸到涉县的邯涉铁路，是在涉县建兵工厂时修建的。1958年，国家提出“发挥中央和地方两个积极性”的建设方针后，地方铁路逐渐发展壮大，

① 河北省地方志编纂委员会. 河北省志·第30卷：电力工业志 [M]. 北京：方志出版社，1996：2-8.

修建有秦石线（秦皇岛至石岭）、高易线（高碑店至易县）、望白线（望都至白合）、定灵线（定县至灵山）、前安线（前么头至安平县）、邯郸地方铁路、大宋线（大郭村至宋家峪）、沧港线（沧州至大口河海港）。这些地方铁路满足了地区性中短途客货运输需要，加速沿线资源的开发，促进当地工农业生产的发展，成为河北省铁路网络重要的组成部分。①

随着近代工业的兴起，古代的道路逐步被公路系统所取代。由于汽车的输入，河北省在1918年出现了第一条公路路线——张家口至库伦的公路，其后公路路线日渐增多。1918年民营大成汽车公司的成立，开启了中国长途汽车营业运输的先河。至1937年，河北省公路建设粗具规模，已有70条公路路线②，形成平津唐、平津保、沧石德之间的区域性公路网络。中华人民共和国成立之后，河北省在改善交通条件的同时，积极修建高速公路、改造经济干线、发展地方道路，公路运输网里程和运输工具增长迅速，成为河北城乡之间联系的主要纽带。

河北省内河流众多，分属海河、滦河、辽河和内陆河四大水系，形成纵横交错的水上通道，因而拥有悠久的航运历史。1881年开平煤矿开凿的芦台至胥各庄的运煤河拉开了河北省近代轮船航运的序幕，1914年直隶全省内河行轮董事局成立，主要经营内河轮船客运。日本占领华北后利用水路大肆侵占掠夺资源。中华人民共和国成立之后水路运输逐渐恢复，河北省内河航运有了进一步的发展，成立了“卫运河系河北省内河航运管理局”，船舶周转和运输效率都明显提高，水上班轮客运也日渐兴旺。1963年以后，受到严重干旱、兴修水利、拦河堵水的影响，河北省内河航运逐渐停运。内河运输虽然由此衰落，但是河北省的沿海航运一直处在逐渐发展的轨道上，1898年开埠的秦皇岛港成为我国最大的能源输出港，是晋煤外运、北煤南运的重要口岸，在河北省经济建设中发挥了重要作用。

① 河北省交通厅史志编纂委员会．当代河北的交通运输 [M]．石家庄：河北科学技术出版社，1986：96-107．

② 河北省地方志编纂委员会．河北省志·第 39 卷：交通志 [M]．北京：方志出版社，1996：14．

第 3 章

河北省工业遗产现状调查

3.1 行业类型与特征

3.1.1 行业构成

工业的分类对于研究工业遗产极其重要，分类的目的不同，采用的分类方法也不同。《国民经济行业分类（GB/T 4754—2017）》根据《国际标准行业分类》对我国的经济活动进行行业划分，共分为20个门类，每个门类下再划分大类、中类和小类。例如制造业分为农副食品加工业、食品制造业、纺织业、金属制品业、医药制造业等31个大类，其中纺织业这一大类又分为棉纺织及印染精加工、毛纺织及染整精加工、麻纺织及染整精加工等8个中类。棉纺织及印染精加工这一中类下又分为棉纺纱加工、棉织造加工、棉印染精加工3个小类。但是对于工业遗产而言，这种分类方法虽然详细却不适用，因为工业遗产的行业种类远少于如今的工业种类，且由于工业的不断发展，一些在工业化初期的行业随着该行业的发展已经分化为更为详细的分支行业，因此如今适用的行业分类标准不能照搬应用于工业遗产。《城市工业用地更新与工业遗产保护》一书中将工业遗产的行业分为制造业、采矿业、电力、燃气及水的生产和供应业、建筑业、交通运输、邮电通信业7个大类[①]。

由于制造业为工业遗产行业的主体，因此参考《国民经济行业分类》和《城市工业用地更新与工业遗产保护》中对工业和工业遗产的分类方法，结合河北省工业遗产的实际情况，本书将河北省工业遗产分为采矿类、制造类、交通运输类、水利工程类、基础设施类、公共设施类与居住生活类7个类型。河北省工业遗产行业构成如表3-1-1所示。

3.1.2 行业分布

河北省不同类型的工业遗产在空间分布上呈现出不同的分布特征（图3-1-1）。制造业工业遗产分布最广，分布在河北省9个市，以石家庄市数量最多，占比31%；交通运输类工业遗产主要分布在张家口、秦皇岛；居住生活类工业遗产分布

表3-1-1 河北省工业遗产类型及占比

类型	数量（个）	占比（%）	示例
制造	42	32.1	启新水泥厂、华北制药厂、耀华玻璃厂
交通运输	38	29.0	秦皇岛港口建筑群、京张铁路、正太铁路
居住生活	16	12.2	石家庄车辆厂法式别墅、汉斯·昆德旧居
公共设施	14	10.7	秦皇岛开滦矿务局车务处、北洋山海关铁路学堂
采矿	9	6.8	开滦煤矿、井陉煤矿、龙烟铁矿
基础设施	6	4.6	秦皇岛发电厂、沕沕水电厂、南栈房
水利工程	6	4.6	唐海排水闸

① 刘伯英，冯钟平．城市工业用地更新与工业遗产保护 [M]．北京：中国建筑工业出版社，2009：158-159.

在4个市，其中秦皇岛占比高达44%；公共设施类工业遗产在河北省7个市有遗存，呈均匀分布；采矿业工业遗产集中在冀北和冀东，如张家口、承德、唐山等地；基础设施类工业遗产在河北省6个市有分布，其中秦皇岛分布数量最多；水利工程类工业遗产数量较少，主要分布在唐山市。

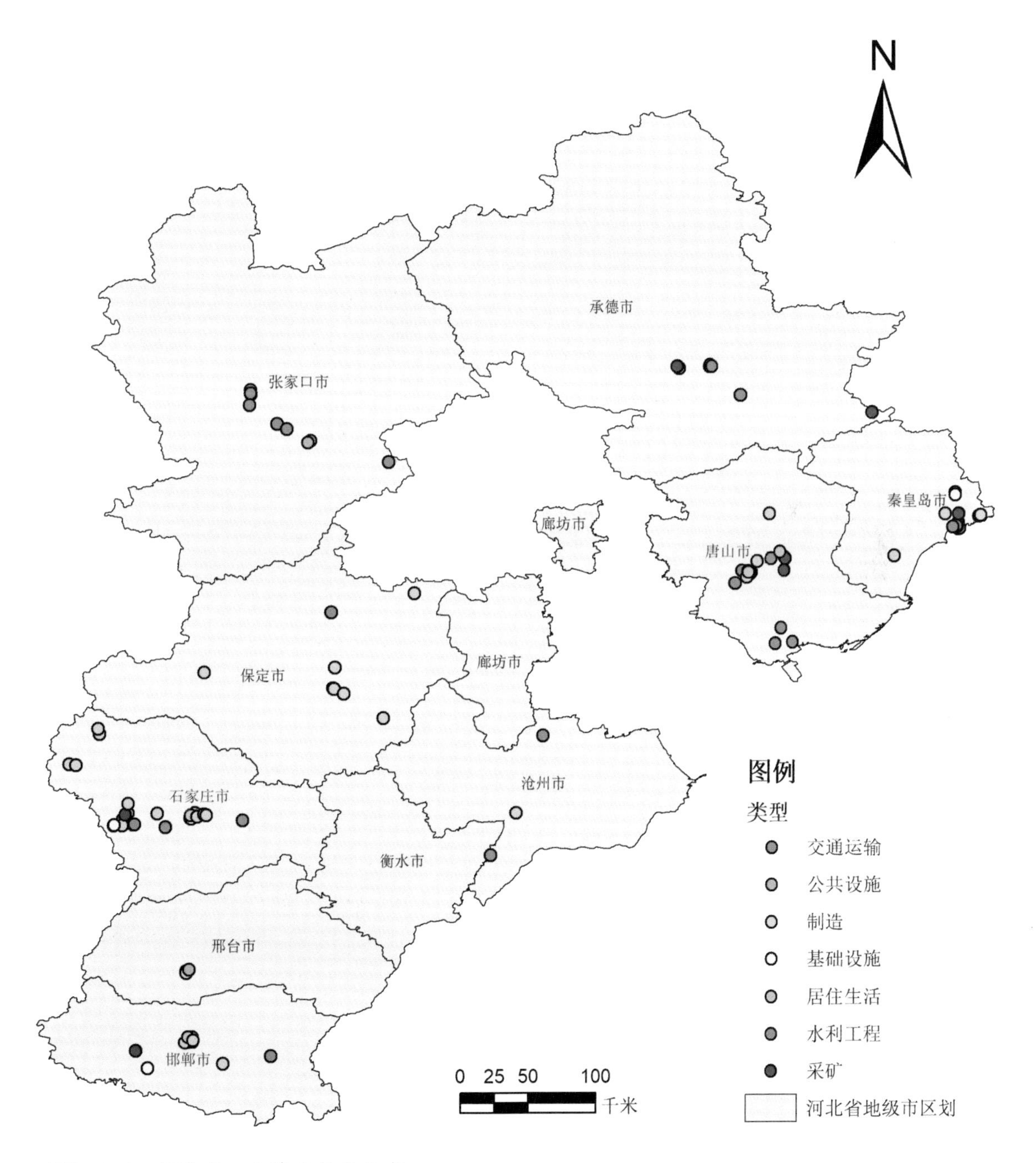

图3-1-1　河北省工业遗产行业分布

3.2 价值评估

2014年，《中国工业遗产价值评价导则（试行）》（以下简称《导则》）由中国文物学会工业遗产委员会、中国建筑学会工业建筑遗产学术委员会、中国历史文化名城委员会工业遗产学部通过。《导则》将中国工业遗产价值评价指标归纳为12项：①年代；②历史重要性；③工业设备与技术；④建筑设计与建造技术；⑤文化与情感认同、精神激励；⑥推动地方社会发展；⑦重建、修复及保存状况；⑧地域产业链、厂区或生产线的完整性；⑨代表性和稀缺性；⑩脆弱性；⑪文献记录状况；⑫潜在价值。本书依据这12项价值评价指标对河北省工业遗产进行价值评价。

3.2.1 年代

通过文献研究与实地调研，本书将河北省近代工业遗产主要分为近代工业起步（1860—1910年）、民族工业发展（1911—1936年）、战时工业停滞（1937—1948年）、现代工业建设（1949—1980年）四个时期，各个时期的遗产分布情况如图3-2-1所示。河北工业遗产见证了河北省工业近代化的历程，反映了中国工业在近代化过程中举步维艰。清朝末年在河北建立的一系列基础工业为该地区的工业起步和发展奠定了基础。民国时期，列强加紧了对中国的经济掠夺。面对如此情景，民族资本家奋起抵抗，积极响应"抵制外货"运动，建立了很多卓有成效的民族企业，如乾义面粉厂、启新水泥厂、大兴纱厂等。华北被日军占领后，日本控制了河北大部分交通工矿企业，还建立了一些电厂、钢厂掠夺资源。与此针锋相对，晋察冀边区政府则在河北解放区建立了一批民用工业和军事工业企业。1949年后，河北建设了一批国家级和省级重点项目，在冶金、煤炭、电力、建材、纺织、机械、电子、化学、医药等领域均有建树。

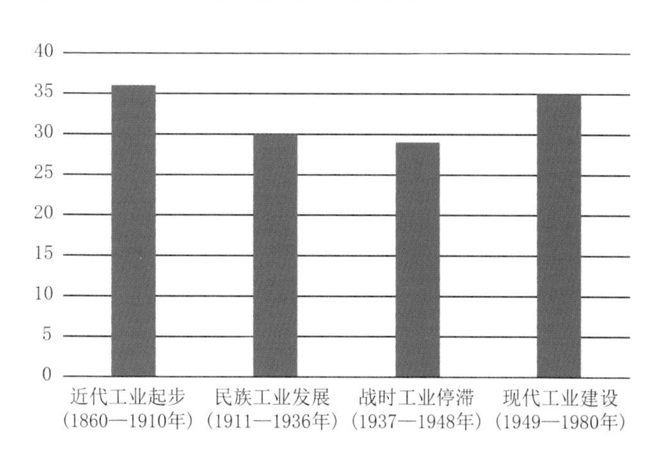

图3-2-1　河北省近代工业遗产年代分布

评判工业遗产的价值，同手段（如手工业或机器工业）、同类型（如棉纺织业）的工业遗产年代越早，其价值越高，同时如果遗产所跨越的历史时期越多，其历史价值也越高。河北有很多工业遗产因年代较早具有较大价值，如中国第一家实行机械化采煤的近代化煤矿——开滦煤矿、中国第一家采用立窑生产水泥的水泥厂——启新水泥厂、中国第一条自建标准轨距的铁路——唐胥铁路、中国第一座铁路大桥——滦河大桥都是如此。

河北省工业遗产的年代见证了河北省工业近代化的领先地位，河北省的工业遗存是中国近代工业发展的具体体现，也是中国近代史的缩影。

3.2.2 历史重要性

历史重要性是指工业遗产与某种历史要素的相关性，如历史人物、历史事件、重要社团机构等，工业遗产能够反映或证实上述要素的历史状况。同时，这些历史要素也体现了工业遗产的重要性。

河北省近代工业的兴起在很大程度上受到洋务运动的影响，直隶总督李鸿章依照西式工厂制造新式枪炮和船舰，兴办了一批军事工业企业，开平煤矿、唐胥铁路、秦皇岛港等的建设均与洋务运动密切相关。洋务运动的代表人物之一唐廷枢1876年受李鸿章的派遣在唐山筹办开平煤矿，1881年在唐山修建唐胥铁路，1889年在唐山筹办细绵土厂，1898年在秦皇岛设立开平矿务局经理处并筹建秦皇岛港；周学熙1906年在唐山建立启新水泥厂，1922年在秦皇岛与比利时财团创办耀华玻璃厂。这一时期直隶总督督办袁世凯委派詹天佑为京张铁路局总工程师修建了京张铁路，北洋政府总理段祺瑞支持创办了石家庄正丰煤矿。由此可见，洋务运动及其代表人物李鸿章（图3-2-2）、唐廷枢（图3-2-3）、周学熙（图3-2-4）、詹天佑（图3-2-5）等给河北省的工业发展带来的影响是非常巨大的。

图3-2-2　李鸿章

（资料来源：皮特·柯睿思，《关内外铁路》，2013）

表3-2-1　历史重要性方面价值较大的河北工业遗产

工业遗产名称	相关的历史人物或事件
唐胥铁路	李鸿章、唐廷枢、金达，洋务运动
开平煤矿	李鸿章、唐廷枢，洋务运动
秦皇岛港	唐廷枢，洋务运动
京张铁路	袁世凯、詹天佑
耀华玻璃厂	周学熙
启新水泥厂	唐廷枢、周学熙
正丰煤矿工业建筑群	段祺瑞
华北制药厂	156项目
石家庄棉纺厂	156项目
保定化纤厂	156项目

中华人民共和国成立后国家集中力量进行工业化建设，河北省在“一五”“二五”时期均建设了一批国家级和省级重点项目，其中华北制药厂、石家庄棉纺厂、保定化纤厂均属苏联援建的“156项目”。这些企业与历史事件及重要历史人物的关系密切，因而具有历史重要性，是河北省重要的工业遗产（表3-2-1）。

图3-2-3 开滦国家矿山公园内的唐廷枢和金达雕像

图3-2-4 周学熙

（资料来源：郝庆元，《周学熙》，1991）

图3-2-5 詹天佑

（资料来源：詹同济、黄志扬等，《詹天佑生平志：詹天佑与中国铁路及工程建设》，1995）

3.2.3　工业设备与技术

工业设备与技术的价值是指工业遗产的生产设备和构筑物、工艺流程、生产方式、工业景观等具有的科技价值和工业美学价值。其中科技价值指工业遗产在该行业发展中所处地位，以及是否具有革新性或重要性，如工业遗产是否率先使用某种设备，或使用了某类重要的生产工艺流程、技术或工厂系统等；此外，与该行业重要人物如著名技师、工程师等，或重要科学研究机构组织等相关，亦能提升遗产的价值。

近代工业的产生和发展的基本条件是先进的机器设备与技术，而当时的中国并不能自主制造机器，因此发展近代工业的物质前提和起点只能是从国外引进新式生产设备和技术。河北工业化初期的技术引进首先表现为机器的引进，如开滦煤矿从比利时、德国以及英国引进的动力、提升、通风、排水、照明设备都是当时中国最早引进的设备（表3-2-2）。启新水泥厂先后大规模引进国外先进设备3次，引进的时间分别是1908年、1911年、1922年，引进的设备包括旋窑、洋灰磨、原料磨等（表3-2-3）。

表3-2-2　开滦煤矿代表性设备[①]

设备类型	生产国家	购进年份	型号	意义
动力设备	比利时	1906	万达往复式双引擎发电机	煤矿用电的开端
提升设备	—	1881	150马力蒸汽绞车	中国第一台蒸汽绞车
		1920	75马力电绞车	中国第一台电绞车
通风设备	德国	1910	Cappell 电力驱动通风机	最早使用的电力驱动通风机
排水设备	英国	1878	大维式抽水机	中国第一台水泵
照明设备	比利时	1909	苯安全灯	中国首次使用安全灯

表3-2-3　启新水泥厂引进的主要机器设备（1948年统计）[②]

名称	数量	生产国家	生产厂名	生产年份	购进年份
碎石机	4	德国	Miag厂	1920	1921
碎石机	1	日本	大塚工厂	1943	1944
烤土罐	2	丹麦	Smidth Co.	1907	1908
烤煤罐	1	丹麦	Smidth Co.	1907	1908
烤煤罐	1	丹麦	Smidth Co.	1910	1911
烤煤罐	3	德国	Miag厂	1921	1922
煤磨	2	丹麦	Smidth Co.	1907	1908

① 郝帅．从技术史角度探讨开滦煤矿的工业遗产价值 [D]．天津：天津大学，2013：62.
② 南开大学经济研究所．启新洋灰公司史料 [M]．北京：生活·读书·新知三联书店，1963：135-138.

续上表

名称	数量	生产国家	生产厂名	生产年份	购进年份
煤磨	2	丹麦	Smidth Co.	1910	1911
煤磨	1	丹麦	Smidth Co.	1921	1922
煤磨	2	德国	Miag厂	1923	1924
原料磨	2	丹麦	Smidth Co.	1907	1908
原料磨	2	德国	Miag厂	1923	1924
原料磨	1	德国	Miag厂	1922	1923
原料磨	8	丹麦	Smidth Co.	1921	1922
原料磨	1	丹麦	Smidth Co.	1940	1941
旋窑	2	丹麦	Smidth Co.	1907	1908
旋窑	2	丹麦	Smidth Co.	1910	1911
旋窑	2	丹麦	Smidth Co.	1921	1922
旋窑	1	丹麦	Smidth Co.	1940	1941
洋灰磨	3	丹麦	Smidth Co.	1907	1908
洋灰磨	1	德国	Miag厂	1940	1941
洋灰磨	2	丹麦	Smidth Co.	1921	1922
洋灰磨	4	丹麦	Smidth Co.	1910	1911

工业生产中最为重要的是技术，先进设备需要与先进的生产技术相配合才能产生应有的效果。如若不掌握核心技术，即便有最先进的设备和杰出的国内外技师都无法使企业有后续发展的潜力，因此，在积极引入现代化设备的同时也必须重视生产技术的引进与创新。水泥生产先后经历了仓窑、立窑、干法回转窑、湿法回转窑和新型干法回转窑等发展阶段，启新水泥采用的是当时最为先进的干法回转窑制造水泥法，产品的质量和产量均有所提高，主要产品“马牌”水泥多次在国际上获奖。在玻璃生产行业，耀华玻璃厂是我国乃至亚洲第一个实现现代工业化生产玻璃的厂家，采用“弗克法”先进技术制造玻璃，被称为“中国玻璃工业的摇篮”，制造了中国第一块机制平板玻璃。

除了引进先进技术外，河北省各工业企业还结合自身实际情况进行工业技术自主创新，推动了中国工业技术的发展。开滦煤矿林西矿建成的两个洗煤厂均采用鲍姆式选洗系统（Baum system），但是由于不能将煤规律地放入洗煤箱中，导致原煤无法充分清洗分离就进入下一工序，而且洗过的煤存有水，冬季结冰后难以卸货，甚至会对机车造成损害，因而遭到铁路拒运。为此，开滦煤矿派人去欧美考察，发现英国特雷伯公司的追波管式选煤机处理粗粒煤效果好，矿质分析公司的浮选机适用粉煤选洗，于是开滦煤矿委派英国特雷伯公司和矿质分析公司联合承建第三选煤厂，独创了一套适合开滦煤矿的选煤技术。该技术在当时不逊于其他同类先进技术，甚至处于世界领先地位①。京张铁路是我国首条自主设计、自主修建的铁路，许多修建技术具有重要的科技价值，例如青龙桥段最大坡度达到千分之三十三，总工程师詹天佑采用“之”字形线路，用两台大马力机车调头互相推挽的办法来解决坡度过大导致的机车牵引力不足问题，这项技术在当时是较早较新的；开凿八达岭隧道时首次采用之前只用于开采煤矿的拉克洛炸药（Rackarock），并且采用竖井法施工，减少了成洞时间。

3.2.4 建造设计与建造技术

工业遗产中的建筑设计、建筑材料使用、建筑结构和建造工艺本身具有重要的科技价值和美学价值。如早期的防火技术、金属框架、特殊材料的使用等，有助于提升工业遗产的科技价值。同时，著名建筑师的作品或代表某一建筑流派的工业遗产也具有特定的建筑美学价值。

河北省工业遗产反映了中国近代建筑特别是工业建筑的发展历程，从“中学为体、西学为用”的工业初期建筑形态，至中期的完全西化的建筑风格，到后期以功能为主、形式为辅的现代主义建筑风格均有遗存，体现了中国建筑近代化的过程。

工业建筑是中国近代化历程中出现的新建筑类型之一，其作为近代工业传入中国的一个附属品由西方移植而来，早期的工业建筑主要由外国工程师指导中国工人建造，因此工业建筑中多少还会呈现中国建筑的特色。如正丰煤矿的段家楼，由段祺瑞于1913年斥巨资兴建，是一座集管理、办公、娱乐、生活设施于一体的花园式私宅，建筑风格以德式风格为主，包括总经理办公楼、总工程师办公楼、小姐楼、公子楼、矿警楼、娱乐楼等建筑。建筑群参考中国古典园林布置，亭台楼阁分布其中，是西洋建筑风格与中国古典建筑艺术结合的典型建筑案例。

清末新政之后，国家对于西方文化的认识从器物层面提升到了制度层面，而此时的工业建筑也大多采用西洋风格建造，反映了当时国家与政府对于西方技术的态度。西式建筑风格展示了一种现代化的形象，非常适合工业建筑这种新生的建筑类型，而且西式建筑外观宏伟壮观，砖石建筑给人以坚固、永久的印象，这正是工业建筑需要的特质。如耀华玻璃厂、乾义面粉厂、秦皇岛开滦矿务局车务处办公楼均为英式风格建筑，秦皇岛电厂带有巴洛克风格，秦皇岛开滦矿务局办公楼是英国工艺美术运动的代表性建筑。此外，各个工厂为外国技师建造的住宅均为西式建筑风格，如开滦煤矿，整个矿区包括唐山、赵各庄、秦皇岛等地在内的员工住宅共有1000多所，仅唐山就有“安得司”“卡里特”“都尔”等建筑风格。

随着第一代留学生归国以及民族工业的逐渐壮大，中国对于工业的认识已经不仅仅停留在“购置船炮、自制枪炮”这一层面，而是意识到掌握整个生产工艺对于工业发展的重要性，因此这一时期的工业建筑布局与设计主要从功能出发，同时受到适用于工业化社会的现代主义的影

① 郝帅．从技术史角度探讨开滦煤矿的工业遗产价值 [D]．天津：天津大学，2013：15．

响，工业建筑既不是传统的中式风格建筑，也不是按西式的古典风格建造，而是遵循“形式追随功能”的宗旨，采用简洁的立面和纯净的形体。

随着新式外资工厂在中国的建立，砖、石、铁等材料以及桁架技术等真正的新式欧洲建筑技术也开始在中国工业建筑上使用。考虑防火与跨距这两个主要因素，工业建筑逐渐从西洋风格的建筑载体中脱离出来。大型工厂的大敌就是火灾，一不小心火灾便会将巨资购建的机器化为废铁，因此工厂建筑外墙逐渐使用石材或砖材，而建筑内部的柱梁及屋架则使用铁材。随着机器的增多，各式机器之间通过管道或装置相互连接，对于大空间的要求也越来越高，不仅建筑内的柱间距增大，柱子也必须细小，因此能满足跨度要求的桁架、强度高且细小的铁柱均首先在工厂建筑中出现。[①]

此外，工业本身的发展也促使工业建筑发生根本性的变革。当时工业的行业与门类都有所扩充，并不仅仅是将传统工艺改为机器制造提高生产效率，而是在现有工业基础上不断发展壮大，不仅纺织、火柴、制皂、机器生产等行业逐渐将各个生产环节整合到一个大空间内，而且新兴的化工、冶金、钢铁等工业还需要大型的机器设备。因此，传统的无论是中式还是西式的建筑风格都无法满足新式工业的需求。

另外，由于工业建筑自身的特殊性，致使许多新材料、新结构都最先在工业建筑上使用，然后才推广到公共建筑、商业建筑以及住宅建筑上。如为了防火而采用砖石等材料，为获得大空间增加建筑的跨度而采用桁架结构和细而硬的铁柱等，因此，工业建筑比其他建筑更具有典型性，因为它推动了建筑技术的不断发展。

3.2.5 文化与情感认同、精神激励

文化与情感认同、精神激励是指工业遗产与某种地方性、地域性、民族性或企业本身的认同感、归属感、情感联系、集体记忆等相关，或与某种精神或信仰相关，企业树立的企业文化也成为当地居民的情感归属。

企业文化是企业职工在长期生产经营实践中所形成的思想作风、价值观念、道德规范、行为准则等群体意识的总和。对于每一个企业，如何培育企业精神，用崇高的目标和信念凝聚、吸引、激励职工与企业同甘苦、共患难，这是企业面临的挑战。近代中国人自主创办的企业若无强大的信念和精神支持，是无法在外国列强、本国官僚的双重压制之下艰难发展的，因此各企业往往承载着强烈的民族认同感和地域归属感，成为当地居民和社区的情感归属所在。

启新公司的水泥商标“龙马负太极图”则是其企业文化、精神面貌和经济技术水平的反映（图3-2-6）。商标中的马不是普通的马，而是天马，蕴含“出入六合，游乎九州，独来独往”之意；太极是派生万物的本源，寓意启新水泥为各行各业所用，销往全国各地。启新生产的水泥是各种工业的重要原材料，被全国重大建筑工程所用，如津浦铁路上的淮河铁路桥、黄海大桥，京汉铁路上的洛河铁桥等使用启新生产的水泥；沿海地区如厦门、青岛、威海等地的码头和栈桥用的也是启新生产的“马牌”水泥，此外很多有名的建筑如河北体育场、开滦矿务局、亚细亚煤油

① 藤森照信. 日本近代建筑 [M]. 黄俊铭，译. 济南：山东人民出版社，2010：61-62.

图3-2-6　启新洋灰有限公司龙马负太极商标
（资料来源：卞瑞明，《天津老字号》，2007）

公司、天津法国总会、仲元图书馆等大型建筑用的都是启新生产的水泥。龙马负太极图商标为启新公司注入了无限生机。

唐山市是以采煤为主导产业的新兴工矿业城市，采矿业及其相关产业的发展导致人口聚集，带动了城市经济的发展，城市基础设施的逐步完善。存续至今的幼儿园、小学、医院（图3-2-7）、职工俱乐部（图3-2-8）、礼堂等均与开滦煤矿相关。开滦煤矿给唐山人带来的不仅是经济上的富足，还有内心的归属感。同样，“一五”期间在石家庄建设的棉纺织厂也是职工重要的情感寄托，第一代棉纺厂人从工作到终老大部分时间都在“纺织大院”里度过（图3-2-9），“棉一的”“棉二的”成为生活在纺织厂生活区人们的标签，棉纺厂宿舍成为石家庄各个路段的地标，可以说“纺织大院”承载的不仅仅是棉纺厂人的记忆（图3-2-10、图3-2-11），还有棉纺业职工的归属感。

图3-2-7　开滦总医院

图3-2-8 唐山矿俱乐部

图3-2-9 石家庄第二棉纺织厂鸟瞰图

（资料来源：王恒山、张殿文，《经纬天地谱春秋：国营石家庄第二棉纺织厂史志（1954—1990）》，1992）

图3-2-10 棉一宿舍

图3-2-11 棉一幼儿园

3.2.6 推动地方社会发展

推动地方社会发展指的是工业遗产在当代城市中对于地方居民社会所发挥的作用，如在历史教育、文化旅游，以及就业、工作、居住、教育、医疗等与居民生活息息相关的领域发挥的积极作用。

河北省的工业对当地社会发展起到了重要的推动作用。首先，近代工业的诞生促进近代教育的发展，对不同专业技术人才的需求催生各式新式学堂的建立，为工业的发展提供人才储备。如秦皇岛遗存的北洋山海关铁路学堂（图3-2-12），是在中国铁路事业发展和急需铁路技术人才的背

图3-2-12 北洋山海关铁路学堂

图3-2-13　1920年代的交通大学唐山学校（前身为唐山路矿学堂）
（资料来源：开滦博物馆）

景下成立的，于1896年由津榆铁路公司创办，归山海关内外铁路总局管辖。创办之初，学堂共有学生60人，聘请史卜雷（E.Sprague）为总教习，按照《铁路学堂章程》教授算学、物理、力学、制图、测量、机械、铁路工程等内容，1900年准予毕业17人，这17人成为中国第一批土木工程专业毕业生。八国联军入侵后，山海关沦陷，教学中断。1905年，山海关内外铁路总局在唐山购地约13公顷重建山海关铁路学堂，因校址已改在唐山，校名几经更易，后称唐山路矿学堂、交通大学唐山学校等，借鉴欧美大学的铁路工程科、矿冶工程科办学模式，确立本科四年学制。经过不断发展建设，1911年前后，唐山路矿学堂被誉为全国四大实业学府之一。①

其次，近代工业促进地方基础设施的建设，新式工厂促使产业工业集聚形成工业区。为了解决工人的各项需求，保障工人的多方利益，相应的各项近代基础设施相继兴建，不仅为所属厂区的工人服务，也为工厂所在地区的居民服务，因此推动了城市化的进程。开滦煤矿的建立促使唐山市快速发展，开滦煤矿及其相关工业企业的建立与发展带动了唐山市的商业、金融、交通、邮电业的诞生和发展，使唐山市人口激增，城市化进程加快，成为一座有相当规模的新兴工业城市。各矿区为外国技师和中国职员建设了员工住房、煤矿工房和锅伙，逐渐发展成为生活区。生活区内商业服务、治安保障以及日常生活管理一应俱全。教育设施方面，唐山矿、马家沟矿、林西矿、赵各庄矿均设有小学、中学，为员工解决子女上学问题。此外还设立路矿学堂（图3-2-13）、测绘学堂、护士学校等专业职业教育机构来提升员工的职业技能。市政建设促进了

① 西南交通大学校史编辑室．西南交通大学校史·第1卷（1896—1949）[M]．成都：西南交通大学出版社，1996：10-34.

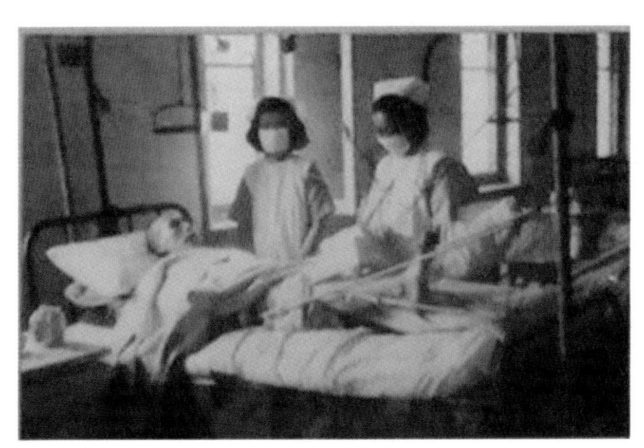

图3-2-14 开滦医院
（资料来源：开滦博物馆）

道路、供水、电力等公用市政事业的发展。1909年开平矿务局修建了唐山第一条水泥路——西山路，道路状况逐渐改观。1903年唐山矿的洋房开始使用自来水供水，城市供水系统发生变革。1914年华记电厂向镇区供电，唐山公用电力事业开始兴起，同年小窑马路、东编街开始安装路灯。医疗设施方面，开滦煤矿建设初期建有诊疗所和华人医院，该医院1912年更名为开滦医院，并引进先进医疗设备，是唐山一带出现的第一座西医医院（图3-2-14）。①

第三，近代工业促进地方文化的发展，工商业的繁荣带动城市文化娱乐场所的建设。唐山矿东侧的小山一带由于是矿工上下班的必经之路，所以逐渐形成了商业中心，杂耍、餐饮、曲艺、服务等业渐次兴起，后又建设了大世界商场（图3-2-15）、天宫电影院、庆仙茶园（图3-2-16）等，逐渐成为唐山市繁华的闹市区。1901年开平

图3-2-15 1942年唐山小山大世界商场
（资料来源：开滦博物馆）

① 闫永增．以矿兴市：近代唐山城市发展研究（1878—1948年）[D]．厦门大学，2007：191-197.

图3-2-16 庆仙茶园
（资料来源：开滦博物馆）

矿务局创办唐山矿俱乐部，此后各矿均成立俱乐部，主要娱乐形式有看电影、国剧、皮影，以及开展体育活动等，丰富了员工业余文化生活。

3.2.7 重建、修复及保存状况

工业遗产的保存状况越好，其价值会相对地得到提升，当遗产的劣化和残存达到某种程度时，会影响其所传递信息的真实性，进而影响到遗产价值的高低。遗产的重建、修复及保存状况会影响遗产的真实性，因而对于工业遗产的改造应该具有可逆性并且保持在最小限度内。工业遗产的核心价值往往反映在建（构）筑物所承载的生产流程、工艺设备、企业文化、社会精神上，所以虽然很多工业遗产由于设备更新、工艺提高，建（构）筑物也随之拆改，但是其核心价值并未受到影响。

河北省唐山、秦皇岛等地的工业遗产保存状况较好，对开滦煤矿唐山矿、启新水泥厂、耀华玻璃厂、秦皇岛港等重要工业遗产，有关部门均在前期研究的基础上进行了合理的保护，结合城市规划对工业遗产开展空间构想与功能定位，较为完整地保留了重要工业遗产及厂区整体风貌，利用方式及途径多样，为还原厂区历史和展现工业风貌奠定了坚实的基础。

另一方面，从整体上来看，河北省工业遗产的保存状况仍然不容乐观，由于多数工业遗产位于区位较好的城市地段，在“退二进三”的城市化进程中不免遭受拆除和破坏。例如被列为“一五”时期156项重点项目之一的石家庄纺织工业基地随着城市发展而逐渐消失，2007年常山纺织将常山股份下属的棉一、棉二、棉三、棉四、棉五等5家公司陆续搬迁至正定常山纺织园，棉六和棉七也被开发改造。目前棉一、棉二厂区有所保留，棉一生活区西区改造项目于2011年启动，棉二生活区在2007年就被改造为汇景家园和中宏汇景国际项目，棉三、棉四厂区被改造为住宅，棉五、棉六厂区被改造为商业综合体。棉七是大兴纱厂的前身，大兴纱厂是石家庄纺织业中最早的现代化企业，在石家庄纺织业中具有开创性的价值，然而2008年棉七的欧式办公楼和原锅炉房被匆匆拆除，厂区不复存在。古冶火车站高架煤台建于1930年代，主要用于蒸汽机加煤，是蒸汽时代的标志物，也已被拆除。在我国耐火材料业占有重要地位的马家沟砖厂，整体厂区处于闲置

状态，建筑主体较完整，但是损坏较为严重。厂内还有部分重要的生产设备如1920年代从英国引进的制砖机等，应得到更好的保存。

3.2.8　地域产业链、厂区或生产线的完整性

工业生产不是孤立的产品生产过程，而是各类生产部门之间互为原料、相互交叉的过程，因此工业遗产应把更大区域的产业链纳入工业遗产价值评价的考虑范围内，如原材料的运输，产品生产和加工、储存、运输和分发等生产环节。同时，工业生产在历史上还可能成为一系列类似产业组成的地域集群。地域产业链、产业集群的完整性能够赋予遗产群整体及其中单件遗产以群体价值，如果能够保护完整的遗产群体，那么其中的单件遗产以群体面貌呈现的价值也将获得极大提升。

地域范围内的工业遗产有一系列内在的关联性，即为地域产业链。洋务运动时期成立的开平煤矿是河北省近代工业的重要起点，煤炭的运输促进铁路的发展，路矿企业的建设需要砖石、水泥等建筑材料，从而带动近代建材业逐渐形成体系。这些企业的能源需求推动了供电、给水、供热等公用事业的发展，同时为其他行业如建材业、纺织业、化工业、钢铁业提供了基础，从而带动整体工业的发展。河北省工业遗产共同展现了河北省甚至中国北方地区从洋务运动到建立起现代工业的全过程。

厂区层面的整体性不仅仅体现在生产厂区物质要素、产业链非物质要素的完整性，而且体现在为工厂职工而建立的职工住房、娱乐设施、教育设施、医疗机构等生活附属设施方面。如开滦煤矿，其遗产的完整性价值不仅仅体现在生产线的完整性，遗存的员工住宅、工人俱乐部、学校、开滦医院等都应作为厂区完整性的重要因素参与评估。

生产线的完整性主要表现为该厂生产工艺的完整性，即承载工艺流程的建（构）筑物、机器设备的完整性。如启新水泥厂，不仅完整保存了工艺流程中的核心设备——4号、5号水泥窑，而且石碴库、原料磨坊、熟料库、仓库、发电厂、水泥站台等生产线构成部分均保存良好，从原料购入到产品运出全部生产线都能完整展现，完整性价值很高。

3.2.9　代表性和稀缺性

代表性指的是能够覆盖和代表广泛类型的遗产，在与同类型的遗产相比较时具有更高的价值和重要性。稀缺性是指如果某项遗产是该类型遗产的罕见或唯一实例，则具有更高的价值。

河北省工业遗产的代表性主要体现在其整体性上，即工业遗产群中的工业遗产并不是孤立存在的，它们之间通过产业链而相互联系在一起，不仅反映了中国近代化的历程，而且通过产业链逐渐建立起来的行业也反映了中国工业发展的历程。此外，河北省工业遗产不仅仅是一个内化的遗产群，相关技术的引进和输出都反映了中国甚至亚洲国家工业的发展历程以及它们之间的相互关系。中国的工业化进程不仅受到西方国家的影响，还对周边国家的工业化进程产生了影响。因此，从河北省的工业化进程可以看出亚洲地区的工业化进程是一个相互影响、相互促进的过程。

3.2.10　脆弱性

脆弱性是指某些遗产特别容易受到改变或损坏，如一些结构形式特殊或复杂的建（构）筑

物，其价值有可能因为疏忽而严重降低，因而特别需要得到谨慎精心的保护。

随着城市化进程的加快，河北省工业遗产的脆弱性愈加突出，这不仅仅表现在遗产中的建（构）筑物自身的脆弱性和周围环境对其保存状况的影响，还反映在工业遗产是否可以被保留下来。由于河北省很多工业遗产位于城市中心区且占地面积较大，产业升级和土地使用性质的变更导致企业面临搬迁的命运。但是，很多遗存现在并没有被列为文物保护单位，因此企业搬迁后，遗留下来的遗存很有可能会被拆除。

3.2.11 文献记录状况

如果一个工业遗产有着良好的文献记录，包括遗产同时代的历史文献（如历史地图、照片或记录档案），或当代文献（如考古调查发掘等），都可能提高该遗产的价值。

河北省工业遗产中有很多是延续至今的企业，如开滦煤矿、启新水泥厂、耀华玻璃厂等，这些企业都建有自己的档案馆或展览馆，保存有与该企业相关的地图、文献、档案等历史资料（图3-2-17、图3-2-18）。此外，大部分企业还编撰了厂志及相关史料汇编，如开滦煤矿的

图3-2-17 启新公司不同时期的公司章程

（资料来源：启新博物馆）

图3-2-18　唐廷枢拟定的《开平矿务招商章程》

（资料来源：开滦博物馆）

《开滦煤矿志》、启新水泥厂的《启新洋灰公司史料》、井陉矿务局的《井陉矿务局志》以及詹天佑在修建京张铁路时编写的《京张铁路工程记略》等。这些文献记录都具有提高该工业遗产价值的重要性。

3.2.12　潜在价值

潜在价值是指遗产含有一些潜在历史信息，具备未来可能获得提升或拓展的价值。对历史的研究是不断发展的，首先遗产所携带的信息以当代的思维方式与技术手段并不能完全解读，随着技术的进步，许多目前不能解读或未被注意到的信息可能会在将来有新的阐释。其次，由于视野和技术的限制，一些目前不曾被注意到的或者未被重视的信息，也会随着相关学科的不断发展而进入人们的视野。基于这两方面的原因，可以看出河北省的工业遗产具有重要的潜在价值。

第 4 章

河北省工业遗产案例实录

4.1 煤炭类工业遗产

4.1.1 开滦煤矿

开滦煤矿是一个庞大的工业企业，除主要经营煤炭工业外（图4-1-1、图4-1-2），还经营铁路、机械制造和修理、河运、港口、水泥、瓷器、电力等工业，同时还建设了许多住宅、别墅、学校和医院等附属设施。开滦煤矿是中国特大型煤矿产业，享誉中外，创造了许多中国“第一”，开创了中国煤矿近代化之先河，2014年被公布为全国重点文物保护单位，2017年入选“第一批中国工业遗产保护名录”。

4.1.1.1 历史沿革

1840年鸦片战争后，清廷统治集团中的洋务派推行“洋务运动”。1860年代起，洋务派先后在上海、天津、广州、武汉等地建起了不同规模的军工企业，如金陵、天津、福州等机器局、轮船招商局、大沽船坞等，但旧时手工煤窑产量远远不能满足市场需求，只能长期依赖于洋煤的供给，然“一遇煤炭缺乏，往往洋煤进口故意居奇”①，因此清政府为保证煤炭供应，迫切需要开办新式（机器开采）煤矿。直隶总督李鸿章遂上奏清廷，只要“采煤得法，销售必畅，利源自开，确有余利。且可养船练兵，于富国强兵之计，殊有关系”②。当时，随着对外通商口岸的大量开放，外国轮船运营公司以及外资经营的工厂企业每年也需要消耗大量的煤炭，各国均要求在中国境内开采煤矿。为防止矿权落入外国人之手，清政府决心自己开采煤炭，光绪皇帝于1875年4月26日批示：“开采煤铁事宜，着照李鸿章、沈葆祯所请”，“派员妥为经理”。

1877年，李鸿章批准唐廷枢③筹办开平矿务局。1878年，唐廷枢带领聘请的英籍矿师到达开

图4-1-1 唐山第一处煤矿
（资料来源：皮特·柯睿思，《关内外铁路》，2013）

图4-1-2 1879—1880年唐山矿一号和二号煤矿竖井提升机
（资料来源：皮特·柯睿思，《关内外铁路》，2013）

① 张国辉．洋务运动与中国近代企业 [M]．北京：中国社会科学出版社，1979：183．
② 牟安世．洋务运动 [M]．上海：上海人民出版社，1956：95．
③ 唐廷枢（1832—1892），上海怡和洋行的总买办，1878 年被任命为轮船招商局的总办，并在开平地区负责煤矿开采。

平，开始选址、建矿的工作，经过反复研究，决定在乔家屯西南部即现在的唐山矿一号井位置进行钻探，1881年正式出煤①，当年产煤3613吨。唐山矿主要由英籍矿师白内特（R. R. Burnett）主持建造，使用西法开凿一号井（图4-1-3）、二号井，此外，地面还建有锅炉房、绞车房、煤楼、仓库等建筑。

为解决煤炭运输问题，1881年5月，开平矿务局开始修建唐山至胥各庄的铁路，12月唐胥铁路竣工通车，并在一号井附近修筑了调车厂（图4-1-4）；同年，还建立了中国第一座机车工厂胥各庄修车厂，制造了中国第一台蒸汽机车“龙号机车”，开挖了胥各庄至芦台镇的中国第一条运煤河，开平矿务局唐山矿在矿内设立炼焦炉生产焦炭。1886年，开平铁路公司成立，1889年购买一艘运煤船，往来于天津、牛庄、烟台等地。

1894年，开平矿务局在唐山矿附近开凿新井——西北井（图4-1-5），作为唐山矿的附井，1899年出煤②。1887年，唐廷枢筹款兴建林西矿（图4-1-6），1888年南井（三号井）竣工，同年春北井（四号井）竣工，1890年安装绞车，1892年正式投产。

图4-1-3　唐山矿一号竖井提升机

（资料来源：皮特·柯睿思，《关内外铁路》，2013）

图4-1-4　唐山矿一号煤矿附近调车厂

（资料来源：皮特·柯睿思，《关内外铁路》，2013）

图4-1-5　西北井矿

（资料来源：开滦煤矿博物馆）

图4-1-6　林西矿

（资料来源：开滦煤矿博物馆）

① 徐冀. 开滦煤矿志·第一卷 [M]. 北京：新华出版社，1992：17-19.

② 徐冀. 开滦煤矿志·第二卷 [M]. 北京：新华出版社，1992：88.

图4-1-7 秦皇岛码头
（资料来源：开滦煤矿博物馆）

图4-1-8 秦皇岛码头工人装煤情景
（资料来源：开滦煤矿博物馆）

1895年，为解决冬季海水、河水结冰影响煤炭运输的问题，天津海关税务司贺壁理（Hippisley A. E.）和开平矿务局雇员鲍尔温（G. W. Balduin）赴秦皇岛勘察，筹划秦皇岛开埠事宜。1898年6月10日，开平矿务局在东盐务村成立开平矿务局秦皇岛经理处，开办运输业务，筹建港口、码头、铁路。1899年秦皇岛自备铁路由码头修至汤河，全长5.6公里，港区车站也建成。码头（图4-1-7）、港口、铁路的建设为秦皇岛的工业发展提供了良好的基础条件，因此近代工业逐渐兴起，相关工厂、产业工人（图4-1-8）急剧增多，相应的工人住宅、服务设施、文化设施也不断完善。“民国五年，京奉铁路车站亦由汤河站迁移岛上，商民麇集，贸易繁兴，土客杂居，遂至数千余户”[①]，秦皇岛由原来的小渔村发展成为典型的港口城市。至1899年，开平矿务局原煤产量达778 240吨，成为中国机械化大型矿区。

1901年2月19日，张翼被迫将开平煤矿（包括唐山细绵土厂和秦皇岛经理处）卖给墨林，后来墨林公司在伦敦注册成立了“开平矿务有限公司”。直隶总督袁世凯曾派员多次与英人交涉，拟收回开平煤矿主权，未获成功。为了满足北洋实业用煤的需求，1906年周学熙奉命筹办北洋滦州煤矿有限公司，新矿位于滦州地面，“矿界东自北范各庄起，向西至无水庄、白道子、石佛寺、杨子岭、陈家岭、马家沟、半壁店为止；北面以山脉为界；南至开平、洼里、古冶等车站，以八里庄、杨家套、于家庄为界”[②]（图4-1-9），拟定的开发顺序依次为马家沟、石佛寺、洼里。与开平矿务局时期大量雇佣外国技师不同，滦州煤矿有限公司只聘用了雷满（Lehmann）等三名德国工程师，其余均为中国技师[③]。在完成副矿陈

① 安洪生．秦皇岛市水利志 [M]．天津：天津人民出版社，1993：1.
② 徐冀．开滦煤矿志·第二卷 [M]．北京：新华出版社，1992：97-98.
③ 徐冀．开滦煤矿志·第二卷 [M]．北京：新华出版社，1992：33.

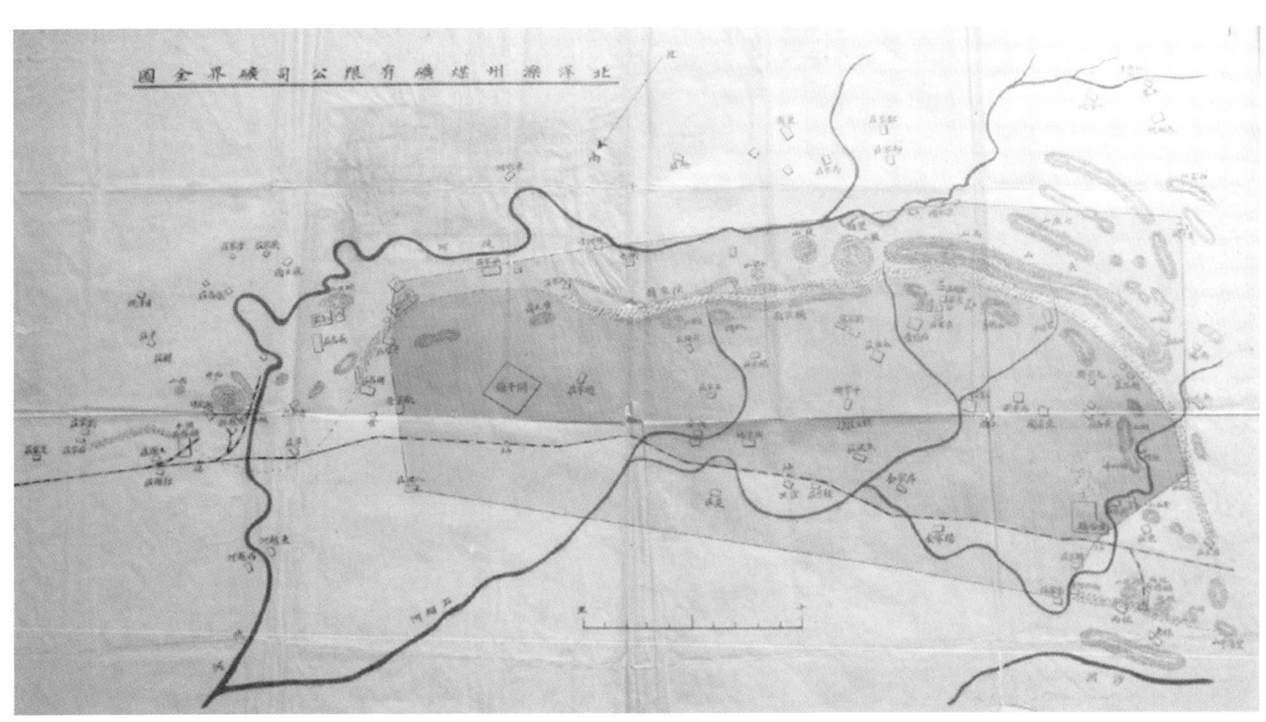

图4-1-9　北洋滦州煤矿有限公司矿界全图
（资料来源：开滦煤矿博物馆）

家岭矿的建设后，滦州煤矿有限公司于1908年开建包括一号井、二号井以及一个马路眼（安全出口）[①]的马家沟矿。1909年由煤师兼总监工赵玉主持兴建赵各庄矿（图4-1-10），采用德国最新式机械设备，共建造三个矿井[②]。

图4-1-10　赵各庄矿
（资料来源：开滦煤矿博物馆）

1912年，开平矿务有限公司与滦州煤矿有限公司合并，称开滦矿务总局（以下简称开滦煤矿）。

在开平、滦州两公司合并后的第二年即1913年，在唐家庄勘探到丰厚的储煤层，

① 徐冀．开滦煤矿志・第二卷 [M]．北京：新华出版社，1992：31．
② 徐冀．开滦煤矿志・第二卷 [M]．北京：新华出版社，1992：104．

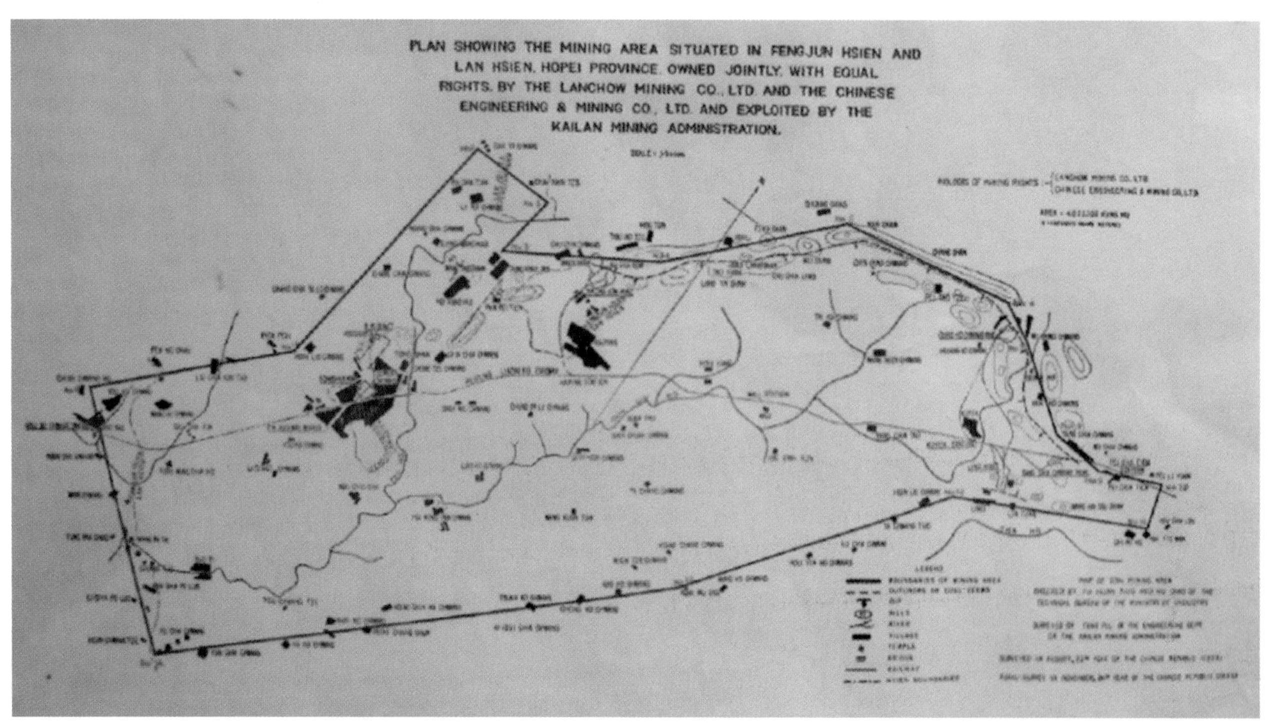

图4-1-11 开滦矿务局规划图
（资料来源：开滦煤矿博物馆）

图4-1-12 开滦矿务总局矿界图
（资料来源：开滦煤矿博物馆）

于是在1920年凿井建矿，共开凿三个矿井，[1]此时，开滦煤矿的区域范围基本定型（图4-1-11、图4-1-12）。目前这五个矿井都在运营当中。开滦唐山矿于1881年在矿内建立炼焦炉厂，至1914年，逐渐形成了以林西炼焦厂为主的炼焦基地。[2] 1914年和1917年开滦林西矿先后建成两个洗煤厂。至1934年，五个矿井均设立了机修厂，其中“以林西矿为最大，其次为唐山矿”，各厂的重要机器都送到林西矿的机修厂修理。

1941年太平洋战争爆发后，开滦煤矿被日本侵占，1942年产量达665万吨。1945年8月日本投降后不久，国民政府将从日本侵略者手中接收的开滦资产发还给开滦煤矿，英国人再度控制了开滦煤矿。1948年12月12日唐山解放，全部矿区也随之解放。同年12月21日，唐山市军事管制委员会派王林、王涛江为驻开滦煤矿军事代表，负责处理一切有关事宜。1952年4月6日，开滦华籍总经理余明德以该矿“经济困难达于极点”而书面申请人民政府代管。1952年5月7日，政务院财政经济委员会接受了余的请求，由人民政府接管了该矿。人民政府一方面对旧有林西矿、赵各庄矿进行恢复和改造，一方面建设吕家坨、范各庄、荆各庄等新矿井。其中范各庄矿是中华人民共和国成立后自主设计的第一座年产原煤180万吨的大矿井。到1975年，开滦已有矿井8处，原煤产量达2563万吨，1976年虽遭遇强烈地震，破坏严重，但1981年原煤产量仍达1935万吨[3]。1999年开滦煤矿改制为开滦（集团）有限责任公司。

开滦煤矿的扩展带动了唐山及周边地区的发展，使唐山从传统的手工业城市逐渐发展成为重要的工业城市，从图4-1-13可以看出，1938年前唐山市城市格局已经初步形成，以开滦煤矿特别是唐山矿为城市中心地段，建筑密度非常高，沿铁路线逐渐展开，周边建筑密度逐渐降低。

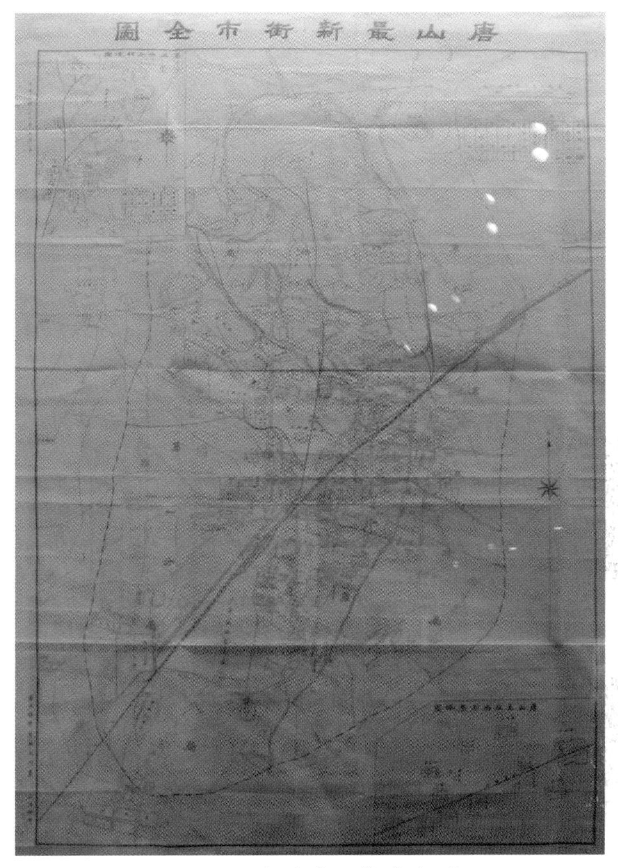

图4-1-13　绘于1938年的唐山街市全图
（资料来源：开滦煤矿博物馆）

4.1.1.2　工业遗产

（1）总平面布局

开滦煤矿位于河北省唐山市，包括唐山矿、

① 徐冀．开滦煤矿志·第二卷 [M]．北京：新华出版社，1992：110．
② 徐冀．开滦煤矿志·第二卷 [M]．北京：新华出版社，1992：628-635．
③ 徐冀．开滦煤矿志·第一卷 [M]．北京：新华出版社，1992：103．

图4-1-14 开滦国家矿山公园大门

图4-1-15 开滦博物馆（位于开滦国家矿山公园内）

林西矿、马家沟矿、赵各庄矿等矿井，其中唐山矿已被改造为开滦国家矿山公园（图4-1-14、图4-1-15）。

（2）建（构）筑物遗存概况

开滦煤矿主要遗存有一号井、二号井、三号井、达道、唐山修车厂遗址、机车车库、机加工车间、中央电厂汽机间、机电车间等建（构）筑物和设备。

① 一号井

一号井于1879年2月在技师白内特的指导下采用西法正式开凿。起初因为凿井机器陈旧，进度缓慢，1880年开凿到61米时，使用从英国订购的最新凿井设备后进度明显加快。1881年底凿到180米，开始出煤。1938年一号井由5水平延伸到7水平，1952年开始对一号井进行技术改造，将该井延伸到9水平，汽绞车改为电绞车，木制井架改为钢井架，并在一号井下开拓了新采区。1955年一号井安装使用了加拿大产的MT-1200马力（1马力=735.5瓦）单电机拖动绞车，井眼延伸至深479.8米。1970年老矿挖潜，一号井再次实现技术改造，将单电机拖动改为双电机拖动，提升深度为543米。1976年唐山大地震中，一号井遭到破坏，在辽宁抚顺矿务局协助下，于8月20日恢复提升。①

一号井为圆形井筒，直径4.2米，井壁都是用料石砌成，牢固且造价昂贵。拱形巷道用料石、块铁筑成，十分坚固。一号井架为木结构，德国式井架，高70英尺（1英尺=0.3米），钢丝绳罐道，天轮直径2米，500马力蒸汽绞车，滚筒直径4.5米，两层罐笼，可装4个矿车，提煤2吨。井口天桥设有选煤机，从井下提上来的煤先经过选煤机，再通过漏斗，后装入铁路煤车，以使所产之煤能由唐山矿一号井架下运到唐胥铁路转运销售②（图4-1-16、图4-1-17）。

① 李志龙．开滦史鉴撷萃（上册）[M]．石家庄：河北人民出版社，2011：6-10.
② 李志龙．开滦史鉴撷萃（上册）[M]．石家庄：河北人民出版社，2011：7.

图4-1-16　一号井

② 二号井

二号井于1879年3月在技师白内特的指导下采用西法正式开凿，与一号井相距30.5米。二号井为排水、通风井，井深91.5米，圆形井筒，直径4.27米，石砌井壁。在距地表61米、91.5米、152.5米处，分别开凿三条平巷，各巷均与两井贯通。1881年开始出煤。二号井也是木结构的德国式井架，高20米，钢丝绳罐道，天轮直径4.3米，蒸汽绞车，单层罐笼，带1个矿车。1977年2月19日至1979年3月10日，开凿了二号回风井，井深700.94米，井径7.8米，增加了井下风量[①]（图4-1-18、图4-1-19）。

图4-1-17　一号井绞车房

图4-1-18　二号井

① 开滦矿务局史志办公室. 开滦煤矿志・第二卷（1878—1988）[M]. 北京：新华出版社，1995：89.

图4-1-19 二号井绞车房

③ 三号井

三号井始建于1898年，是与一号井配套的生产系统。井深300米，由地面至6水平，随着井筒的延伸，1942年开发到11水平①（图4-1-20、图4-1-21）。

④ 唐山修车厂遗址

1881年唐胥铁路建成通车、龙号机车建成使用，在胥各庄修建修车厂。1884年修车厂迁移至唐山后改名为唐山修车厂。1886年清政府成立开平铁路公司，唐胥铁路和唐山修车厂由开平矿务局划出，归属铁路公司。1889年，唐山修车厂为慈禧太后制造一辆“銮舆龙车”。该车两侧饰有镀金雕龙，内部用珍稀木材制作，装饰豪华，设有“龙床”“宝座”等。1899年，随着铁路向西

图4-1-20 三号井

① 开滦矿务局史志办公室. 开滦煤矿志·第二卷（1878—1988）[M]. 北京：新华出版社，1995：88-89.

图4-1-21　三号井绞车房

延伸至北京，向东延伸至山海关以外，唐山修车厂规模扩大，南迁另建的新修车厂称“南厂”，此厂称“北厂”，并于1903年移交开平矿务局作为机修厂。1976年唐山大地震，南厂震毁，北厂原址重建为唐山矿修配厂锻工车间。开滦国家矿山公园建成后，此地被辟为保护遗址（图4-1-22）。

⑤ 达道

达道为拱券砌式铁路隧道，位于一号井以北，建于1899年，隧道为石砌结构，约长65.1米、宽7.65米、高5.7米，南北洞口各镶嵌一块白色大理石，上有铭文：“达道，光绪己亥二十五年四月初四，开平矿务局。”隧道上面是单轨铁

图4-1-22　唐山修车厂遗址

图4-1-23 达道

路，西延至车站，分叉成10道铁轨。开平矿务局于1895年在唐山矿西北1.5公里处建有一新井，名“西北井”。该井实际为唐山矿一号井之附井，系独立提升系统，生产之煤计入唐山矿，并由唐榆铁路转运销售。为连接两井，开平矿务局于广东街（今新华东道）之下穿凿此铁路运输隧道（图4-1-23）。

⑥ 范各庄矿一号井

范各庄矿一号井位于河北省唐山市古冶区，始建于1958年，1964年正式建成投产，是中华人民共和国成立后第一座自行勘探、自行设计施工的大型现代化矿井，年产原煤180万吨，被誉为“新中国第一矿”。2012年被公布为市级文物保护单位（图4-1-24、图4-1-25）。

⑦ 赵各庄矿8号、9号、10号洋房

赵各庄矿8号（图4-1-26）、9号（图4-1-27）、10号（图4-1-28）等3座洋房位于河北省唐山市古冶区。

1909年至1920年间，随着马家沟矿和赵各庄矿的开凿，成片的欧式住宅也随之建成。这片别墅区内有专门的供水、取暖、供电系统，设有酒店、舞厅、花园、游泳池、滑冰场及跑马场①。每座洋房都是独门独院，自成系统。

10号洋房修建于1922年，是矿区外国高级员司②的居所，为二层楼阁回廊式建筑，木架砖石结构。栏杆楼梯选用美国红松，门窗橱柜、辅助设备则用菲律宾木，地板砖、墙瓷、卫生瓷全

图4-1-24 范各庄矿一号井井架

图4-1-25 范各庄矿一号井副井

① 开滦矿务局史志办公室．开滦煤矿志·第五卷（1878—1988）[M]．北京：新华出版社，1995：350．

② 1952 年 5 月，国家代管开滦后，不再使用“员司”一词。开滦员工分为干部和工人。

图4-1-26　赵各庄矿8号洋房

图4-1-27　赵各庄矿9号洋房

部由外国人设计并采用马家沟耐火材料烧制而成。旁边的8号、9号洋房是相当于矿师参谋的居所。8号洋房现已改造成节振国纪念馆，基本保持原貌，1.5米以下是大条石砌成的地基，青石以上都是木质结构。三所洋房均是红砖铁瓦顶，保存状况较好。

⑧ 开滦林西发电厂5号汽轮发电机组

开滦林西发电厂5号汽轮发电机组，由英国茂伟工厂生产，安装时间为1931年。该机组由汽轮机和发电机两部分组成，其中汽轮机为单缸轴流冲动式纯凝机组；发电机为空气冷却密闭循环式，功率为1500马力。该机组为国内现存最早的发电机组（图4-1-29）。

⑨ 中央回风井

矿井通风是指向井下连续输送新鲜空气供给井下人员呼吸，稀释并排出有毒、有害气体和粉尘，以改善矿井内气候条件。这座中央回风井采用抽出式通风方式，即将通风机安装在回风井口，把矿井内空气抽出到地面，使新鲜

图4-1-28　赵各庄矿10号洋房

图4-1-29　开滦林西发电厂5号汽轮发电机组

空气在顶压下通过井巷和采掘工作面。

开平矿务局成立时，即从英国购置以蒸汽为动力的扇风机。1882年唐山矿安装有英国造古波尔式扇风机。1922年改用电力时，拆除旧风机换成拉都式电动扇风机。中华人民共和国成立后，唐山矿对井下通风系统不断进行技术改造，更换先进设备，为矿井生产建设提供了重要的安全保障（图4-1-30）。

⑩液压钻车

该液压钻车型号为CTH-10-2F，是用于井下岩石巷道开拓时钻眼的机具。该钻车总重8吨，自动化程度高，便于拆装及维护，具有适应坚硬岩石环境的特点。井下开拓使用液压钻车可有效地促进矿井大断面岩巷快速掘进，提高巷道工程质量和单进水平，同时大大降低职工劳动强度，提高生产效率（图4-1-31）。

⑪综采液压支架

该综采液压支架型号为BY320-23/45，为国产第三代掩护支架，用于采煤工作面支护，最高支护高度可达4.5米。液压支架是综采设备的重要组成部分，能可靠而有效地支撑和控制工作面的顶板，隔离采空区，防止矸石进入回采工作面。它与采煤机配套使用，实现采煤综合机械化，可进一步改善及提高采煤和运输设备的效能，减轻煤矿工人的劳动强度，最大限度保障煤矿工人的生命安全。1974年11月，唐山矿工作面进行综合采

图4-1-30　中央回风井

图4-1-31　液压钻车

图4-1-32　综采液压支架

煤获得成功。这是我国第一个综合机械化采煤工作面，标志着中国采煤技术从此由普通机械化跨入综合机械化的新阶段（图4-1-32）。

⑫煤河

开平煤矿建矿3年后，出煤在即，唐廷枢“原议自筑铁路，由唐山到芦台105里，但芦台至王兰庄50里地势低洼，夏秋季常为雨淹，需垫高筑坚，颇费工程……为适应运煤之需，惟有舍陆地而取河运”①。后议定由胥各庄到阎庄开挖一条35公里长的河道，引蓟运河水以运输。而胥各庄至唐山一段，地势渐高，引水造河显然不宜，所以改修“快车马路”，与之相接。1878年，经清政府批准开挖运煤河道，史称“煤河”，原胥各庄又称“河头”。1882年，煤河正式启用。煤从胥各庄装驳船，经芦台、北塘口出海或从大沽口的刘家庄煤栈运往天津。自1887年唐胥铁路延伸到芦台后，煤河的运煤量就减少了。1950年煤河移交河北省蓟滦河务局管理。2002年，唐山市丰南区成立了煤河治理指挥部，投资4000万元，历时两年完成了煤河治理一期工程（图4-1-33、图4-1-34）。

图4-1-33　煤河

① 开滦矿务局史志办公室. 开滦煤矿志・第二卷（1878—1988）[M]. 北京：新华出版社，1995：382.

图4-1-34 煤河与唐胥铁路交叉处

4.1.1.3 工艺流程

煤炭的开采技术包括生产技术和安全技术，其中的生产技术主要指生产煤炭的几个关键环节，是一种综合性的技术。煤炭的开采技术主要分为房柱式和长壁式。房柱式是在开采时只采出一部分煤层，留下剩余的部分支撑地层，煤层便形成了宽约一码的“煤房”，而煤房之间用于支撑顶部地层的矿柱被留在地下。长壁式是从矿井沿着地层或矿脉向前掘进，完全开采里面的煤。

中国古代称煤为“石炭”，早在宋代时就已形成一套科学的采煤方法。考古发现，鹤壁宋代煤窑已同时使用两个井筒和两条主要大巷，并且有良好的通风照明等措施，这在当时的世界采矿技术中是处于领先地位的[①]。近代采煤技术的发展过程是手工采煤向机械化发展的过程。近代煤矿最早的采煤方法是残柱法，优点是可以适用不同煤层赋存条件，但是回采率低。1912年抚顺煤矿的杨柏堡坑开始使用洒沙充填采煤法，1920年代锦西大窑沟煤矿首次采用了引柱采煤法和上向梯段充填回采法[②]，1913年中兴煤矿试用长壁采煤法取得良好效果，至1950年代中期残柱法逐渐被长壁法所取代。[③]

开滦煤矿由于各矿的煤层情况不一，因此各矿采用的采煤方法也不尽相同，1948年以前的采煤方法主要分为平推、切块、陷落三种短壁落垛采煤法。平推采煤法适用于开采缓倾斜的薄煤层，切块采煤法适用于缓倾斜的中厚煤层，陷落采煤法适用于急倾斜中厚煤层和厚煤层的开采。三者的区别主要在于巷道的布置。1951年开始试验长壁采煤法，产量大大提高，此法适用于缓倾斜的薄煤层及中厚煤层。此后还发展了倾斜分层采煤法、水平分层采煤法、综合采煤法、水力采煤法等多种采煤法，从单一的落垛采煤法到多种采煤法，开滦煤矿的产量大幅提高。

煤炭开采主要包括两大阶段：原煤生产，精煤生产。原煤生产是将原煤从地下开采出来的过

① 祝慈寿．中国工业技术史 [M]．重庆：重庆出版社，1995：698.

② 郝帅．从技术史角度探讨开滦煤矿的工业遗产价值 [D]．天津：天津大学，2013：10.

③ 薛毅．从传统到现代：中国采煤方法与技术的演进 [J]．湖北理工学院学报（人文社会科学版），2013，30（05）：7-15.

程，包括矿井开拓、采煤、矿井提升和井下运输等阶段，并且在开采的过程中还包括矿井通风、矿井排水、矿井照明、动力设施等若干相互联系的技术环节（图4-1-35）。精煤生产主要是煤炭的洗选过程。

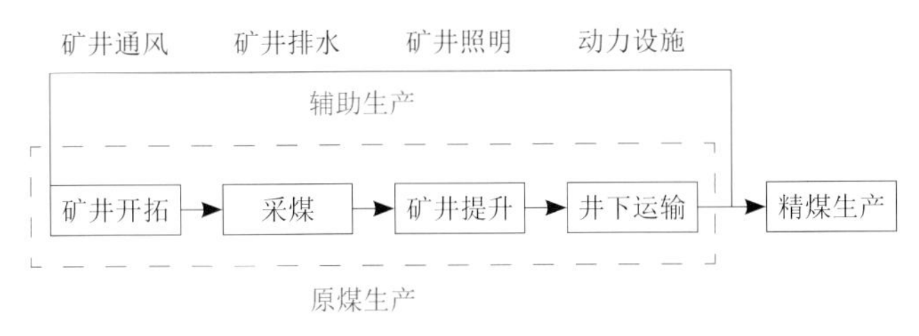

图4-1-35　煤矿生产流程

（1）原煤生产

矿井开拓是煤炭开采的第一步，是指建设满足全矿井或两个以上采区的生产、运输、通风等系统所必需的巷道和洞室。开滦煤矿多采用立井、多水平、阶段石门开拓方式，即从地面开凿立井，凿至设计水平面后，开凿井底车场，并在垂直于煤层走向的方向开凿石门，至一定部位后，水平向下挖掘，构成通风系统和人员的安全出口，然后在最下一个可采煤层中沿煤层走向开凿运输大巷，穿过各个煤层，直到最上边的可采煤层为止。采区石门也是与煤层走向垂直或斜交，与总回风巷贯通，即形成采区通风、运输系统。这样就较完整地形成了分水平石门开拓巷道布置方式。①

采煤是核心的技术环节，包括巷道的布置和回采工艺两个方面。②巷道的布置又分为采区上山巷道布置和回采巷道布置。采区上山巷道基本是分层布置，而回采巷道布置则与煤层厚薄、倾斜度大小、采煤方法有关。开滦煤矿的回采巷道大多数采用单巷掘进，有特殊需要（如在开采时有水需要另挖泄水巷道，或瓦斯含量过大而需要掘泄瓦斯道）时才采用双巷掘进。③

单一煤层采用采区内后退式回采方法，在采区范围把巷道一次全部掘出来，即进行回采工作。当采用集中巷道开采近距离煤层群时，先挖掘集中巷道。采煤工作面的回采方向是由井筒向井田边界前进式回采，采区内采煤工作面的方向则是后退式的。在开采近距离煤层时采用下行式的开采顺序，即由上往下逐层回采。④

（2）精煤生产

精煤生产主要是指洗选技术，是煤炭开采流程中的第二个重要环节。洗选技术决定所产煤炭的质量优劣与种类划分，开滦煤矿的领先地位与此关系密切。选煤和洗煤是两个不同时期产生的技术，选煤技术先于洗煤技术，可以说后者是前者的再发展。

中国初期的选煤技术和欧洲一样，都是采用手工筛选，使用柳条筐在水中荡洗。随着用煤需求增加，传统的手工选洗已经无法满足生产需求，于是中国引进了机械选洗设备和技术，进入了机械化选煤阶段。

开滦煤矿是中国近代煤矿中较早开始机械化选煤的企业。1913年兴建林西第一选煤厂，1914年竣工投产，有鲍姆式选煤机一台，1916年为了

① 徐冀．开滦煤矿志·第二卷 [M]．北京：新华出版社，1992：265．
② 李进尧．中国采煤技术的形成和发展 [J]．自然辩证法通讯，1988（01）：39-44．
③ 徐冀．开滦煤矿志·第二卷 [M]．北京：新华出版社，1992：276-278．
④ 徐冀．开滦煤矿志·第二卷 [M]．北京：新华出版社，1992：305．

提高精煤选洗能力，又建造了第二选煤厂，均采用鲍姆式选洗系统（Baum system）。① 但是由于当时的精煤主要是自然脱水生产，冬季结冰后会对机车和铁路造成影响，因此铁路局拒绝运输。于是，开滦煤矿派人去欧美考察，发现英国的特雷伯公司（Draper Company）的追波管式选煤机处理粗粒煤效果好，矿质分析公司（Mineral Separation Company）的浮选机适用粉煤选洗，于是委托这两家公司联合承建林西第三选煤厂。1923年林西第三选煤厂竣工投产，引进浮选工艺，提高了煤泥回收率。1940年又建成林西第四选煤厂，采用最先进的设备和工艺，有“亚洲第一、世界第二大选煤厂”之称。②

1959年，唐山、马家沟、赵各庄矿选煤厂同时竣工投产，其中马家沟矿选煤厂首创重介选煤新工艺，即以磁铁矿粉为介质，制成重介质悬浮液，通过机械将磁粉和煤矸石混在一起，比重大于介质的矸石沉下，比重小于介质的煤炭浮出。1965年吕家坨矿选煤厂动工兴建，采用重介、跳汰、浮选联合工艺，进一步完善选洗技术。1966年唐家庄兴建选煤厂，至1975年底，全矿区年选煤能力已达705万吨。③

（3）矿井辅助生产

矿井辅助生产系统包括矿井通风、矿井排水、矿井照明、矿井动力等。矿井提升和井下运输是指煤炭从工作面开采出来之后，通过一定方式运至地面的开采环节。矿井通风和排水是煤炭开采的重要环节，也是制约煤矿发展的关键因素。矿井照明则是保证煤矿开采作业正常进行的必备辅助生产系统。开滦煤矿的矿井辅助生产技术在中国近代煤矿中居领先地位。

4.1.1.4 价值评估

（1）历史价值

开滦煤矿首开中国路矿之先河，第一座机械化采煤矿井、第一条准轨铁路、第一台蒸汽机车、第一家股份制企业、最早的铁路公路立交桥等20多个中国近现代工业史上的“第一”，都在这里诞生。开凿于1878年的唐山矿一号井，是中国大陆第一座采用西法开凿的机械化矿井，堪称中国百年工业史上的一座里程碑。开滦煤矿为中国近代采煤业起到了领先示范作用，在中国采煤史上具有划时代意义。

（2）科技价值

开滦煤矿所引进的技术与设备对中国近代煤矿产生了深远的影响，促使中国近代煤炭工业技术变革，推动了中国工业近代化的进程。开滦林西矿独创的符合开滦煤炭自身的洗煤技术，是重要的技术创新，虽然其价值载体现已不存在，但是作为非物质遗产的工艺流程应该得到相应的重视与保护。开滦煤矿有多项设备是中国近代煤矿之最，如动力设备中的万达往复式双引擎发电机（1906年）是中国近代煤矿用电的开端；林西矿的选洗设备洗煤机是中国第一台洗煤机；提升设备中的150马力蒸汽绞车（1881年）是中国第一台蒸汽绞车，75马力电绞车（1920年）是中国第一台电绞车；排水设备中的大维式抽水机（1878

① 郝帅．从技术史角度探讨开滦煤矿的工业遗产价值 [D]．天津：天津大学，2013：15.
② 徐冀．开滦煤矿志・第二卷 [M]．北京：新华出版社，1992：355.
③ 徐冀．开滦煤矿志・第二卷 [M]．北京：新华出版社，1992：358-362.

年）是中国第一台水泵；照明设备中的居里斯灯（1884年）是中国首次使用的安全灯。提升设备与照明设备反映了中国近代提升机与矿灯的发展史。它们的存在不仅见证了开滦煤矿的发展历史，也是西方采煤技术传入中国的早期见证之一。[①]

（3）社会文化价值

开滦煤矿的建设为唐山的城市发展提供了基础，带动和影响了周边城市的发展，孕育出因煤而兴的唐山和因港而兴的秦皇岛两座城市。

开滦煤矿的发展推动了交通和邮电事业的发展，为了生产和销售的需要修建了中国第一条准轨距铁路，修建了专门运输煤炭的运河，并推动了近代邮政、电信事业迅速兴起。民国前期，以开滦煤矿为首的大型工矿企业先后购置了汽车、矿山救护车，推动了公路运输的发展。

1892年唐山矿井诊疗所创办，聘用英国医生主持医疗工作，1900年扩建并更名为唐山华人医院，这是唐山一带出现的第一所西医医院，也是华北地区第一所矿山医院，1912年开平矿、滦州矿合并后，该医院改名为开滦医院，完善了城市医疗体系（图4-1-36）。

开滦煤矿培养了技术人才，促进了高等教育的发展。开平煤矿成立之初，唐廷枢创办了专门培训采矿和化验人员的学校。滦州煤矿成立之后，1910年在赵各庄开办“测绘学堂”，并在马家沟开办“采矿工程学校”，大量培养技术人员。1905年北洋山海关铁路学堂恢复并迁址唐山，开平矿务局以“资助办学经费”为条件在学堂增设采矿学科，并改名为山海关内外路矿学堂，以培养自己的采矿工程技术人员，之后该学堂改名为唐山交通大学，1971年迁往四川，定名为西南交通大学。

近代唐山的商业是伴随着煤矿和交通的产生而发展起来的，起初是为了满足矿区的生活需要，唐山矿周围逐渐形成街区。从1880年代开始，在广东街和山东街一带高级员司的住宅区，逐渐出现以门面为主的商业形式，而在粮食街、鱼市街、柴草市街、北菜市街逐渐形成了以商品

图4-1-36　为矿山服务的医疗卫生体系
（资料来源：开滦煤矿博物馆）

① 徐苏斌，郝帅，青木信夫，等. 开滦煤矿工业遗产群研究及其价值认定的探讨 [J]. 新建筑，2016（03）：10-13.

图4-1-37　近代工业孕育的唐山城市文化
（资料来源：开滦煤矿博物馆）

集散为主的商业形式（图4-1-37）。西山路附近建设了专门供开滦高级员司娱乐的俱乐部、跑马场等娱乐设施。与此同时，唐山矿东侧的小山区域由于人流的集中，逐渐形成了商业以及娱乐的聚集区。

4.1.2　井陉煤矿工业遗产群[1]

井陉煤田形成于石炭二叠纪，此地不仅煤炭储量丰富，而且煤质以优质炼焦煤为主。井陉煤矿地处井陉盆地，晋冀两省交界地带，创办于1898年。1908年8月，中德合办井陉煤矿获清政府批准，定名为“井陉矿务局”。1912年，井陉绅商杜英魁等创办正丰煤矿并联合军阀段祺瑞的弟弟段祺勋入股办矿，段祺勋任总经理，成为正丰煤矿迅速发展的开端。1940年代，井陉煤矿、正丰煤矿合二为一，井陉矿区成为全国十大煤炭基地之一。井陉矿区是井陉地区工业文化和近现代工业文明的摇篮，被誉为“百年煤都，金盆宝地”。从1898年创立，到1947年矿山解放，井陉煤矿历经绅商自办、中外合资、日伪统治、国民统治各时期，见证了民族工业的兴起、各种政治势力的角逐，有“两座井陉矿，半部北洋史”之称。井陉煤矿开采百余年来，在长期的生产建设中形成了独特的煤炭工业文化。大量的生产设施、工业建筑、机械设备、开采工艺及非物质文化遗产存留下来，形成了内容丰富的工业遗产群。

4.1.2.1　历史沿革

井陉煤矿创办于1898年。井陉县乡绅张凤起1898年购买村民土地1.2公顷，以土法开矿，后因资金短缺停工。1899年，张凤起同德国人汉纳根（C.von Hanneken）订立合办契约，成立“井陉矿务公司”。1908年，袁世凯将该矿收为官有，与汉纳根订立官商合办契约，设立“井陉矿务局”，在井陉绵河以北开矿。

1905年，井陉绅商杜英魁等筹建“保井公司”，在绵河以南办矿，由于资金不足而停顿，此为正丰煤矿起源。

1906年，杜英魁等成立正丰公司，并联合正定县绅商王士珍等共同办矿。1908年6月正式出煤，但受水大的影响生产时断时续。

1912年，正丰煤矿联合军阀段祺瑞的弟弟段祺勋入股办矿，段祺勋任总经理，在支水沟一带建井开矿，这是正丰煤矿的开端。

① 本小节“井陉煤矿工业遗产群”包含正丰煤矿和井陉矿务局两座井矿遗存的相关介绍。

1913年，正丰煤矿开始兴建段家楼。

1914年，井陉矿务局开办石门炼焦厂，是当时国内唯一一家使用机炉炼焦并提炼各项副产品的企业。

1918年，正丰煤矿在荆蒲兰开凿竖井，次年出煤，年产量30万吨。后因凤山矿储量更为丰富而在1923年将其废弃。

1918年，正丰煤矿越过绵河，在凤山村开凿一号井、二号井，一号井直径3.8米，深度186.1米；二号井直径2.5米，深度187米。之后发展迅猛，至1926年，正丰矿的股本超出井陉煤矿股本近1/3。

1922年，民国政府与德国人汉纳根签订井陉矿改办合同，规定了井陉矿产归直隶省所有，原德方股本一半作为战争赔偿，归直隶省，并以剩下的一半入股。故中方占股75%，德方占股25%，利润按股本提成。以20年为限，期满由直隶省无条件收回。

1925年，正丰煤矿在凤山开凿三号井。

1937年10月11日，日军侵占正丰煤矿，在原有矿井疯狂开采煤炭。

1942年6月，矿井因透水而被淹没，此后，又开凿东斜井、北斜井、南斜井，1943年开凿周斜井。

1945年11月，国民党河北省政府接管正丰煤矿及井陉矿务局。

1947年4月，井陉矿区解放。

1948年，正丰煤矿和井陉矿务局正式合并成立井陉煤矿公司，隶属华北人民政府。

1948年，井陉煤矿机械厂试制成功中国人民解放军自己设计的火箭弹。

1950年7月，正丰煤矿凤山发电厂创全国第一台发电机组满负荷运行百日安全无事故纪录；9月，井陉矿务局设五个矿，原井陉矿新井为一矿，南井为二矿，原正丰煤矿三个井口分别称为三至五矿，即南斜井称三矿，周斜井称四矿，北斜井称五矿。

1952年，南斜井、周斜井、北斜井合并，井陉矿务局第三矿正式成立。

1956年，三矿排水堵水工程开工，三矿凤山发电厂迁到衡水地区。

1958—1965年，井陉煤矿处于鼎盛时期，主焦煤和冶炼精煤产量分别居全国煤炭行业第六位和第二位。

1960年，三矿洗煤厂建成投产。

1964年，三矿洗煤厂改扩建工程开工，次年竣工。

1973年，三矿一号井441千瓦汽绞车更换为480千瓦电绞车。

1978年，三矿104采煤队获“特别能战斗”称号。

2005年3月12日，因资源枯竭、产量下降等原因，三矿关闭矿井。

2008年，三矿矿井重新开矿，冀中能源井陉矿业集团有限公司正式成立。

2016年，三矿矿井煤炭生产正式结束，矿井永久性关闭。

4.1.2.2 工业遗产群

从建矿到矿井关闭，井陉煤矿上百年的发展留下了大量的工业遗产。

1. 正丰煤矿工业遗产

（1）总平面布局

正丰煤矿位于石家庄市井陉矿区，其工业遗产包括正丰煤矿厂区和段家楼。正丰煤矿厂区

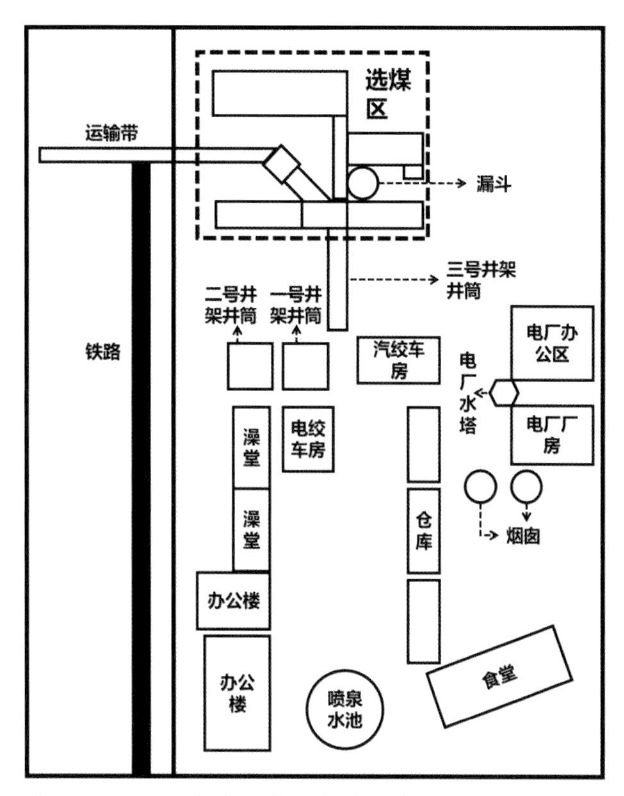

图4-1-38　正丰煤矿建筑布局示意图
（资料来源：冯田甜绘制）

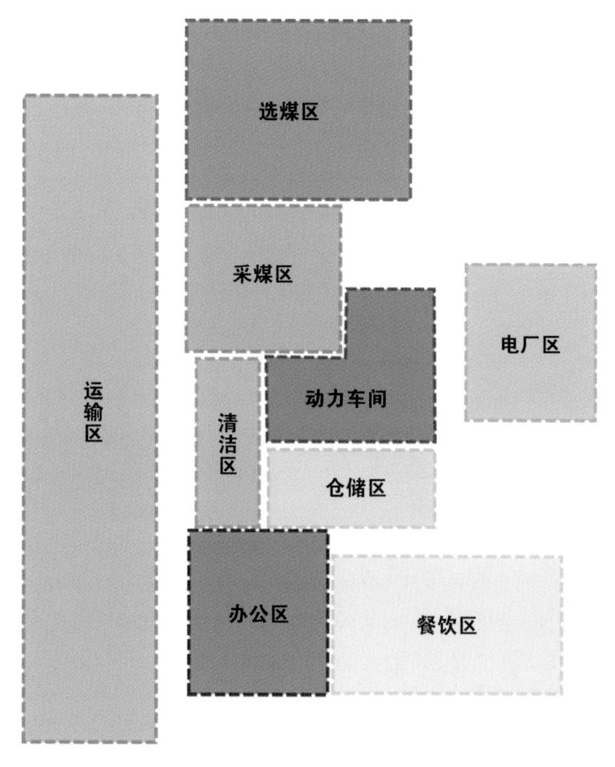

图4-1-39　正丰煤矿分区布置示意图
（资料来源：冯田甜绘制）

坐北朝南呈规则式排列，厂区南部为办公区、食堂、澡堂，北部为生产区，西部为凤山火车站及铁路。段家楼位于正丰煤矿的西南部，是依托正丰煤矿所建的集居住与办公于一体的中西合璧式庞大建筑群。目前正丰煤矿工业遗产保存较为完整，部分建筑因自然和人为因素共同影响而损坏（图4-1-38、图4-1-39）。

（2）工业建（构）筑物遗存概况

段家楼建筑群、正丰矿工业遗产群已于2013年被公布为第七批全国重点文物保护单位。正丰矿总占地面积约20公顷。现存工业遗产主要有仓库、澡堂、电绞车房、汽绞车房、一号井架井筒、二号井架井筒、三号井、电厂、洗煤厂、铁路运输系统等。厂区建筑大多为20世纪初所建（图4-1-40、图4-1-41）。

图4-1-40　井矿集团三矿（原正丰煤矿）厂区大门

图4-1-41　正丰煤矿鸟瞰图

① 仓库

仓库建于1918年，平面呈长方形，单层双坡顶，砖木结构，青石基础，红砖墙面，红瓦覆顶。其南北长36米，东西宽13.41米，高13.4米。仓库西墙设有六窗，东墙为石柱砖墙，门位于南墙，南北墙各开大气孔（图4-1-42）。

② 主井绞车房

主井绞车房于1918年建成，平面呈长方形，单层双坡顶，砖石结构，青石基础，红砖墙面。1973年，三矿提升改造此绞车房，用480千瓦电绞车替代了441千瓦汽绞车。电绞车房自建成一直使用到矿井永久性关闭。电绞车房保存较为完好，房内留存电绞车一部（图4-1-43）。

图4-1-42　仓库

图4-1-43 主井绞车房

图4-1-44 一号井架

③ 汽绞车房

汽绞车房竣工于1921年，属半地下建筑，是标准的近代德式煤矿工业厂房，东西长18米，南北宽12米，高14.5米，地面基石高度为2米，四周设十根青石石柱，建筑主体为红砖青石墙。原有的650马力蒸汽绞车未被保留。该汽绞车房使用至1973年，在正丰煤矿大井提升系统改造后被电绞车替代。

④ 一号井架、井筒

一号井由井筒和井架组成。一号井筒建于1918年，直径3.8米，井深183米。1919年由段祺勋主持，将井筒直径扩建为4.2米，深度扩建为205米。一号井筒为主排水口之一，还是整个矿井的进风口和提升煤炭的井筒。一号井架建于1920年，坐西朝东，高27.5米，钢架结构，前腿展宽13.5米，顶棚由铁板覆盖，并设避雷针。架台上安装直径为3米的两个天轮，绞车房的钢丝缠绕天轮将井下的煤炭运输到地面。1973年正丰煤矿大改造将井架的正立面由东扭向南（图4-1-44）。

⑤ 二号井架、井筒

二号井架建于1921年，位于一号井架西南方，二号井架为木质井架。其高约20米，直径2.5米，天轮之上无顶棚。1977年新建二号井架电绞车房，井架也由木质结构改为钢架结构。

二号井筒建于1918年至1919年，直径2.5米，井深160米。二号井筒于1968年、1981年进行过两次延伸，延伸后总深度为186.7米。二号井架供载人、运料使用（图4-1-45）。

图4-1-45　二号井架、井筒

⑥ 三号井架、井筒

三号井架、井筒地处一号井东北30米。井架高约10米，井筒为斜井，直径2.8米，深187米（图4-1-46）。

⑦ 电厂厂房、水塔、办公区

正丰煤矿电厂建于1916年，是井陉县用电的开端。电厂创造了一台发电机连续安全运行500天的全国纪录，荣获“发电先锋”的称号。电厂厂房为砖石木结构，红砖覆顶，也是标准的近代德式工厂建筑。电厂水塔为砖石钢筋结构，平面呈八角形，青石基础，供当时两台17千瓦发电机组使用。此外，电厂还配有专门的办公区，办公楼平面呈长方形，有前廊，单层双坡顶，砖木结构，木质檐柱（图4-1-47～图4-1-49）。

图4-1-46　三号井筒

图4-1-47 电厂厂房

图4-1-48 电厂水塔

图4-1-49 电厂办公区

图4-1-50　洗煤厂

⑧ 洗煤厂

洗煤厂主体建筑为大漏斗、煤炭传输通道，由矿井挖掘出的原煤在这里去除矸石等废料（图4-1-50）。洗煤厂保存基本完好。

⑨ 锅炉房烟囱

厂区内有两座烟囱，一座为建厂时由德国设计师主持修建，另一座为日军修建。日军修建的烟囱较高，但因在唐山大地震后出现裂缝，其上部被拆除（图4-1-51）。

图4-1-51　锅炉房烟囱

⑩ 凤张铁路专线及凤山火车站

正丰煤矿为方便运输原煤、降低运输成本而投资修建凤张铁路专线（也称凤山支线），1922年开工，1923年竣工通车。1938年驻矿日军将1米窄轨更换为1.435米标准轨，并将凤张铁路专线与正太铁路接轨。凤山火车站平面呈长方形，有前廊，单层双坡顶，砖木结构。火车站修有地道与段家楼相连，以方便相关人员在紧急情况下撤离。如今凤山火车站已废弃，凤张铁路专线已停运，但铁轨及货运火车保存完好（图4-1-52）。

⑪段家楼

1913年，北洋军阀段祺瑞斥巨资打造的段家楼，是一座集办公、娱乐、休闲于一体的大型花园式私宅，是以德国风格为主的建筑群，距今已有百余年历史。其建筑设计科学合理、做工精细、结构巧妙，是华北地区不可多得的西洋建筑风格与中国古典建筑艺术完美结合的建筑艺术珍品。

段家楼分布有管理、办公、生活建筑和设施，总占地面积约16公顷，包括总经理办公大楼、小姐楼、公子楼、小偏楼（矿警所）、煤师院、三角地高级职工住宅区、附属餐厅、佣人房、莲花大门、龙凤观日亭、段家楼水塔以及日本侵略者占领时期建设的日本宪兵楼、住宅等。

莲花大门为弧形大门，青石墙面。大门内门房有左右两间，平屋顶，屋顶筑砖砌栏杆。莲花大门正对的是供主人休息乘凉的龙凤观日亭。龙凤观日亭平面呈长方形，三开间，石木结构，石质柱，木质屋顶构架，顶部歇山转角单檐，顶部托梁用螺丝紧固石柱内镶铁锲，托梁及裙板彩绘古戏，并饰有龙凤门雕刻图案，亭子檐角装饰有

图4-1-52 凤山火车站

图4-1-53　莲花大门

图4-1-54　龙凤观日亭

图4-1-55　小姐楼

图4-1-56　佣人房

北洋官兵小雕像（图4-1-53、图4-1-54）。

与其他宅院整体布局不同，正对段家楼大门的是小姐楼而非主人的大楼。小姐楼始建于1913年，由德国工程师设计施工，坐西面东，为双层罗马式建筑。青石台基，二层砖石结构，拱券回廊，二楼有大阳台，屋顶为四坡红瓦尖顶。楼内铺木地板，水电线路隐于墙内，墙内有风道与地道相通，自然调节室温，冬暖夏凉。楼内配有电壁炉、西门子冰箱、传菜通道等设施。解放战争时期朱德总司令曾在此下榻。小姐楼近年整体维修过，状况良好（图4-1-55）。小姐楼后为佣人房（图4-1-56）。

总经理办公大楼门前的青石地面被精心铺成外圆内方的古钱币形状，它象征着正丰矿的经营理念“对外交往圆圆润润，和气生财；对内管理方方正正，一丝不苟”。总经理办公大楼建于1913年，坐西面东，二层砖石结构，中西合璧的建筑风格。青石台基，一层有环廊。楼顶原为德国钢盔形状，在抗日战争时期“百团大战”时被炮弹削去，后改修为四坡顶形式。总经理办公大楼目前建筑主体尚好，但内部已破败，部分建筑材料、装饰构件存在损坏现象（图4-1-57）。

公子楼南北两楼坐西面东，二层砖石结构，中西合璧的建筑风格。青石台基，二层有阳台，装饰铁艺栏杆，屋顶为两坡顶形式。公子楼严重破败，状况堪忧，有倒塌的危险（图4-1-58）。

小姐楼与总经理办公大楼之间由葡萄架长廊隔开，长廊由石墙、石柱和木构架组成，顶部横梁头镶嵌砖雕龙头，隐喻“龙凤吉祥”（图4-1-59、图4-1-60）。长廊旁也设有地道入口。

段家楼配有游园，为主人提供休闲游乐的空间。水池上横跨拱桥，树下配置石凳、石桌以供

图4-1-57 总经理办公大楼

图4-1-58 公子楼

图4-1-59 葡萄架长廊

图4-1-60 葡萄架长廊横梁龙头

图4-1-61　小游园

图4-1-62　三角地高级职工住宅区

主人休憩（图4-1-61）。1913年建的三角地高级职工住宅区，由两座单体建筑呈三角形组合，单体建筑平面呈长方形，单层双坡顶，砖木结构，木质檐柱（图4-1-62）。日军接管正丰矿时曾改作矿警所。

始建于1913—1924年的地道，将段家楼各主要建筑以地下通道相连，并可通往正丰矿区、凤山火车站、公路桥等多处，便于主人及高层职员在危急情况下安全离开。1969年再次大规模扩建，作为战备防空设施，现地道全长556米，内设指挥室、机要室、靶场、餐厅等，设有13个出口（图4-1-63、图4-1-64）。

图4-1-63　总办大楼中的地道入口

图4-1-64　花园中的地道口

2．井陉矿务局工业遗产

煤田北部的井陉矿务局闭井时间较早，现仅存总办大楼群、矿厂办公遗址、南井井架、皇冠塔、落煤煤仓、新井车站等分散物项（图4-1-65）。其中部分物项于2001年被河北省人民政府列为第四批省级文物保护单位。井陉矿务局工业建筑物遗存主要介绍如下。

图4-1-65 冀中能源井陉矿业集团有限公司门口雕塑

① 井陉矿务局大院及相关建筑

井陉矿务局大院内现存总办大楼（俗称西大楼）（图4-1-66）、公事房（图4-1-67）、小教堂（图4-1-68）、日式住宅等。

1905年由德国人所建的总办大楼，坐西面东，青石砖木结构，德式风格。楼高15米，南北长30米，东西长20米。清末民初为井陉矿务局的办公大楼。1937年落入日本人之手，1945年被国民党接管，1947年矿区解放，姚依林率晋察冀边区政府工业局第三生产管理处进驻总办大楼。2001年被公布为第四批河北省文物保护单位。现仍作为冀中能源井陉矿业集团有限公司办公楼使用，建筑内部状况良好。

院内小教堂建筑精美，曾作为矿区档案库使用，现空置。

图4-1-66 总办大楼

图4-1-67　公事房

图4-1-68　小教堂

②井陉矿务局老井、皇冠塔

老井及皇冠塔相依相伴，位于井陉矿务局机关大院以南的原第二煤矿内。老井，又称“南井”，1898年动工开凿，至1980年关闭。占地面积125平方米，井口直径5米，深184米，井架为木质结构，高16米，下层为台板，距地面高4.5米，1904年出煤。此井架为国内仅存的机械化开采木质井架，为百年煤都的象征，现为井陉矿区标志性建筑。

皇冠塔建于1915年，占地面积38平方米，由德国人设计，主要为老井工业锅炉排烟和提供生产生活用水。塔高36米，砖石结构，塔底层由青石砌成，上层由红砖砌成。塔身分为内外两层，内层走烟，外层有螺旋形台阶直达塔顶。整座水塔外形呈八角形，顶部造型酷似一顶皇冠，故名皇冠塔。老井及皇冠塔是第四批河北省文物保护单位（图4-1-69、图4-1-70）。

4.1.2.3 非物质遗产

（1）生产流程

正丰煤矿的基本生产流程为：采煤—提升—

图4-1-69 皇冠塔

图4-1-70 老井架

运输—选煤—运输—装车—运销。

采煤：1949年前用高落式、残柱式采煤法。之后不断改进采煤方法，1989年以来开采二、四、五层煤，其中，二层煤采用走向长壁全部跨落采煤法，使用单体液压支柱配金属铰接顶梁支护；四层煤采用走向长壁全部跨落采煤法，使用急增组金属摩擦支柱点柱支护，后方切顶采用液压切顶支柱支护；五层煤采用走向长壁倾斜分层金属网假顶下采煤法、单体近壁放顶煤一次采全高采煤法，单体液压支柱配金属铰接顶梁支护；最大控顶距4米，最小控顶距3米，全部为高档炮采。

提升：主井采用2JK3×105A—11.5提升机，为箕斗提升，副井采用2JK×2.5×1.2—11.5提升机，为双层罐笼提升，配套电机型号为JRQ158—10。1988年上半年，主副井绞车安装WKHB—1型微机控制绞车后备保护装置。

洗选：提升至地面的煤炭被运送至洗选厂，经过一系列洗选处理形成精煤、洗混块、洗末煤及泥煤等产品。

运输：厂区内使用ZK—10/7架线式电机车和MG1.1—6A吨矿车运输。生产的原煤及其他产品大部分从凤山火车站装火车发运销售，此外，少量会采用汽车运输。

（2）相关文献

关于井陉煤矿的相关文献有：1933年河北人民出版社出版的《井陉矿务局志》，2007年新华出版社出版的《石家庄市井陉矿区志》等。

4.1.2.4　工业遗产的价值

（1）历史价值

井陉煤矿的文物建筑和历史建筑集中体现了民族工业初创期、官商合营增长期、抗战萧条期、解放后恢复期及当代稳步发展期的工业生产、生活形态和发展脉络，是中国近代煤炭工业发展的历史缩影，其发展历史是中国近现代工业发展史的重要组成部分。正丰公司的创建、发展与北洋军阀政治势力的崛起、发展密切相关，是北洋历史的重要组成部分。井陉煤矿工业遗产建筑群也是日军侵华战争及其对中国煤炭资源劫掠的重要历史见证。井陉矿区为夺取解放战争“三大战役”的胜利建立了不朽的功勋，为建立中华人民共和国做出了重要的贡献。井陉煤矿及正丰煤矿的建立与发展是我国工业发展史上十分辉煌的篇章。

（2）文化价值

井陉煤矿的文化价值体现于煤矿矿工抵抗外寇不屈不挠的精神，体现于煤矿职工为中华人民共和国成立无私奉献的精神，体现于“拼搏争先、务实奉献”的企业精神中。

（3）社会价值

井陉煤矿工业遗产群是我国工业发展的缩影，它的每一个发展转变都与社会的发展密不可分。从抗日战争时期直至中华人民共和国成立初期，正丰煤矿为中华人民共和国的成立与发展奉献了巨大的推动力量。“百年煤都”是井陉矿区最辉煌的代名词，采矿场包含着矿区人的历史记忆，采矿工业曾解决了大量员工的就业问题。井陉矿区对石家庄市的城市发展也起到了极大的促进作用。

（4）科技价值

井陉煤矿的先进生产工艺以及职工的科技创新成果体现了煤矿发展的科学价值。

（5）艺术价值

正丰煤矿厂区体现了当时较高的工业设计及建设水平。段家楼体现了中外文化的融合，具有较高的建筑艺术价值。

4.1.2.5 工业遗产的保护与利用

井陉煤矿的关停使井陉矿区的经济受到了严重冲击，当地以采矿业为主要经济来源的经济结构急需转型。煤矿废弃地闲置的厂房、荒废的铁路运输系统以及段家楼等遗存，需要当地合理开发利用，使之成为以采矿业为主要元素的、极具地方特色的休闲旅游生态景区，吸引游客，促进第三产业快速发展，为当地经济发展注入新的活力。

近年来在加速环境保护和城市转型的过程中，井陉矿区不断深耕全域旅游产业新土壤，实现从“黑色印象”向“绿色主题”的快速转变。如井陉矿区的杏花沟和清凉湾公园就是由采煤沉降区形成的塌陷地改建而成的湿地公园。2018年，在国家工业与信息产业部组织评审第二批国家工业遗产名单时，井陉煤矿被列入其中。2019年9月，作为省市两级旅发大会（旅游产业发展大会）的观摩点，段家楼景区整体升级修复工程完工并向游客开放。

4.1.3 邯郸通二矿

通二矿位于邯郸市峰峰矿区西北部和村镇。峰峰矿区坐落于河北省南部，晋、冀、豫三省交界处的峰峰区。峰峰于1950年建区，1952年归河北省直辖，1955年改为省辖峰峰市，1956年撤市设区，归邯郸市所辖至今。峰峰矿区是全国著名的煤矿产区之一，煤藏量丰富，品种多样。区境内煤田带517平方公里，在此煤田上建矿开采的有峰峰矿务局13个大中型煤矿，邯郸矿务局2个大中型煤矿，峰峰矿区乡镇小煤矿167座。在旧中国资本家经营的30多年间，怡和、中和、六河沟等各煤矿公司的生产矿井均为中小型生产坑口，三大公司年产量合计最高的1936年仅产煤129.3万吨。日本掠夺时期，磁县炭矿、六河沟炭矿年产量合计最高的1943年为102.6吨。中华人民共和国成立后，仅峰峰矿务局自1977年起年产煤炭就稳定在千万吨以上，成为全国十大煤炭生产基地之一。

4.1.3.1 历史沿革

通二矿为多井口矿井，是1950年代末期由苏联设计援建的“156项目”之一。

1953年，由苏联列宁格勒设计院设计，图纸名称为通顺二号矿井。

1957年，开工兴建通二竖井；1960年8月建成投产，设计生产能力年产120万吨。

1958年12月，建成姚庄“青年矿”斜井，设计生产能力年产30万吨，1960年8月并入通二矿，为姚庄坑口。

1959年2月，姚庄矿建成大沟巷斜井，设计生产能力年产10万吨（1976年报废）。

1967年春，兴建了零盘区斜井（张庄扩大区西翼进风井）。

1968年7月，兴建了张庄斜井（张庄扩大区东进风井）。

1971年1月，邯郸矿务局拔剑煤矿划归通二矿，用作张庄扩大区西翼回风斜井。

1965年1月，通二矿和峰峰矿务局第四矿合并，仍称通二矿，原四矿改称通二矿西坑。“文化大革命”期间，通二矿改称“反修矿”，1978年3月恢复通二矿名称。

1988年末，全矿职工8813人，原煤产量117.6万吨，工业总产值29 010万元。

2002年8月，通二矿被列为国家计划调整的209户关闭破产项目，重组改制后成立了邯郸通顺矿业有限公司。

2018年2月26日，峰峰集团“通二矿旧址”入选“近现代重要史迹及代表性建筑”，成为省级文物保护单位。

4.1.3.2　工业遗产

通二矿旧址（原峰峰矿务局通二矿），即峰峰煤田和村地区通顺二号井，位于邯郸市峰峰矿区西北部和村镇。

通二矿旧址完整保留了苏联援建的机关楼、主副井架、煤楼、皮带机道、洗煤楼及5米直径的绞车等工业遗址，以及1950年代至1980年代兴建的职工宿舍楼、民房等职工生活遗存。主、副井均为立井绞车提升，主井采用箕斗提升，副井采用双罐笼提升。主井架高34.75米、副井架高25.18米、井筒深434米。通二矿完好地保留了原初的用途、功能、形制，具有典型的时代特征，在中华人民共和国的煤炭工业发展史、建设发展史上占有重要的地位（图4-1-71～图4-1-73）。

图4-1-71　1949年前的通顺井

图4-1-72　现代化煤矿厂区

图4-1-73　精煤外运图

（资料来源：峰峰矿区地方志编纂委员会，《峰峰志》，1996）

图4-1-74 峰峰矿务局通二矿卫星图
（资料来源：百度地图）

（1）总平面布局

通二矿位于和村镇东北1.5公里处（图4-1-74）。井田面积24平方公里。煤质以焦煤为主。

（2）工业建（构）筑物遗存概况

2018年2月26日，河北省政府公布第六批省级文物保护单位名单，峰峰集团“通二矿旧址”入选“近现代重要史迹及代表性建筑”，成为省级文物保护单位。通二矿是国家“一五”期间由苏联援建的156个大型项目之一。通二矿（今邯郸通顺矿业有限公司）办公楼原有的两层由苏联援建，第三层为自主加建，现已作为展示通二矿历史的博物馆；屋顶采用了与当时苏联建造时期相同的木材与样式，力求建筑整体和谐（图4-1-75～图4-1-77）。

图4-1-75 邯郸通顺矿业有限公司

图4-1-76　邯郸通顺矿业有限公司办公楼

图4-1-77　邯郸通顺矿业有限公司办公楼外立面

① 主井井塔

中华人民共和国成立前，老矿井由于受技术、装备条件的限制，多采用竖井下山开拓，井座多坐落在大煤（2号）煤层的附近，井深不等，如通顺井深77米。1950—1960年代，矿井开拓技术提高，通二矿采用多水平中央石门盘区式开拓（图4-1-78）。

图4-1-78　通顺井主井井塔

图4-1-79 通顺井副井

图4-1-80 通顺井铁路

图4-1-81 输煤廊

图4-1-82 职工宿舍

② 地面运输

1908年，杨以俭兴办峰峰“怡立煤矿公司”。1919年，该公司修筑自西佐村东经霍庄村北、半坡村、林坦村，南至马头镇的运煤专用铁路，1920年7月通车，轨距610毫米，全长20.5公里。1940年日军将其扩建为标准轨距的铁路与平汉铁路接轨通运，又在西佐车站南修4公里线路通太安、通顺井（图4-1-79、图4-1-80）。

③ 输煤廊

输煤廊为钢筋混凝土柱，钢或钢筋混凝土梁，有顶盖，架空设置。输送机安装于输煤廊内，煤先通过输煤廊用输送机运送；再通过吊车、廊道运至煤仓和车间。其运输方式为皮带输送（图4-1-81）。

④ 职工宿舍

通二矿职工宿舍建造于20世纪六七十年代，提供给该矿工作人员居住（图4-1-82）。

4.1.3.3　非物质遗产

（1）采煤方法

清末，峰峰民间采煤运用手镐刨、驴驮肩挑的采煤方式。1912年至1937年的峰峰、六河沟煤窑，井下采用仓柱式或房柱式方法采煤，运输采用平巷铺铁轨、畜力矿车运送，井筒有汽绞车提升。稍晚，出现火药崩煤。

中华人民共和国成立后，新的采煤方法如雨后春笋般出现，并在新旧交替中得到发展。1950年5月，一矿试行一次采全高三段长壁带状充填采煤方法，采煤用上风镐、电钻，解放了笨重体力劳动。一矿因此被燃料工业部确定为当时全国推行新采煤法的典型示范坑口。

一次采全高采煤法：1955年4月，此法开始在二矿中厚煤层使用。大巷上帮模底，副巷模顶布置采面巷道，煤层厚2.8米，木支柱护顶，密集支柱切顶，截煤机割底，放炮落煤，一次采完，称之一次采全高采煤法。

片盘越大巷采煤法：即斜井片盘式开采越大巷采煤法。具体做法是：一次性挑顶，在开采底分层时另新掘底巷，随着采煤推进，逐渐挑顶，废弃底大巷。厚大巷支护棚子不拆除，并在挑顶前适当加密，当开采底分层时，将活煤掏出，作为底层之上底大巷。由于大巷与副巷之间溜煤眼之特殊布置，造成两巷间煤柱宽达50米之多。在沿上底大巷作为采煤工作面上边界回采时，会造成煤柱丢失。为提高煤炭回收率，而采用越大巷配小风道的方法回收煤柱。越大巷（旧巷）采煤法，随采随挑，随着采煤面推进，沿采空区掘进小风道。回柱绞车放在已挑好的沿顶大巷内，外段运料在旧大巷，里段分两路，一路沿着挑大巷斜坡，一路沿着新掘小巷道进入。新掘小巷道沿上阶段采空区布置。此法是峰峰煤矿在厚煤层中运用无煤柱开采工艺最早使用的采煤法。

（2）相关文献

相关的文献有由峰峰矿区地方志编纂委员会编制、1996年出版的《峰峰志》。

4.1.3.4　工业遗产的价值

（1）历史价值

无论从中华人民共和国的煤炭工业发展史，还是从建设发展史来看，通二矿都有不可撼动的历史地位。峰峰采煤始于汉末，经历了封建势力、军阀资本家和帝国主义的重重压迫和剥削，峰峰矿区在中华人民共和国成立后迎来了新生。峰峰矿区的煤炭发展史在某种程度上也是中国煤炭发展史的缩影。

（2）艺术价值

随着历史的变迁，峰峰矿区遗留下来的日本、苏联等外国特色的建筑以及煤矿独有的建筑风格与色彩无一不显示着特有的建筑艺术之美。

（3）经济价值

从当下来看，峰峰矿区工业遗产的保护及利用不仅需要恢复当地的生态环境，并且对厂房设施的改造再利用也必不可少。国家越来越重视文化产业发展，矿区的改造再利用可以重现昔日旧厂建筑特色，增添文化内涵，为矿区经济注入新活力，从而带动峰峰矿区的进一步发展。

4.1.3.5　工业遗产的保护与改造

峰峰矿区历史悠久，文化传统源远流长，是全国著名的煤炭产区之一，因矿而生，因煤而兴。充分利用峰峰矿区历经百年煤炭文化的熏陶形成的多重人文景观，在遵循保留历史的原则基础上合理改造，可望实现峰峰矿区的城镇复兴和可持续发展，改善当地生态环境，保护与改造旧工业建筑与矿业废弃地，打造独有的峰峰矿区传统文化和工业特色旅游基地。

4.2　纺织类工业遗产

4.2.1　石家庄棉纺织工业

河北省是历史悠久的产棉区，石家庄市交通便利，是全省的原棉集散地，在这里发展纺织工业有着得天独厚的优势。1921年在石家庄筹建的大兴纱厂是中国近代纺织工业发展的典型之一。1952年底，华北纺织管理局决定在石家庄兴建棉纺印染联合工业基地（石家庄棉纺一厂、二厂、三厂、四厂及第一印染厂）。“一五”期间的几家棉纺企业在石家庄落户，是石家庄棉纺织业的第二次腾飞。至1990年代，石家庄棉纺织厂家包括：石家庄市大兴纱厂，石家庄第一、第二、第三、第四、第五、第六棉纺织厂，石家庄第一印染厂等。1990年代末，石家庄棉纺织业逐渐衰落。

4.2.1.1　历史沿革

（1）石家庄第一棉纺织厂（简称棉一）

1953年4月筹建；

1954年5月正式投产；

1984年获河北省纺织工业总公司授予的“思想政治工作优秀企业”称号；

1988年国务院批准棉一为国家二级企业；

1990年正式通过国家一级企业考评；

现为石家庄常山纺织股份有限公司棉一分公司。2015年从市区搬迁到正定常山纺织工业园。

（2）石家庄第二棉纺织厂（简称棉二）

1954年筹建；

1955年正式投产；

1988年5月经验收考核，晋升为国家二级企业；

1990年在全国纺织企业100家利税大户中名列第9位，在棉纺织企业中名列第1位；

现为石家庄常山纺织股份有限公司棉二分公司。2015年与棉一纺织厂一起搬迁至正定常山纺织工业园。

（3）石家庄第三棉纺织厂（简称棉三）

1955年筹建；

1956年建成投产；

1990年被列为全国纺织企业50家利税大户；

现为石家庄常山纺织股份有限公司棉三分公司。2013年工厂已搬迁至正定常山纺织工业园，2014年6月11日棉三老厂区正式启动拆迁工作。目前老厂房已经被拆除，原址盖了商品楼。

（4）石家庄第四棉纺织厂（简称棉四）

1956年1月筹建，是石家庄棉纺织骨干企业之一，位于石家庄市和平中路7号；

1957年10月正式投产；

1962—1963年，由于自然灾害造成原料短缺等原因，企业被迫停产；1964年复工；

1989年在全国纺织系统50家利税大户中名列第16位，在棉纺织行业中名列第6位；

1990年在全国纺织工业100家利税大户中名列第19位；

目前厂房已经被拆除，原址盖了商品楼。

（5）石家庄第五棉纺织厂（简称棉五）

1953年下半年由河北省工业厅和唐山公私合营华新纺织厂双方投资兴建，位于石家庄市建设北大街35号；

1956年4月第一期工程正式投产，定名为河北省公私合营石家庄华新纺织厂；

1957年底第二期工程竣工；

1958年6月全部投入生产；

1966年改为国营石家庄第五棉纺织厂，简称国棉五厂或者棉五；

1987年被评为省级先进企业；

1988年7月棉五纺织厂与河北省纺织品进口公司、香港华润纺织品有限公司合营兴办华光纺织有限公司；

1989年荣获国家二级企业称号；

目前该厂厂房已经被拆除，原址盖了商品楼。

（6）石家庄第六棉纺织厂（简称棉六）

1950年9月，石家庄开始合股筹建“公营石家庄纺织股份有限公司（即棉六）”，该厂位于石家庄市正定大街石纺路7号；

1951年5月棉六试车投产，9月份正式开工；

1954年棉六工厂进行扩建；

1987年和1988年连续获得河北省先进企业称号；

1989年棉六纺织厂与河北省纺织品进口公司、香港华润纺织品有限公司合营兴办石润纺织有限公司；

目前棉六厂房已经被拆除，原址在建集住宅、公寓、商业、办公、酒店于一体的城市综合体。

（7）石家庄第七棉纺织厂（简称棉七）

其前身为1921年筹建的大兴纱厂（大兴纱厂是石家庄地区近代工业的先导，也是中国近代纺织工业发展的典型之一）；

1922年大兴纱厂建成投产，开创了石家庄市现代机器纺纱的历史；

1925年因负债累累被银行团接管；

1926年成立“大兴纺织厂工会”；

1929年举行了工人斗争的第二次大罢工；

1933年，由于阶级矛盾尖锐，在中共直中特委调遣下，由在井陉煤矿领导工人运动的职工部长袁致和等领导，举行了第三次大罢工；

抗日战争时期大兴纱厂遭到日军的掠夺和破坏；

1953年大兴纱厂发展为石家庄市最大的工业企业；

1954年4月1日，石家庄市最大的私营企业大兴纱厂与地方国营和村纱厂、邯郸公私合营翔丰纱厂合并组成河北省公私合营石家庄市大兴纺织厂；

1966年改为“国营石家庄东风色织厂”；

1974年5月改为“国营石家庄色织厂”；

1975年4月1日按照国营纺织厂序数排列，更名为“石家庄第七棉纺织厂”，是纺织、染整配套的大型企业，为当时全国最大的色织布生产基地；

1998年5月国棉七厂改制成为石家庄棉七纺织股份有限公司，成为私营企业，现已倒闭。相关工业遗产已经不存。

（8）石家庄第一印染厂（简称一印）

国营石家庄第一印染厂东临国棉三厂和四厂，西邻国棉二厂和一厂，织染相接，是当年纺织工业部统筹设计的纺织印染联合企业；1956年筹建，1959年建成投产，是当年全国规模最大的印染企业之一，坐落在石家庄市和平中路11号；

1959年1月，石家庄织染厂并入一印，国家将一印作为一个生产单位纳入了国家的生产计划；

1979年9月26日，根据石家庄市纪委〔1979〕81号文《关于部分企业更改名称的批复》，石家庄印染厂更名为“国营石家庄第一印染厂”；

1986年是“七五”计划的第一年，一印按照厂长的决策目标，大抓经销工作，发展横向经济联合，这一年完成率超过规定的标准，成为河北省纺织系统发展出口产品的骨干企业。12月2日，中国纺织品进出口公司河北省分公司、一印、香港大进口贸易有限公司三方签订“合资经营明石染厂有限公司合同”。

（9）1998年，由集团公司作为主发起人，常山纺织将棉一、棉二、棉四生产性资产和棉三股份的65%股权作为出资，联合四家发起人，发起设立了常山纺织股份有限公司。2017年12月9日，常山纺织继棉三、棉四、棉一、棉五分公司先后停产之后，棉二生产线正式停产。至此，常山纺织市区老厂搬迁改造、退城进园、转型升级、提质增效初步完成。

4.2.1.2 工业遗产

从建厂到停产，记录石家庄棉纺织工业近百年发展历程的遗存数量现已不多。第三次全国文物普查中，发现并经确认的石家庄纺织工业遗产有4处（图4-2-1、图4-2-2）。

图4-2-1 第一棉纺织厂大门

图4-2-2 第二棉纺织厂大门

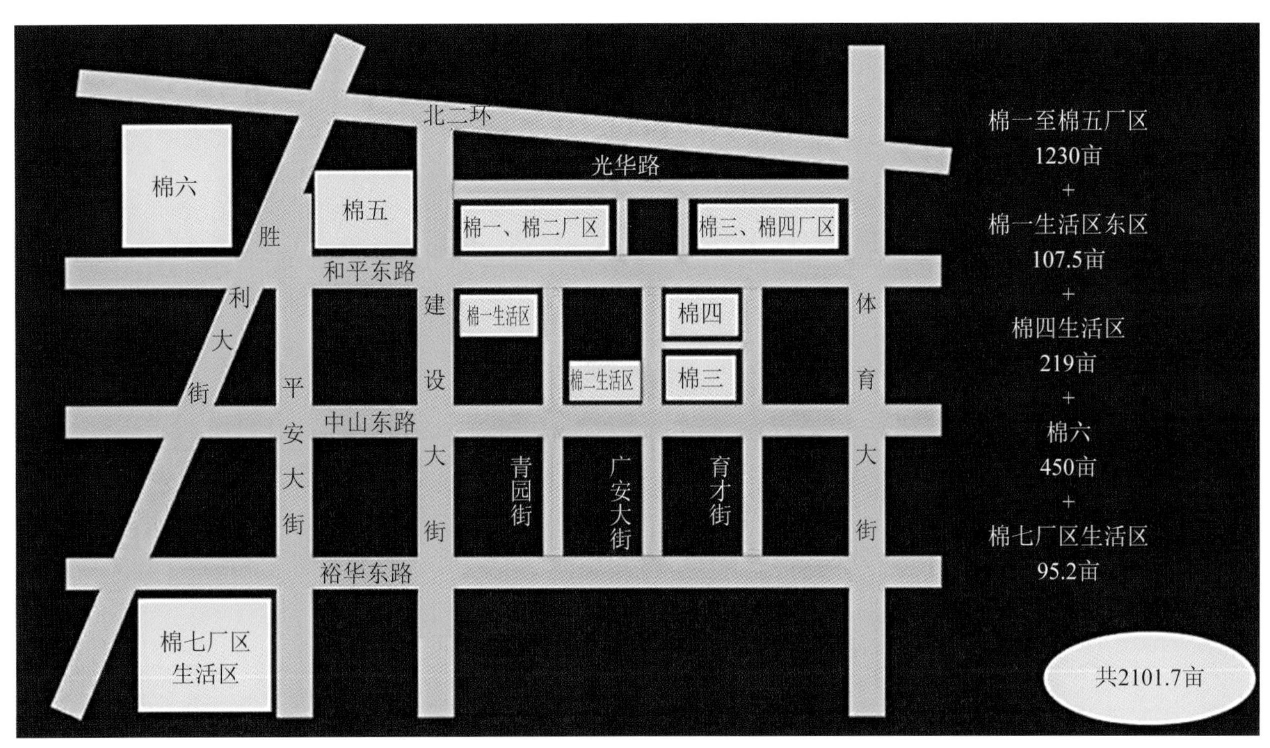

图4-2-3 纺织大院总平面图

（资料来源：http://5b0988e595225.cdn.sohucs.com/images/20180828/fd2b7e761a1740eea9fa4ca70fc71dfd.jpeg）

（1）总平面布局

1953年4月，棉一破土兴建。棉二、棉三、棉四分别于1955年、1956年、1957年建成投产。在长安区和平中路北侧，棉一至棉四和第一印染厂自西向东连成一体。大家习惯于把这个大型的纺织印染基地称作“纺织大院”（图4-2-3）。

（2）建（构）筑物遗存概况

① 棉一：2011年棉一生活区西区改造启动，公园城项目正式动工。相对于其他纺织厂而言，棉一是相对保存完整的。多处仓库现在被用来存放货物，少量厂房因空间优势被打造成办公和娱乐休闲场所（图4-2-4～图4-2-7）。

② 棉二：2007年部分棉二生活区被改造

图4-2-4 棉一厂房

图4-2-5　棉一办公楼

图4-2-6　棉一水塔

图4-2-7　棉一内的小店

为汇景家园和中宏汇景国际商业体，集居住、工作、休闲、购物、娱乐为一体。

③ 棉三、棉四：两个厂区在地理位置上紧紧相连，2015年底、2016年初先后被荣盛地产竞得土地，已经被开发成商品楼。

④ 棉五：历经一个甲子的棉五见证了石家庄的历史变迁，命运也颇为曲折，如今被改造为肯彤国际项目。

⑤ 棉六：是中华人民共和国成立后建成的第一个棉纺厂，也是众多石家庄纺织厂中实力最强的，在1988年破产改制后走向衰落，原址盖国赫天著商品小区。

⑥ 棉七：棉七（大兴纱厂前身）现已被夷为平地。

4.2.1.3　非物质遗产

（1）纺纱生产工艺流程

① 纯棉普梳纱

原棉→配棉→开清棉→梳棉→头并→粗纱→细纱

② 纯棉精梳纱

原棉→配棉→开清棉→梳棉→预并条→条卷→精梳→并条（1）→并条（2）→粗纱→细纱

③ 涤棉精梳纱

棉型涤纶→配涤→开清棉→梳棉→预并条→并条（1）→并条（2）→并条（3）→粗纱→细纱

原棉→配棉→开清棉→梳棉→预并条→条卷→精梳

④ 涤粘中长混纺纱

原棉→配棉→开清棉→梳棉→并条（1）→并条（2）→粗纱→细纱

⑤ 售纱

摇纱→打小包→打中包（绞纱）

细纱→络筒→塑料包装→成包（筒子纱）

⑥ 气流纺纱

原棉→配棉→开清棉→梳棉→并条（1）→并条（2）→气流纺纱机

（2）织布生产工艺流程

织布生产工艺流程一般情况下是：

络筒→整经→浆纱→穿筘→织造→整理

各种织物的工艺流程分别如下：

① 纯棉织物

经纱：络筒→整经→浆纱→穿筘→织造→整理

纬纱：直接纬

② 涤棉织物

经纱：络筒（电子清纱器）→整经→浆纱→穿筘

纬纱：（间接纬）络筒（电子清纱器）→蒸纱、定型→卷纬→织造→整理

③ 股线织物

经纱：络筒（电子清纱器）→捻丝（并捻）→络经→整经→浆纱→穿筘→织造

纬纱：络筒（电子清纱器）→捻线→直接纬→定型、整理

（3）相关文献

相关厂史厂志有：《石家庄第一棉纺织厂调查》《经纬天地谱春秋：国营石家庄第二棉纺织厂史志（1954—1990）》《石家庄棉三厂志（1954—1993）》《大兴纱厂史稿》《第一印染厂志（1956—1986）》《石家庄纺织工业志》。

4.2.1.4　工业遗产的价值

（1）历史价值：棉纺织工业作为石家庄社会发展的一个重要标记，记录着城市的历史，见证了城市的变迁。

（2）文化价值：棉纺织厂的工业建筑、设备

构造具有鲜明的产业特征及工业表现力，彰显出强烈的工业机器美学效果。

（3）社会价值：当年棉纺织厂的落地加速了石家庄城市化的发展，促进了外来人口流动及不同地域文化融合。大量纺织工人及相关技术人员的迁入，使石家庄一度成为以纺织业为基础的城市。

4.2.1.5　工业遗产的保护

建议重点保护以下几处体现棉纺织工业主要流程和生产特征的工业遗产：棉一纺织厂和棉二纺织厂的部分办公楼、库区、车间、设备、仓库等。

4.2.2　化纤厂（保定工业区）

保定化纤厂（1994年公司制改造后称“保定天鹅化纤集团有限公司”，简称化纤厂）地处河北省保定市西郊工业区，始建于1957年10月，1960年7月建成正式投产，原称国营保定化学纤维联合厂，是我国第一家现代化大型化学纤维联合企业。目前企业化纤生产能力23 200吨/年，棉浆粕生产能力47 000吨/年、化学纤维油剂生产能力7000吨/年。其中年产粘胶长丝22 000吨，是世界上最大的粘胶长丝生产厂家之一。西郊工业区发展多元化，曾拥有604厂（保定钞票纸厂）、保定化纤厂（天鹅化纤集团）、保定热电厂、第一胶片厂（乐凯集团）、保定变压器厂（天威集团）、482厂、保定铸造机械厂、保定第一棉纺织厂等企业；现个别厂区处于闲置状态。化纤厂是1950年代国内规模最大的制造天鹅牌粘胶长丝和熔融纺氨纶丝的企业，厂内的纺织、提炼等主要厂房和货仓、火车轨道灯保存完整，部分设备仍保留至今。

4.2.2.1　历史沿革

中华人民共和国成立初期，由于从外国引进的人造纤维远不能满足我国经济建设对人造纤维的需要，为解决供需矛盾，我国决定建设第一座大型人造纤维厂。在民主德国专家的帮助下，经过全国各地考察，分析各地区的自然环境条件，决定选址保定建设厂房。

1955年经纺织工业部同意组建第一人造纤维厂。

1957年10月开工建设，是我国第一个五年计划的新增重大建设项目。

1960年7月建成正式投产，原称国营保定化学纤维联合厂，年生产能力达22 000吨。

1994年11月28日，企业进行了公司制改造，成立了“保定天鹅化纤集团有限公司”。

1997年1月，以保定天鹅化纤集团有限公司为发起人，募集设立保定天鹅股份有限公司。

1997年2月21日，“保定天鹅”在深圳证券交易所上市，“保定天鹅”A股开盘价12.88元，募集资金4.6亿元，成为国内粘胶行业第一股，保定市第一家上市公司。

2000年1月21日，保定天鹅股份有限公司经增资配股后，总股本为32 080万股。

2005年12月16日，经国务院国有资产管理委员会批准，完成了股权分置改革工作，保定天鹅化纤集团有限公司持有上市公司——保定天鹅股份有限公司股份17 024.6598万股，占总股本的53.06%。

目前，公司下辖1家A股上市公司、5家全资子公司、1家控股子公司、2家参股子公司、6家集体企业，总资产16.29亿元，职工7327人，是河北省大型企业集团之一。

图4-2-8　化纤厂初建成时厂区鸟瞰图①

图4-2-9　化纤厂大门

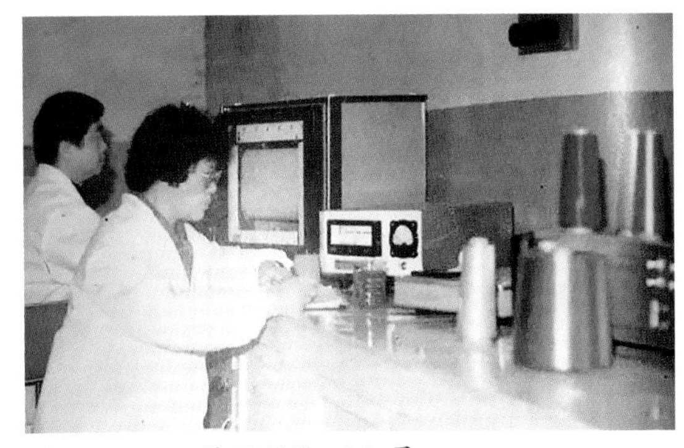

图4-2-10　科研所检测人员

4.2.2.2　工业遗产

从建厂到迁址生产，化纤厂60余年的发展历程留下了大量的工业遗产（图4-2-8～图4-2-11）。

（1）总平面布局

化纤厂厂区位于保定西郊，厂址邻近一亩泉，地势平坦宽广，地下水温低，当地气候适宜生产，原材料供应适中，产品销往华北运距较近，当时附近将建103纸厂（现保定604造纸厂）和棉纺厂，在供水、供电、供热、交通运输等设施方面，均可取得统一协作的配合。

主要纺织车间、原液处理车间均衡地分布在厂区中心部位，中心区四周为存储库房、配件库房、机修车间、大集体工作间、新型纤维技术厂房。工厂整体根据制作的流程合理布局，车间之间以连廊与传送带形式连接，实现机械化运输，提高效率，布局集约（图4-2-12～图4-2-15）。

图4-2-11　机器维修工人

① 图 4-2-8 ～图 4-2-12 的来源为：风游京津冀．“天鹅路”因它得名 保定化纤厂的老厂老记忆 [EB/OL].（2017-11-07）. http://k.sina.com.cn/article_2955253145_b0259599001004kdu.html.

图4-2-12 化纤厂纺织生产

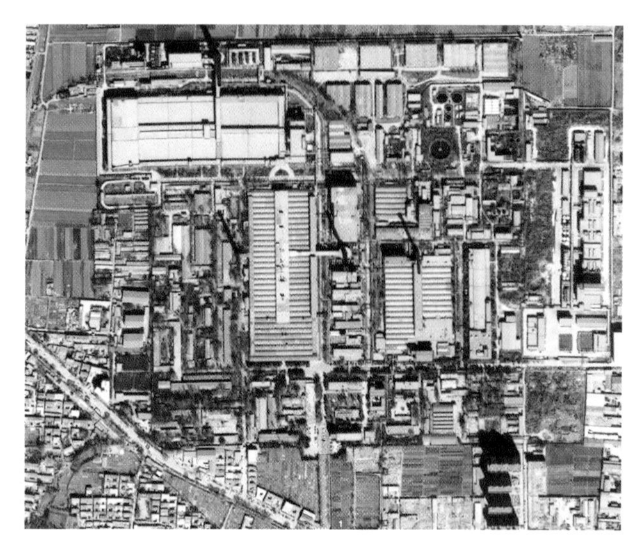

图4-2-13 化纤厂航拍图

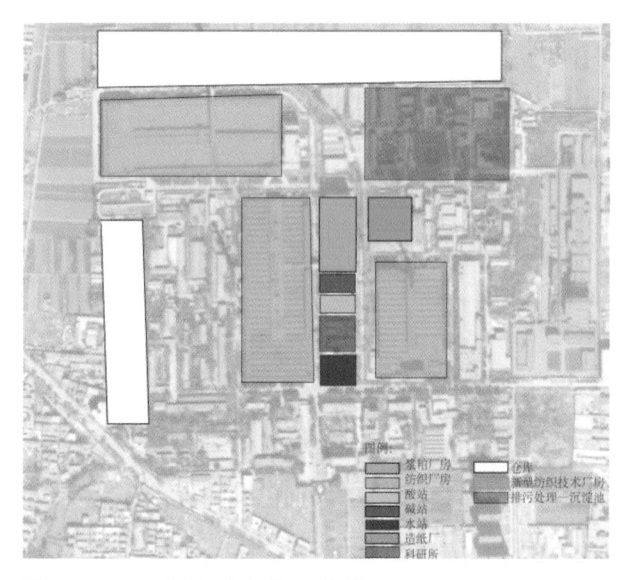

图4-2-14 化纤厂布局示意图

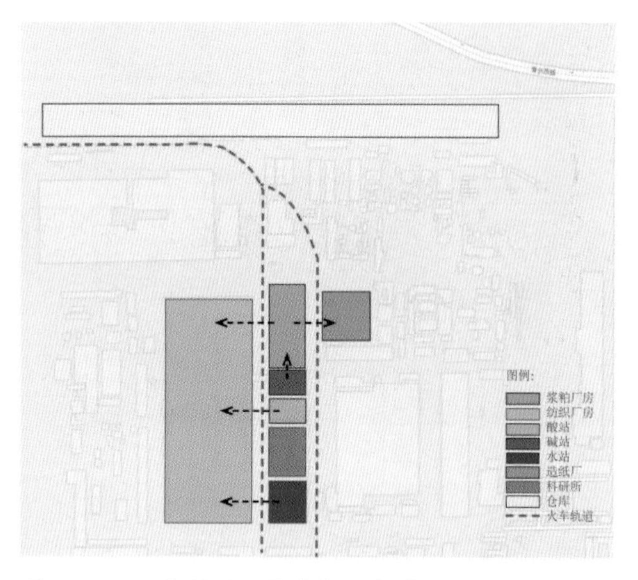

图4-2-15 化纤厂工艺流程示意图

（2）建（构）筑物遗存概况

化纤厂位于保定西郊工业区，是我国第一个五年计划的新增重大建设项目，是我国第一家现代化大型化学纤维联合企业。厂区内虽经过多次改建、扩建，但仍基本保持工业原貌特征，保留了主要的纺织工艺车间，主要的建（构）筑物包括原液分厂、浆粕分厂、纺丝车间及其他仓库、管理用房等。

①浆粕分厂和原液处理车间

浆粕分厂是纺丝制作工序的第一步所在地，

与原液处理分厂紧邻布置，共同完成粘胶制成工序。厂房建于1957年，占地面积12 000平方米，建筑借鉴民主德国建筑厂房形式，选用混凝土结构，带形长窗体现了民主德国工业建筑设计的创新。厂房整体保存完整，浆粕车间与原液处理车间部分设备已经被拆走，厂房内保留了最基本的流程设备（图4-2-16、图4-2-17）。

② 纺丝车间

纺丝车间集中酸解脱硫、纺成长丝丝饼、淋洗、烘干四大工段，是纺丝丝饼最主要的生产车间。为了兼顾工艺的精准性，各制作阶段被集中在一栋建筑中，因此工艺流程组织、承重抗震等要求比单层厂房复杂。

化纤厂纺丝一厂始建于1957年，二厂、三厂为后期建设厂房，三个厂占地面积共约141 650平方米，混凝土结构。该车间建筑形式有别于其他工厂，因纺丝环境的需求，借鉴民主德国厂房的构造，采用双层墙体设计，形成纺丝车间恒温的环境。纺丝车间在竖向划分上根据工序需要分为上下三层，外立面窗多为带形，外墙面以红砖为主（图4-2-18、图4-2-19）。

图4-2-16　浆板投料

图4-2-17　浆粕分厂和原液处理车间

图4-2-18　纺丝车间一纺丝厂

图4-2-19　纺丝车间设备

③ 纺丝加工车间

纺丝加工车间是半成品丝饼处理车间，丝饼在此经过卷绕、包装形成成品。该车间与纺丝车间以运输廊道连接。该车间建于1957年，采用混凝土结构，现保存完整，部分设备已出售（图4-2-20～图4-2-22）。

图4-2-20 加工卷绕车间

图4-2-21 筒子包装

图4-2-22 成品分类

④ 酸站、水站与碱站

酸站、水站与碱站建成于1958年，为纺丝车间提供酸浴、软水和碱液。现厂房外部留有过去使用的痕迹，有明显的年代感（图4-2-23～图4-2-25）。

图4-2-23　碱站

图4-2-24　酸站

图4-2-25　水站

图4-2-26 污水处理站

图4-2-27 环境保护管理处

⑤ 造纸车间

造纸车间利用浆粕工厂的废料，经过沉淀后制造纸张。车间建设晚于厂房建设，留有部分设备。

⑥ 污水处理站

污水处理站位于厂区的东南侧，用于处理车间废水，处理站中心由沉淀池构成（图4-2-26、图4-2-27）。

⑦ 火车轨道

化纤厂内火车轨道为运输货物成品、原材料提供优越的交通条件，快捷方便。目前厂区内未见原用火车，现火车轨道两侧有杂草（图4-2-28～图4-2-30）。

图4-2-28 火车轨道（一）

图4-2-29 火车轨道（二）

图4-2-30 火车轨道（三）

⑧ 成品储蓄间

成品储蓄间为纺丝成品储放区，厂房建筑为混凝土结构，保存完整（图4-2-31、图4-2-32）。

⑨ 化纤厂消防队

化纤厂内设有消防队，防止火灾意外发生。现消防队建筑保存完整（图4-2-33）。

4.2.2.3　非物质遗产

化纤厂的非物质遗产有纺丝工艺流程。

纺丝基本工艺流程为“喂粕→粉碎→冷却→溶解→粘胶混合→过滤→纺丝→酸浴循环蒸发结晶→烘干→分级包装”。酸解脱硫、纺成长丝饼、淋洗、烘干是其中最重要的工段（图4-2-34、图4-2-35）。

图4-2-31　成品储蓄间

图4-2-32　货物运输过廊

图4-2-33　消防队建筑

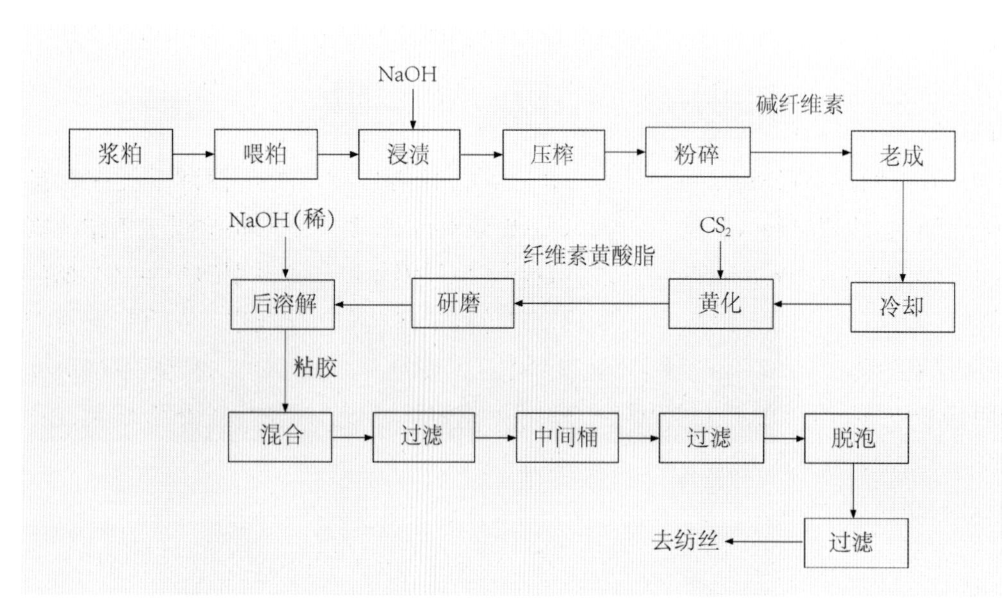

图4-2-34 浆粕提取基本流程

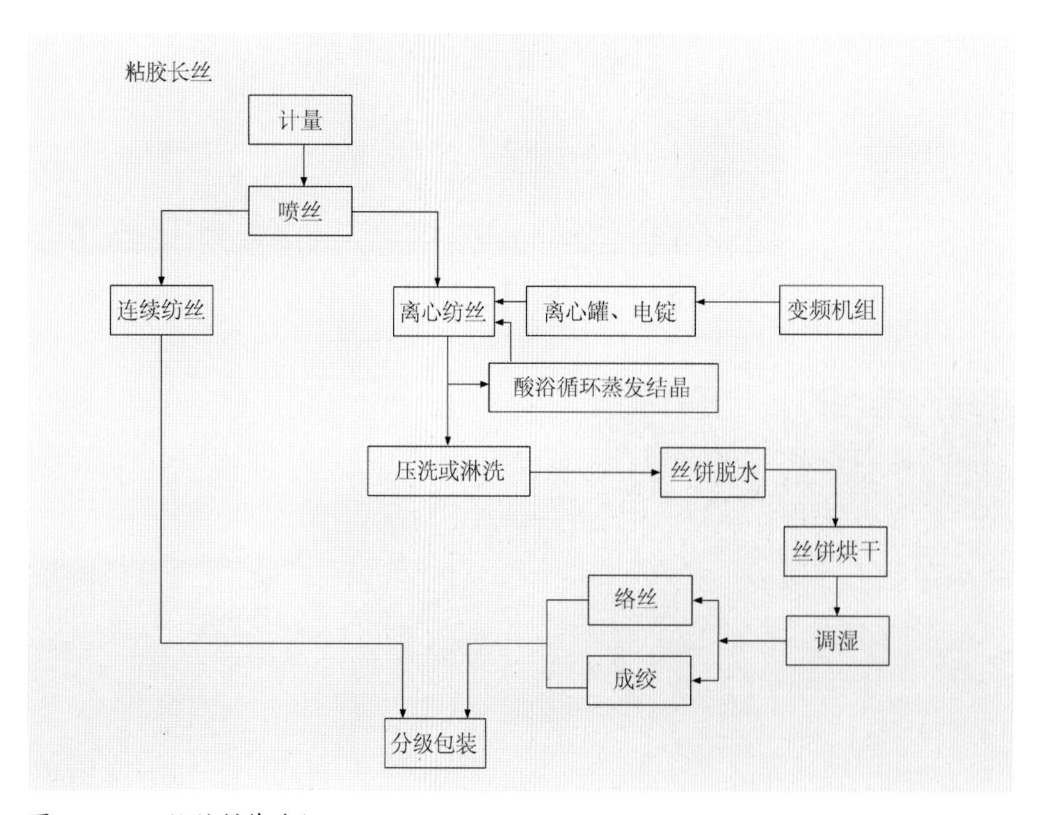

图4-2-35 纺丝制作过程

4.2.2.4　工业遗产的价值

（1）1950年代中国最高水平最大规模纺丝厂

在来自民主德国的技术专家指导下，化纤厂于1957年10月开始建设安装，拥有当时先进的设备、制造工艺，是1950年代兴建的规模最大的化纤厂（当时年生产能力达22 000吨）。1960年7月建成正式投产。

（2）见证河北保定工业发展历程

化纤厂作为中国“一五”期间重要的工业遗产，是我国第一家现代化大型化学纤维联合企业，1961年朱德曾到此参观指导。工艺技术上，根据时代发展对环境保护的要求，工厂由生产粘胶丝向以生产莱赛尔纤维为主转型。作为中国化纤行业乃至整个纺织工业都颇具影响力的企业，化纤厂的工业发展历程值得记入史册。

（3）工业建筑的时代风貌

在化纤厂的建厂过程中，得到了民主德国专家的技术指导，厂房的建设根据设备工作间需求，设计了双层墙体。最早时期的排尾气的烟囱采用民主德国的红砖和工艺建造。现存工业遗产对于研究粘胶长丝纺丝工艺和工业建筑发展演变有重要科学价值，也是保定化纤厂在我国化纤业重要性的见证。

4.2.2.5　工业遗产的保护

建议重点保护以下5处体现人造纤维纺织工艺主要流程和生产特征的工业遗产（图4-2-36）。

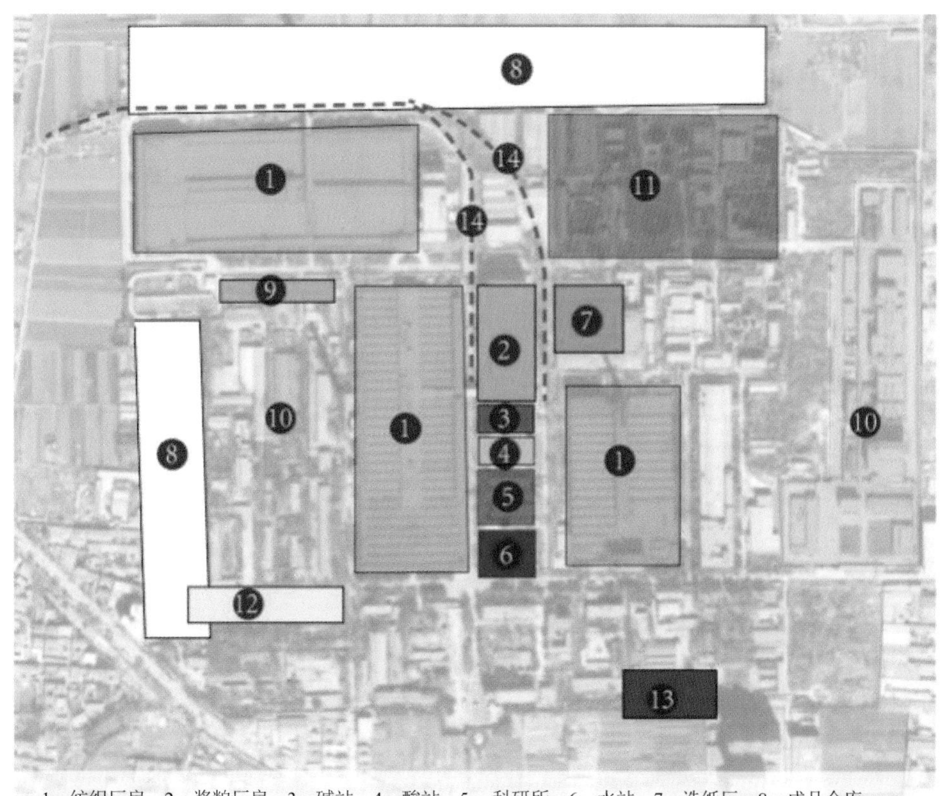

1—纺织厂房；2—浆粕厂房；3—碱站；4—酸站；5— 科研所；6—水站；7—造纸厂；8—成品仓库；9—消防队；10—配件库房；11—污水处理站；12—机修车间；13—技校；14—火车轨道

图4-2-36　化纤厂工业遗产分布图

（1）浆粕车间及原液处理车间；

（2）纺丝车间；

（3）成品货仓；

（4）酸碱站、污水处理站；

（5）火车轨道。

对于其他有关遗产，在再开发过程中有条件的也应尽量保护。

4.3 交通运输类工业遗产

4.3.1 唐胥铁路

唐胥铁路修建于1881年，是我国自建的第一条铁路，被称为“中国铁路建设史的正式开端”，后来唐胥铁路逐渐延伸成为京奉铁路。唐胥铁路开启了我国铁路建设和运输的序幕，是中国铁路零公里所在处，是中国铁路源头，创造了多个中国“第一”。唐胥铁路和唐山修车厂因此于2017年双双入选“第一批中国工业遗产保护名录”。2018年3月28日，中国铁路源头博物馆在唐山市开滦国家矿山公园正式揭牌开馆，其核心部分是唐胥铁路及唐山修车厂和唐山南站。

4.3.1.1 历史沿革

1865年，铁路作为展览品第一次在中国出现，而清政府认为修建铁路会侵占田地、破坏风水，洋人会攫取利益[①]，满朝文武皆持反对态度。1874年，李鸿章等洋务派利用“筹议海防”时机，在不断“求强、求富”的呼声中，积极转向经营航运、矿冶、纺织、电信、铁路等行业的民用企业，提出修建铁路的主张，然而清政府当时“廷臣会议，皆不置可否”。随着洋务运动逐渐进入活跃期，1880年李鸿章上奏《妥议铁路事宜折》，提出修筑铁路的九大有利之处[②]，从军事、经济、民生三个方面提出修筑铁路所能带来的巨大利益，此后清政府对修筑铁路的反对态度逐渐缓和。

开平煤矿作为洋务运动的一个重要项目，得到了李鸿章的极大关注。该矿储量丰富，用西法开采，日产量可达八九百吨，但因交通不畅，影响了煤炭销路。于是开平煤矿奏请修建轻便铁路，李鸿章转奏清廷获准后，于清光绪七年（1881年）6月动工修建，11月修成从唐山煤井至胥各庄间9.7公里的轻便铁路（图4-3-1），这是我国自建并保留至今的第一条准轨铁路。当时筑建铁路的技师是英国人金达（C. W. Kinder），他极力主张采用英国铁轨的标准，将轨距定为1.435米，此后，我国修建的铁路均采用这种轨距，便于不同路段衔接运输。[③]

如何将开平煤矿的煤运往天津也是一个问题，按清政府当时的思路自然是以水运为佳，不仅可利用有国家命脉之称的大运河，而且芦台至天津还有芦台运河，于是修筑了开平矿区至芦台的河段，即煤河（图4-3-2）。1886年开平煤矿

① “中国人可能已经觉察到，纯粹的仁慈经常是与对租界和垄断的强烈欲望连在一起的。而且，不同国家的公司，为了避免租界落入对方之手，采用教训的方式彼此攻讦，最恰当不过地暴露了这些外国顾问们的真正动机。”引自：雷穆森（O. D. Rasmussen）. 天津租界史 [M]. 天津：天津人民出版社，2009：61. 参见 1886 年 11 月 27 日《中国时报》。

② 九大有利之处包括“地无遗利，人无遗力，便于国计；调兵遣将，师行迅捷，便于军政；遥控腹地，四面拱卫，便于京师；移粟辇金，货畅其流，便于民生；海疆有事，漕粮无虞，便于转运；轮车之速，十倍驿马，便于邮政；煤铁运送，利源路畅，便于矿务；轮运轨通，相如表里，便于发展航运；千里行役，瞬息可达，便于商民行旅”。引自：宓汝成. 中国近代铁路史资料·第1册（1863—1911）[M]. 北京：中华书局，1963：89-90.

③ 陈晓东. 中国自建铁路的诞生——唐胥铁路修建述略 [J]. 铁道师院学报（社会科学版），1911（2）：55-61.

图4-3-1　唐胥铁路
（资料来源：皮特·柯睿思，《关内外铁路》，2013）

图4-3-2　连接唐胥铁路的芦台煤河石砌水闸
（资料来源：皮特·柯睿思，《关内外铁路》，2013）

以“所开新河河道春秋潮汛不大，煤船常有停棹候水之苦，而兵商各轮船欲多购煤而运不及”①为由，向李鸿章提出接办从胥各庄至阎庄长32.5公里的铁路的要求，以补煤河运力之不足。这段铁路1886年开工建设，为了修筑方便，李鸿章准许成立开平铁路公司，这是我国铁路独立经营的开端。开平铁路公司购得唐胥路权后将唐胥铁路由胥各庄延长到芦台，于1887年竣工，取名为唐芦铁路。

① 宓汝成. 中国近代铁路史资料·第1册（1863—1911）[M]. 北京：中华书局，1963：126. 参见光绪十二年六月二十六日《申报》。

随后，李鸿章以“巩固北洋海防，加强东北边防之需”为由，建议修建由芦台至大沽的铁路，如《海军衙门请准建津沽铁路折》所称“自大沽、北塘以北五百余里之间，防营太少，究嫌空虚。如有铁路相通，遇警则朝发夕至，屯一路之兵，能抵数路之用，而养兵之费，亦因之节省。今开平矿务局于光绪七年创造铁路二十里后，因兵船运煤不便，复接造铁路六十五里，南抵蓟运河边阎庄为止。此即北塘至山海关中段之路，运兵必经之地。若将此铁路南接至大沽北岸八十余里铁路，先行建造，再将天津至大沽百余里之铁路，逐渐兴办……”[①] 1888年3月，铁路修建延伸到塘沽，建成新河站和塘沽站；8月修通到天津，名为津沽铁路[②]，也称唐津铁路；9月举行通车典礼，李鸿章等乘车检验。

修建铁路时，芦台和天津之间需建设大量桥梁和排水涵洞，遇到的严重挑战是需要在芦台附近的汉沽北塘河上修建一座铁路桥[③]，即后来修成的汉沽铁桥（图4-3-3）。该铁路桥于1888年11月完工[④]，全长720英尺，由十节50英尺和八节30英尺的桥跨以及一节60英尺的平旋跨构成[⑤]。该铁路桥的建筑方式是使用蒸汽驱动打桩机将俄勒冈木材打入河床30英尺以支撑桥墩，木桩顶部采用重木牢牢拴住[⑥]，由于资金短缺，为节省建设成本，先利用木桩作为临时支撑，之后再用石头和混凝土填充的沉箱取代。

图4-3-3 汉沽铁桥
（资料来源：皮特·柯睿思，《关内外铁路》，2013）

1889年，开平矿务局新建的林西矿产煤在即，唐津铁路向东朝古冶、林西方向延伸，1890年竣工通车。1890年3月31日，光绪帝谕，“东三省兴办铁路，将津唐铁路展筑至山海关外，过锦州、新民、至盛京（沈阳）达吉林，再经宁古塔、珲春至图们江中俄交界修筑关东铁路，并从盛京（沈阳）建一条支线到营口”。

1891年，清政府成立北洋官铁路局，开始使用清廷库银修建唐山至山海关铁路（唐榆铁路段），并在山海关设北洋官铁路局及造桥厂，为京奉铁路全线通车奠定基础。至1894年铁路通抵临榆（今山海关），至此，线路易名津榆铁路，

① 宓汝成. 中国近代铁路史资料·第1册（1863—1911）[M]. 北京：中华书局，1963：131.
② 天津市地方志修编委员会. 天津通志：铁路志 [M]. 天津：天津社会科学院出版社，1997：11.
③ 肯德. 中国铁路发展史 [M]. 李抱宏，译. 北京：生活·读书·新知三联书店，1958：31.
④ 皮特·柯睿思. 关内外铁路 [M]. 北京：新华出版社，2013：19.
⑤ Xu S B. Foreign Technicians Who Worked for the Imperial Railway in North China from 1880's to 1900's[C]. Urbanization and Land Reservation Research—International Conference Proceedings of Urbanization and Land Resources Management: 437-438.
⑥ 皮特·柯睿思. 关内外铁路 [M]. 北京：新华出版社，2013：34.

图4-3-4　滦河铁桥（一）
（资料来源：皮特·柯睿思，《关内外铁路》，2013）

图4-3-5　滦河铁桥（二）
（资料来源：皮特·柯睿思，《关内外铁路》，2013）

亦称北洋铁路。1895年铁路向西延至北京，改称“关内铁路”。1892年修通至滦县，同年5月开工兴建滦河铁桥（图4-3-4）。滦河铁桥是中国最早使用气压沉箱建筑基础的铁桥，该桥建设在坚硬的岩石基础上，基础使用混凝土浇筑，墩身用砖石砌筑，一部分桥墩使用压缩空气基础工法打造在深70英尺的岩石上。这座桥是关内外铁路最长的桥，长2200英尺，1894年竣工，至1905年黄河铁桥建成之前也是中国最长的桥，由英国人喀克斯（A. G. Cox）主持修建，中国铁路工程师詹天佑也参加了桥梁的建设[①]（图4-3-5）。

修建唐胥铁路时，开平矿务局总办唐廷枢奏请当时的直隶总督李鸿章开办机车车辆厂。1881年胥各庄修理厂在胥各庄创办，最初设立时，主要是为开平矿务局制造、修理运煤车辆，此外还可生产备件和开矿设备[②]。虽然胥各庄修理厂规模不大，房屋简陋，但是已拥有手摇机床等设备，是中国铁路机车车辆工业历史的开端。1884年，胥各庄修理厂搬迁到唐山，改名为“唐山修车厂”。1886年修车厂脱离开平矿务局划归开平铁路公司，承担起机车修理的任务，开启了中国铁路制造和修理业务。

1903年唐山修车厂搬迁到新厂，原厂称“北厂”，新厂称“南厂”。“南厂”分为机车制造和客货车制造两个分厂。机车制造部分偏重机械制造，包括机器加工车间、铸造车间、锻工车间、煤水制造车间、机车架设车间。客货车制造部分偏重车厢外立面生产，包括车厢制造车间、制动器制造车间、喷漆车间和锯木车间，此外还有为整个厂区服务的客货车修理房、锅炉车间、仓库等辅助功能的厂房。1903年以后，“南厂”开始组装蒸汽机车，开创了中国制造蒸汽机车的历史（图4-3-6、图4-3-7）。

1894年，津榆铁路修通到山海关。1897年，

① 项海帆，潘洪萱，张圣城，等. 中国桥梁史纲 [M]. 上海：同济大学出版社，2009：102.

② 皮特·柯睿思. 关内外铁路 [M]. 北京：新华出版社，2013：97.

图4-3-6 搬迁和扩建前的唐山制造厂
（资料来源：皮特·柯睿思，《关内外铁路》，2013）

图4-3-7 新扩建的唐山制造厂
（资料来源：皮特·柯睿思，《关内外铁路》，2013）

清政府成立关内外铁路总局，津榆铁路与津卢铁路（天津至北京马家堡）贯通，两线合称山海关内外铁路，简称关内外铁路。1893年，修筑沈山铁路。沈山铁路起自辽宁沈阳，贯穿辽西走廊，至河北的山海关与关内铁路相接，为关内外主要的运输通道。该铁路于1899年修至锦县（锦州），同年建锦县（锦州）站，1911年延长到奉天（今沈阳），至此，关内外铁路全线建成。1907年，关内外铁路改名为京奉铁路。唐胥铁路及其延长线的主要发展历程如图4-3-8所示。

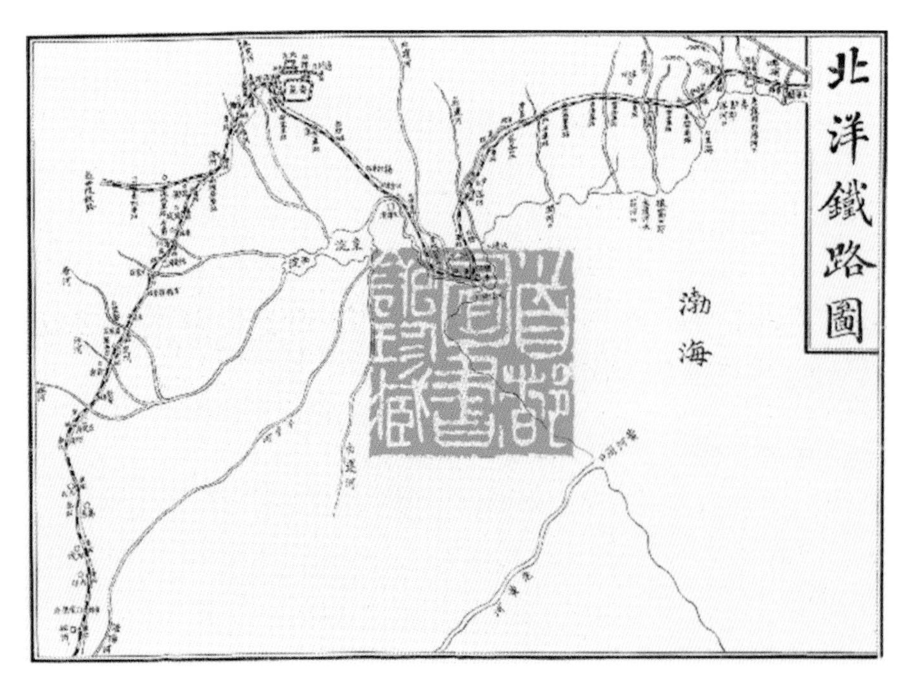

图4-3-8 北洋铁路图（1904年）
（资料来源：首都图书馆）

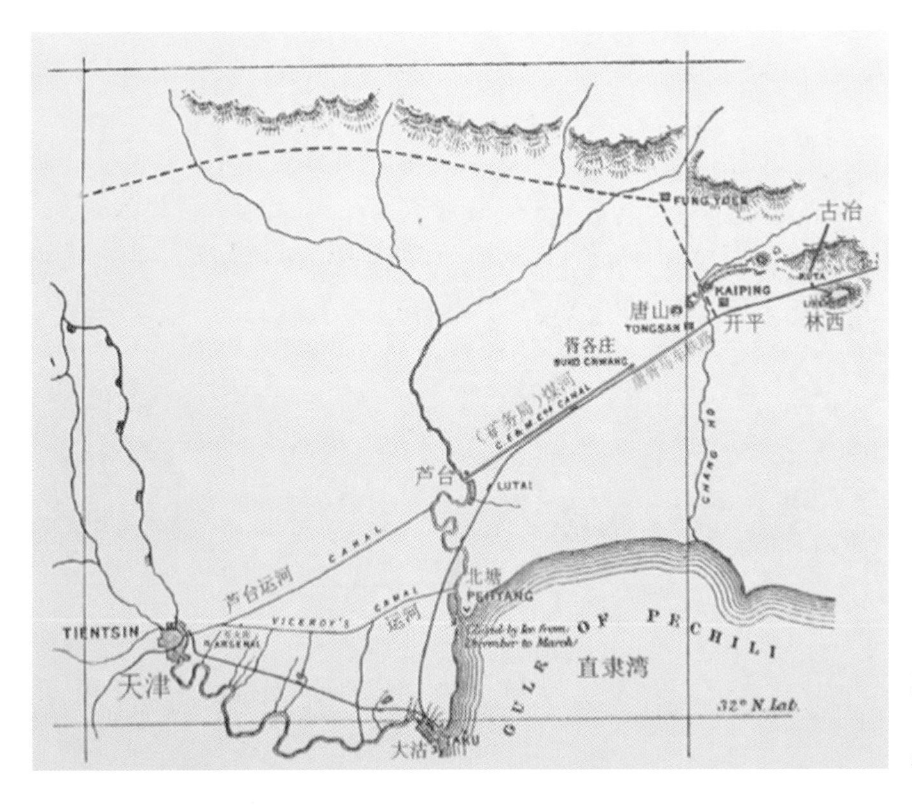

图4-3-9　唐胥铁路及其延长线
（资料来源：皮特·柯睿思，《关内外铁路》，2013）

4.3.1.2　工业遗产

（1）总平面布局

唐胥铁路及其相关遗存（图4-3-9）主要集中在河北省唐山市，部分遗存已经被改造为博物馆。

（2）建（构）筑物遗存概况

唐胥铁路和唐山修车厂主要遗存有铁路、唐山南站、唐山机车车辆厂、双桥里东桥、开滦矿务局古冶段自备铁路桥、滦河铁桥及部分设备。

① 铁路

现在仍保留有唐胥铁路的部分路段。开滦煤矿唐山矿向东不到一公里处，为唐胥铁路的起点，也是中国近代铁路的源头（图4-3-10），坐标为北纬39°37'09"，东经118°11'35"（图4-3-11）。

图4-3-10　中国铁路源头

图4-3-11　现存铁路

②唐山南站

唐山南站现在遗存有铁路天桥及站台雨棚。唐山南站铁路天桥始建于1922年，钢木结构，桥高5.9米，长48.3米，跨越了6股铁路线，桥上通道宽6.3米，铺设木板。天桥建造时全部采用热铆技术，钢梁上印有“采用西门子福尔马林防酸技术”的英文字样。天桥有着明显的工业美学特征（图4-3-12）。

唐山南站二号站台雨棚（图4-3-13）始建于1939年。站台雨棚南北总长59.2米，东西宽15米，高约7.2米。雨棚分为15跨，两排方形木柱各16根。电路、雨水均由管道沿棚柱直接导入地下。

图4-3-12　唐山南站天桥

图4-3-13　南站站台雨棚

（资料来源：王雨萌拍摄）

③ 唐山机车车辆厂

唐山机车车辆厂分为“北厂”和“南厂”。“北厂”为原厂，1976年地震后，原址重建为唐山矿修配厂锻工车间。开滦国家矿山公园建成后，此地改为铁路源头博物馆（图4-3-14、图4-3-15），保留有原来的生产车间、生产设备以及部分机车（图4-3-16、图4-3-17）。

唐山机车车辆厂制造的上游型蒸汽机车代号为“SY”。机车空重75.5吨，机车及煤水车全长21.643米，设计速度80公里/小时，车轴排列为1-4-1式。此类机车1996年停止生产，停产前累计制造1765台。至1988年，开滦煤矿曾使用上游型蒸汽机车36台，现存16台，均已退役（图4-3-18～图4-3-21）。

图4-3-14 铁路源头博物馆

图4-3-15 唐山机车车辆厂遗址

图4-3-16 龙门架

图4-3-17　烟囱

图4-3-18　1679号上游型蒸汽机车

图4-3-19　0955号上游型蒸汽机车正面

图4-3-20 0955号上游型蒸汽机车侧面

图4-3-21 1355号上游型蒸汽机车

图4-3-22 被震毁的唐山机车车辆厂南厂

唐山机车车辆厂南厂在1976年唐山大地震中被震毁，现在遗址被改建为唐山地震遗址纪念公园（图4-3-22）。

④ 双桥里东桥

双桥里东桥始建于1881年，距唐山南站约400米，一直是开滦唐山矿的专用铁路桥，是唐胥铁路的重要组成部分。开平煤矿修建唐胥铁路时，在矿区南侧的低洼处顺势筑起了这座石拱桥。双桥里东桥是一座铁路石拱桥，桥顶刻有“1881”字样。双桥里东桥的桥梁整体为条石砌筑而成，下部为双孔结构，顶部砌有承重用的条石，宽约1米。双桥里东桥是铁路、公路、行人立交桥，具有早期立交桥雏形，被誉为“唐山第一铁路桥”（图4-3-23、图4-3-24）。

图4-3-23　双桥里东桥（一）
（资料来源：王雨萌拍摄）

图4-3-24　双桥里东桥（二）
（资料来源：王雨萌拍摄）

⑤开滦矿务局古冶段自备铁路桥

开滦矿务局古冶段自备铁路桥位于河北省唐山市古冶区。该铁路桥分为南、北两桥。南桥（图4-3-25）在京山铁路线上面，钢铁水泥木石结构，长15米、宽15米、高约6.5米。桥梁由两个钢铁桥架组成，每个长15米、宽6.7米、高约1米。桥墩由混凝土与石砌两部分组成，混凝土部分高2米，石砌部分高约4.5米，桥墩间距8.5米，桥墩宽7.5米、厚0.6米，总宽11米。桥墩两边石砌护坡分别为10米。北桥（图4-3-26）在通往开滦煤矿的铁路线上面，钢铁水泥木石结构，长11.7米、宽15米、高约6.5米。桥梁由两个钢铁桥架组成，每个长11.7米、宽6.7米、高约1米。桥墩为石砌结构，高4.5米，桥墩间距8.5米，桥墩宽14.17米、厚0.6米。两段桥梁相距13.3米。

图4-3-25　开滦矿务局古冶段自备铁路桥南桥

图4-3-26　开滦矿务局古冶段自备铁路桥北桥

图4-3-27　滦河铁桥现状
（资料来源：王雨萌拍摄）

⑥ 滦河铁桥

滦河铁桥现存唐山市滦县何茨线东侧部分，旁边立有“全国重点文物保护单位”的石碑，仍留有部分桥墩及钢架结构（图4-3-27），在铁桥西侧留有1949年滦河大桥被破坏后全线补修竣工的光荣碑。

⑦ 设备

唐山机车车辆厂遗存了许多制造机车和铁路器械的机械设备。

锯床是其中一种用于木材切割的机械，主要作用是将木材锯成枕木和制造车厢的木板。圆锯床采用圆形锯片，通过旋转锯片进行锯切。圆锯片具有齿型深、硬度高等特点，特别适合锯切坚硬木材，甚至可锯切铜、铝等有色金属。圆锯床的锯切效率、精度都比带锯床高，更适合批量锯切。这台圆锯床（图4-3-28）由唐山矿于1930年代从英国购进，由敦切尔西厂生产。带锯床主要用于木材切割，它是以环状无端锯条围绕两个锯轮，在同一方向作连续回转运动以进行锯切的锯木机械。带锯条的自由长度大，可以把较厚的木材锯成枕木。带锯床还可以实现自由锯切，锯割出多种立体造型。图中的这台设备是唐山矿矿木厂于1920年代从英国购进的（图4-3-29）。

图4-3-28　圆锯床

图4-3-29　带锯床

图4-3-30　移道机

图4-3-31　蒸汽储气罐

移道机（图4-3-30）是用来移动铁路线上铁轨的机械设备。蒸汽储气罐（图4-3-31）是压力容器中储罐的一种，又称蒸汽罐、蒸汽缓冲罐，属锅炉配套设备，起缓冲、储存、分配蒸汽及稳定压力的作用，为蒸汽设备提供动力。该蒸汽储气罐采用铆接技术，展现了当时的精湛工艺。

4.3.1.3　非物质遗产

唐胥铁路是中国第一条准轨铁路，轨距的选择是铁路建造中非常重要的一个技术问题，采用多大的轨距常常决定铁路的寿命长短。已经被拆除的淞沪铁路就是一个先例，原计划采用标准轨距，但是由于缺乏资金，轨距被缩减为30英寸（1英寸=25.4毫米），后来因为不能与标准轨距铁路接轨，不得不拆除后重新改铺为标准轨距铁路。修建唐胥铁路时，开平矿务局同样财力紧张，因此有人主张采用30英寸的窄轨距，也有人主张采用42英寸的日本标准轨距，而金达坚持要用56.5英寸的英国标准轨距（即1.435米的国际标准轨距）。《中国铁路发展史》中记载："……金达了解到这个问题必须力争的重要性。他认为这条矿山铁路一定要成为他日巨大的铁路系统中的一段……因而他决定在他能力所能阻止的情况之下，不让中国人蒙受节省观念的祸害，力劝采取英国标准。"①因此，唐胥铁路建设之始就与世界同轨。

唐胥铁路及其延长线在不同时期采用不同的铁轨，开平机车轨道使用的是"Vignoles"型铁轨，仅适用于低速行驶的机车。1881年竣工的唐胥铁路单轨道，铺设于半圆形的榆木枕木上，规格为15千克/米。1887年竣工的唐芦铁路单轨道，采用的是德国克虏伯制造的进口铁轨（桑德伯格标准路轨）②，铺设于日本扁柏以及一些更坚硬的日本栗树枕木上，规格为30千克/米。1888年8月竣工的津唐铁路单轨道规格为35千克/米③（图4-3-32）。由于轨距相同，所以不论何时，一旦需要就可以更换为任何规格的铁轨。

① 肯德．中国铁路发展史 [M]．李抱宏，译．北京：生活·读书·新知三联书店，1958：25．
② 皮特·柯睿思．关内外铁路 [M]．北京：新华出版社，2013：31．
③ 皮特·柯睿思．关内外铁路 [M]．北京：新华出版社，2013：121．

图4-3-32　从船上卸载转运至唐山的钢轨

（资料来源：皮特·柯睿思，《关内外铁路》，2013）

修建唐胥铁路时，清政府规定使用骡马拖运煤车，但唐廷枢预言“时机成熟之时会采用机车拽引”，因此金达在煤矿附属的机车库开始私下建造机车，采用旧蒸汽绞车锅炉和一号井井架槽钢等材料制造了中国第一台蒸汽机车——龙号机车（图4-3-33、图4-3-34）。龙号机车属于0-3-0型蒸汽机车，车身全长5.7米，牵引力100余吨，每小时行程30公里[①]，这是中国铁路机车车辆工业历史的开端。这辆机车的原料大都来源于废料和旧料，锅炉采用一个英国产的轻型卷扬机上的旧锅炉，气缸尺寸约为0.7英尺

图4-3-33　金达与龙号机车

（资料来源：皮特·柯睿思，《关内外铁路》，2013）

图4-3-34　龙号机车与机车库

（资料来源：皮特·柯睿思，《关内外铁路》，2013）

① 开滦矿务局史志办公室．开滦煤矿志·第2卷（1878—1988）[M]．北京：新华出版社，1995：429．

×1.3英尺。机车轮子的直径为2.5英尺，是由美国费城惠特尼公司（Whitney and Sons）制造的冷铸铁车轮，在当时是作为废料购买的；车架则用第一号竖井架子的槽钢制成；轴距约8.3英尺（6个车轮4组）；共重6吨，前导轮重3.5吨，此外还包括端煤仓、1个运动泵、1个辅助泵等构件。① 总工程师薄内的夫人将这台机车命名为“中国火箭号”（Rocket of China）以纪念乔治·斯蒂芬生（George Stephenson）100周年诞辰②。

4.3.1.4　价值评估

（1）历史价值

唐胥铁路是金达主张使用的1.435米英国标准轨距的铁路，为中国第一条准轨铁路，是为中国铁路之发轫；由此向两端展筑，始成早期中国铁路干线，演进至今，覆盖华夏，远至亚欧。其标准、其制度、其人才，皆成日后铁路建设之规制、管理之蓝本、铁路之栋梁。

唐胥铁路的建成，结束了中国没有铁路的历史，拉开了中国铁路建设的序幕，并成为洋务运动的重要成果。虽然这段铁路只有9.7公里，但从这里驶出的中国自制的第一台蒸汽机车，确定的中国铁路的标准轨距，成为中国铁路建设的样板。唐胥铁路的建成，具有重要的历史价值。

（2）科技价值

唐山机车车辆厂开启了中国铁路制造和修理业务，填补了中国铁路制造工业的空白，实现了从无到有的跨越。当唐胥铁路不断向东西延展时，唐山修车厂相应承担着制造修建铁路的工具、器械和紧固构件等业务，甚至承担着滦河大桥、塘沽大桥等桥梁建设过程中辅助工具的制作任务。

唐胥铁路的修建带动了中国近代工业的发展。1881年中国第一座机车工厂——唐山机车车辆厂建成，同年开平矿务局英籍工程师金达（C.W.Kinder）绘图设计并采用旧蒸汽绞车锅炉和一号井井架槽钢等材料，在唐山矿车间制造了中国第一台蒸汽机车，命名为“中国火箭号”，又称“龙号机车”，这是我国机车制造技术的宝贵遗产。

唐山机车车辆厂从制造5吨、12吨、30吨煤车，到后来制造各种客车、守车，至1903年以后开始组装蒸汽机车，开创了中国自主制造蒸汽机车的历史。

唐胥铁路和唐山机车车辆厂开启了我国铁路建设和机车制造的新篇章，其遗产具有重要的科学价值。

（3）社会文化价值

唐山是中国最早拥有铁路的地区之一，是中国第一个使用标准轨距铁路的大城市。唐胥铁路的建成使唐山成为中国北方近代工业的发源地之一，使唐山的发展进入了“划时代的时期”。唐胥铁路的建成，不仅可将开滦煤矿煤炭转运出去，而且可以将原材料运到唐山，丰富的煤炭资源和便利的交通为工业的发展提供了优越的条件。

唐胥铁路的修建，产生了巨大的经济作用。唐胥铁路应运输煤炭需要而修建，“是矿务因铁路而益旺，铁路因矿务而益修，二者又相济为功矣”③。煤炭因铁路得以及时外销，盈利后，煤矿

① 皮特·柯睿思．关内外铁路 [M]．北京：新华出版社，2013：17.

② 肯德．中国铁路发展史 [M]．李抱宏，译．北京：生活·读书·新知三联书店，1958：26.

③ 雷颐．李鸿章与晚清四十年 [M]．太原：山西人民出版社，2008.

又扩大再生产，形成良性周转。开平煤矿投产以来，年产量迅速上升，成为我国近代机器采煤业中经济效益最好的煤矿，较大程度抑制了洋煤的进口，也使得风雨飘摇的清政府收入有所增加，促进了清政府办铁路的决心。继唐胥铁路之后，中国第一家机车修理厂——胥各庄修车厂、中国第一家铁路运营公司——开平铁路公司陆续成立，为铁路专业化运营奠定了必要基础。

唐胥铁路的修建，一定程度上解放了国人的思想。拟建唐胥铁路时，清政府上自台阁大臣，下至御史言官，一句“破坏风水”的警告足以震惊朝廷。唐胥铁路在重压下建成，用无言的事实批驳了封建迷信，成为中国由农耕文明向近代工业文明迈进的分水岭。铁路这一新鲜事物遂为国人所接受，朝野上下要求修建铁路的呼声越来越高。清政府的态度也逐渐从禁止改为积极兴办。慈禧甚至由担心铁路巨响震动东陵，变为下令修建西陵铁路，并重赏袁世凯、詹天佑等修路有功人员。李鸿章曾说：“欲借此渐开风气。”唐胥铁路的兴建确实起到了开社会风气之先的作用。

唐胥铁路的修建，培育了一大批早期铁路人才。开平矿务局作为中国近代工业“路矿之源”，与早期铁路建设有着直接联系，许多铁路建设的重要人物都有过在开平矿务局任职的经历。英籍工程师金达从修建唐胥铁路起，在中国铁路任职30多年，被称为“中国铁路先驱”。“中国铁路之父”詹天佑最早也入职开平铁路公司。从开平矿务局走出的铁路和机车建设者还有唐国安、陆锡贵、邝贤俦、周传谏、梁诚、孙锦芳等，他们投身中国早期铁路建设，成长为最早的一批铁路工程建设人才。

4.3.2 京张铁路（河北段）

京张铁路是袁世凯在清政府排除英国、俄国等殖民主义者的阻挠后，委派詹天佑为京张铁路局总工程师（后兼任京张铁路局总办）主持修建的铁路。它连接北京丰台区，经八达岭、居庸关、沙城、宣化等地至河北张家口，全长201.2公里，1905年10月开工修建，1909年9月24日建成通车。京张铁路是中国首条不使用外国资金及人员，由中国人自行设计、建造并投入营运的铁路。这条铁路工程艰巨，现称为京包铁路，是北京至包头铁路线的首段，技术支撑为山海关北洋铁路官学堂。

4.3.2.1 历史沿革

1899年之前，俄国就曾提出修筑由恰克图经库伦、张家口到北京的铁路，当时清廷未许。1903年，商人李明和、李春相继奏请招集股银承修京张铁路，但股银因有外国资本渗透之嫌疑而被拒。又有商人张锡玉奏请商办，因其意不明被驳。此后，再无人提及京张铁路商办之事。1905年，詹天佑提出修建中国铁路（即京张铁路）的建议，从此拉开了中国自主建造铁路的序幕。此时，朝廷中开始出现官办铁路的呼声，当时正值京奉铁路运营良好，盈利颇丰，时任直隶总督兼关内外铁路总办的袁世凯与会办胡熵棻提出，利用关内外铁路的营业收入来修筑京张铁路。

1905年10月2日，铁路正式开工修建，12月12日开始铺轨。据《京张路详图说明》记载，京张铁路“中隔高山峻岭，石工最多，又有7000余尺桥梁，路险工艰为他处所未有”，特别是“居庸关、八达岭，层峦叠嶂，石峭弯多，遍考各省已修之路，以此为最难，即泰西诸书，亦视此等工程至为艰巨”。“由南口至八达岭，高低相距一百八十丈，每四十尺即须垫高一尺”①。中国自建京张铁路的消息传出之后，外国人讽刺说建造这条铁路的中国工程师恐怕还未出世。他们岂知詹天佑亲率工程队勘测定线，已着手京张铁路的修建。由于清政府拨款有限，加上时间紧迫，詹天佑从勘测过的三条路线中选定由西直门经沙河、南口、居庸关、八达岭、怀来、鸡鸣驿、宣化至张家口修筑京张铁路。

京张铁路全程分为三段。第一段为丰台至南口段，1905年10月2日正式开工修建，同年12月12日开始铺设铁轨，1906年9月24日全段通车。第二段为南口至青龙桥关沟段，关沟段穿越军都山，最大坡度为千分之三十三，曲线半径182.5米，有隧道4座，长1644米，故工程非常艰巨，詹天佑克服重重困难，采用“之”字形铁路，在1908年9月完成了该段工程的建设。第三段工程的难度仅次于第二段，第一大难点是修筑由七根30.48米长的钢梁架设而成的怀来大桥，这是京张铁路上最长的一座桥；第二大难点是1909年4月2日火车通到下花园后，下花园至鸡鸣驿矿区岔道一段，铁路右临羊河、左傍石山，山上要开一条20米宽的通道，山下要垫高3.5公里长的河床。尽管工程艰巨复杂，但是在詹天佑的精心设计和正确指导下，第三段工程顺利完成，1909年9月24日铁路通至张家口市。

从1905年10月2日开工，到1909年10月2日在南口举行通车典礼，京张铁路的建设仅用了4年时间，比预定计划提前了两年。这是中国首条不使用外国人员，由中国人自行建设完成并投入营运的干线铁路。

1915年6月，北京环城线开工，同年12月完工。环城线由北京西直门站开始，沿北京城的北城墙，自北向东，连接京张铁路至京奉铁路东便门站，全长12.6公里。1921年5月1日，当时的北洋政府又修建了张家口至绥远路段，更名为平绥铁路。1923年，在京张铁路的基础上，通过两次展筑，铁路延伸到包头，改称为京包铁路，京张铁路成为北京至包头的京包铁路的首段。

1939年6月，日本为了掠夺煤炭资源，在包头至召沟间建设了大青山支线，1945年该支线被拆除。1939年9月，日本为掠夺大台一带的煤炭资源，在原有京门铁路基础上修建了延长线，即大台支线。该线路起自京门铁路门头沟站，向西经色树坟站、过落坡岭站至大台站，全长30.4公里，工程于1940年5月完工。1940年12月，为了掠夺龙烟煤矿的煤炭资源，日本修建了宣庞支线（也称宣庞铁路）。

中华人民共和国成立后，国家首先对各地遭受战争破坏的基础设施进行了大规模的修复和重建。遭受重创的平绥铁路也于1949年10月修复通车，正式更名为京包铁路。2014年7月1日，京张铁路张家口站—张家口南站段停止运营。

4.3.2.2　工业遗产

（1）总平面布局

京张铁路于1905年10月2日动工，1909年9月24日通车。实际建造丰台至张家口路段，全长约200公里，始发站为丰台，与原有的京奉铁路（京师至奉天，今北京至沈阳）接轨（图4-3-35）。

（2）建（构）筑物遗存概况

京张铁路（河北段）主要工业遗存有张家口火车站、东方红桥、红旗楼铁路桥、张家口南站詹天佑铜像、沙岭子火车站、宣化府车站、

① 《中国测绘史》编辑委员会．中国测绘史 第 2 卷：明代至民国 [M]．北京：测绘出版社，1995：161.

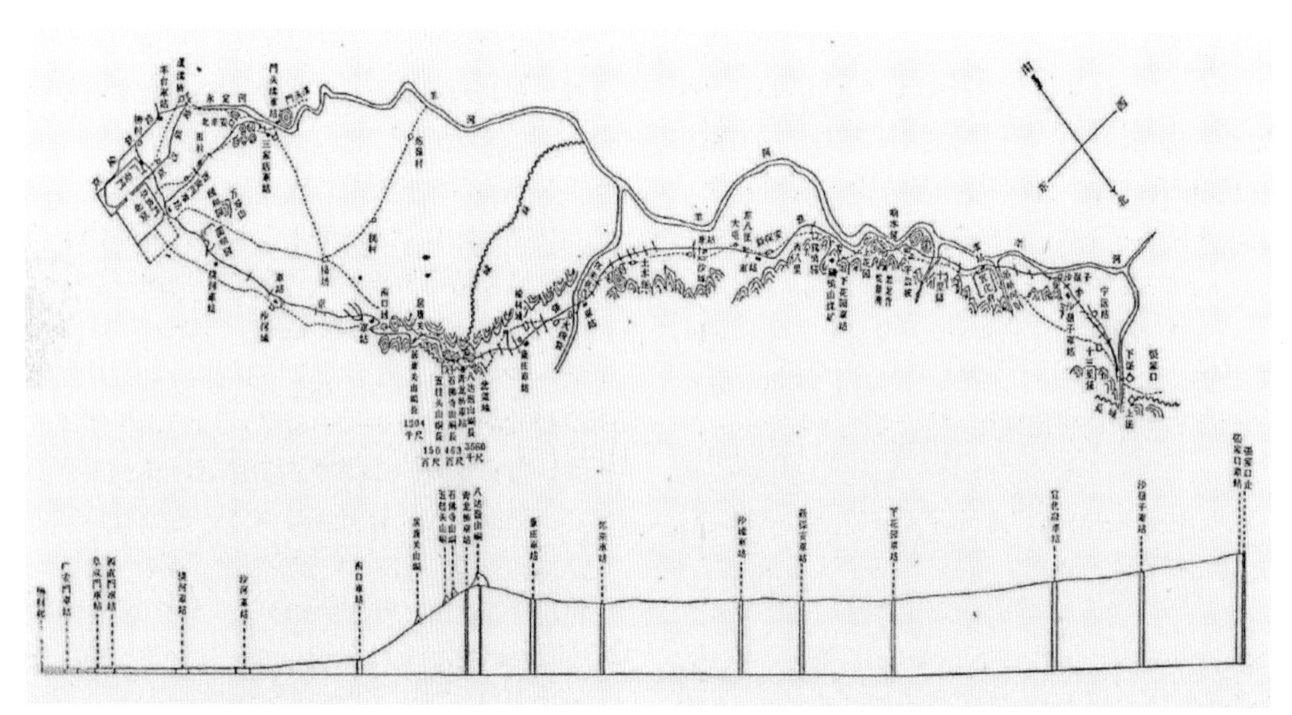

图4-3-35 京张铁路平面图

（资料来源：段海龙，《京绥铁路研究（1905—1937）》，2011）

图4-3-36 张家口火车站

图4-3-37 张家口火车站雨棚

白庙火车站原址、庞家堡车站、下花园车站等建筑物和设备。

① 张家口火车站

张家口火车站位于河北省张家口市桥西区解放路与东安大街交叉口的解放路南200米处的东边。火车站站房始建于1909年，面宽9间。1910年代扩建，向南北各扩建1间。1949年后，11座券门被安装上木质挡风门。20世纪六七十年代，屋顶的女儿墙及中央站匾被拆除。现整体保存完好（图4-3-36、图4-3-37）。

② 东方红桥

东方红桥位于河北省张家口市桥东区钻石南路的清水河上，始建于1957年，后铁路路轨拆除被改造为跨河的步行观景桥，更名为钻石桥。2009年被改回原名——东方红桥（图4-3-38）。

③ 红旗楼铁路桥

红旗楼铁路桥（图4-3-39）位于河北省张家口市胜利北路西与钻石中路之间的红旗楼西侧，始建于1957年，现已废弃，保存状况一般。

④ 沙岭子站

沙岭子站位于河北省张家口市经济开发区沙岭子镇沙岭子村东，始建于1909年，老站已于1990年代修建沙岭子电厂时拆除，图4-3-40为1990年代初修建的新沙岭子站，现已废弃，保存完好。

⑤ 宣化府车站

宣化府车站（图4-3-41）位于河北省张家口市宣化区车站东街与车站西街交接处的南边，始建于1909年，建筑为横向七间，与当时的西直门主站房相同，是除张家口站房外规模最大的站房。大体上保存完好，但女儿墙与站匾已被全部拆除；站房正面的门窗保存完好，另增建了一处烟筒，中部的三处券门在1950年代增设木质门窗，东侧部分的两处窗户均被改造，防雨帽被拆除。

图4-3-38　东方红桥

图4-3-39　红旗楼铁路桥

图4-3-40　新沙岭子站

图4-3-41　宣化府车站

⑥ 庞家堡车站

庞家堡车站位于河北省张家口市宣化区112国道南的庞家堡镇。庞家堡车站始建于1943年，宣庞支线停运后即废弃，保存状况堪忧（图4-3-42、图4-3-43）。

⑦ 泥河子铁路桥

泥河子铁路桥位于河北省张家口市宣化区泥河子村，始建于1909年。1909年通车时为每孔10米的十孔上承式钢板桥梁，现已缩减为八孔。图4-3-44中，右边为1909年修建的泥河子铁路桥，左边为1957年增建的二线桥梁，保存状况良好。

⑧ 辛庄子站

辛庄子站位于河北省张家口市下花园区辛庄子村，始建于1915年，1986年被拆除。图4-3-45所示建筑为1980年代修建的站房，保存状况良好。

⑨ 下花园车站

下花园车站位于河北省张家口市下花园区公路街的西南侧，始建于1909年，1982年被拆除。图4-3-46所示建筑为在原址修建的新站房。

图4-3-42　宣庞支线庞家堡车站

图4-3-43　宣庞支线庞家堡铁路涵洞

图4-3-44　泥河子铁路桥

图4-3-45　辛庄子站站房

图4-3-46　下花园车站

图4-3-47　妫水河大桥

图4-3-48　东花园火车站

图4-3-49　康庄火车站

⑩ 妫水河大桥

妫水河大桥（图4-3-47）位于河北省张家口市怀来县京张铁路狼山站与东花园站之间的妫水河上，始建于1955年4月，1997年12月新建了一座钢桁梁妫水河大桥，老妫水河大桥被拆除，仅余的桥墩保存基本完好。

⑪东花园火车站

东花园火车站（图4-3-48）位于河北省张家口市怀来县东花园村西南方，始建于1955年。2011年，该站已停用，但车站站房保存完好。

⑫康庄火车站

康庄火车站（图4-3-49）位于今北京市延庆区康庄镇站北街的南边，始建于1908年，1982年在其东边又新建了一座站房。老站房现为丰台车辆段的康庄作业场办公室。现二者都保存基本完好。

4.3.2.3　价值评估

（1）历史价值

京张铁路是中国人自行设计和施工的第一条铁路干线，是中国人民和中国工程技术界的光荣，也是中国近代史上中国人民反帝斗争的一个胜利。由中国人自己修建京张铁路，这虽然是当时特殊历史背景下的一个艰难胜利，但詹天佑和京张铁路，以及蕴涵其中的民族精神成为了国人永远的骄傲。京张铁路作为工业文明走进中国的象征，它的发展与变迁映射着中国百年发展的年轮。

（2）科学价值

在京张铁路修建过程中，詹天佑采用并发明了许多新技术，在铁路建设历史上具有重要的科学创新价值。

詹天佑采用南北两头同时向隧道中间点凿进的施工方法，但隧道实在太长，故后来在中部开凿两个直井，分别向相反方向进行开凿，如此就有六个工作面同时进行作业。

詹天佑运用“折反线”原理，修筑“之”字形路线降低爬坡度，并利用两头拉车交叉行进。

为了减少列车爬坡的“折反线”“之”字形路线的长度，并同时降低列车爬坡的难度，詹天佑在青龙桥附近采用了著名的“人”字形修筑铁路。最值得称道的是，民国时期交通银行发行的50元纸币采用的就是这个图案，“人”字形铁路可谓京张铁路的一张名片，具有极高的科学和艺术价值。

在铁路兴建之初，曾发生车厢出轨事件。后来詹天佑将美国人詹尼发明的自动挂钩加在每节车厢上，使之结合成一个牢固整体，确保了爬坡时的安全。

（3）社会文化价值

张家口为北京通往内蒙古的要冲，南北商旅来往之要道，也是文化交流的重要场所，因此京张铁路的修建具有重要的社会文化价值。

4.3.3 正太铁路（河北段）

4.3.3.1 历史沿革

1898年，华俄道胜银行与山西商务局签订“柳太铁路借款合同”，拟从河北正定府至山西太原府之间修筑铁路，后因义和团运动搁置。1902年9月2日，盛宣怀与俄商佛郎威议定“正太铁路借款合同”二十八款及“行车合同”十款。依据协约，正太铁路为卢汉铁路的支线，东起直隶正定府，西至山西太原府，长约250公里。全路分两大段修造，第一段为正定府到平定平潭，第二段由平潭到太原府，限三年内竣工。1902年底，华俄银行将其所订“正太铁路借款合同”让归法国公司以承办铁路工程并行车事宜。正太铁路后于1904年4月破土动工，1907年9月全线竣工，历时3年半建成。正太铁路自京汉铁路正定站南石家庄至太原，全长243公里（图4-3-50），由法国工程师R. Lallemand担任修路总工程师，采用轨距为1米的窄轨。

1922年4月至1923年6月，正丰煤矿投资兴建凤张铁路运煤专线，自正太铁路南张村车站东端向西北至井陉县凤山村的正丰煤矿，全长7.096公里（图4-3-51）。1932年10月正太铁路贷款还清，收归国有（图4-3-52）。1933年7月榆次至太谷支线开工，全长35.696公里，1934年12月15日通车运营。1936年9月至1937年4月修筑新井铁路支线，自正太铁路微水车站向西北至井陉县岗头村的井陉煤矿，以外运井陉煤矿的煤为主，全长11.439公里。

1938年11月至1939年10月，日军占领华北期间将正太铁路的窄轨改造成了标准轨，实现了与京汉路的衔接，正太铁路也正式改名为石太铁路。

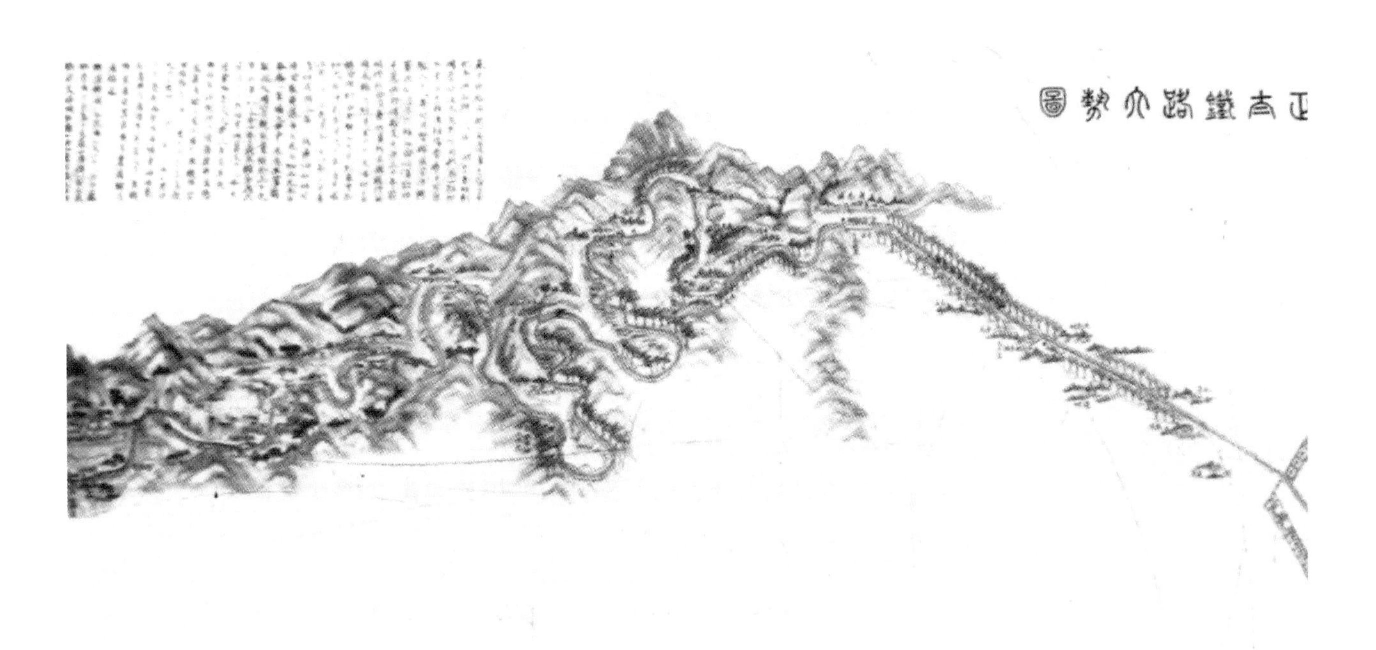

图4-3-50　正太铁路大势图
（资料来源：陈红彦，《古旧舆图掌故》，2017）

1941年日伪当局修建黄丹沟支线，自石太线寿阳站西距站中心150米处出岔，达黄丹沟矿区，全长15. 33公里，内接煤矿专用线400多米。

1945年日本投降，国民政府接管石太铁路，改为平津区铁路接收委员会平汉分区石门办事处管辖。1947年11月12日石家庄解放，至12月1日石太铁路改为晋察冀边区铁路管理局管辖。

自1951年9月开始，石太铁路先后5次进行技术改造，至1982年9月全线完成电气化改造，成为中华人民共和国第一条双线电气化铁路。2005年，在石家庄到太原间开建石太客运专线，正线全长189.93公里，设计速度250公里每小时，于2009年4月竣工通车。石太客运专线通车后，石家庄到太原的客运列车均在客运专线上运行，原正太铁路现仅有几对普速列车在运行。

4.3.3.2　工业遗产

（1）总平面布局

正太铁路河北省境内现有遗存点据目前已知有十余处。因其为铁路类工业遗产，所以现有遗存较为分散，主要分布在石家庄市区，在铁路沿线的井陉县等境内也有分布。

（2）建（构）筑物遗存概况

①大石桥

大石桥位于石家庄市新华区大桥路与公里街交叉口东北侧，石家庄解放纪念碑之北。据李惠民考证，大石桥属于正太铁路正式设计方案中的遗漏项目，是作为追加内容进行补充建设的，因此未被列入最初的工程预算中，修桥的资金由“全路局华法职工”及铁路工人“各出一日所得之薪资”筹集。工程由唐山人赵兰承包建造，于

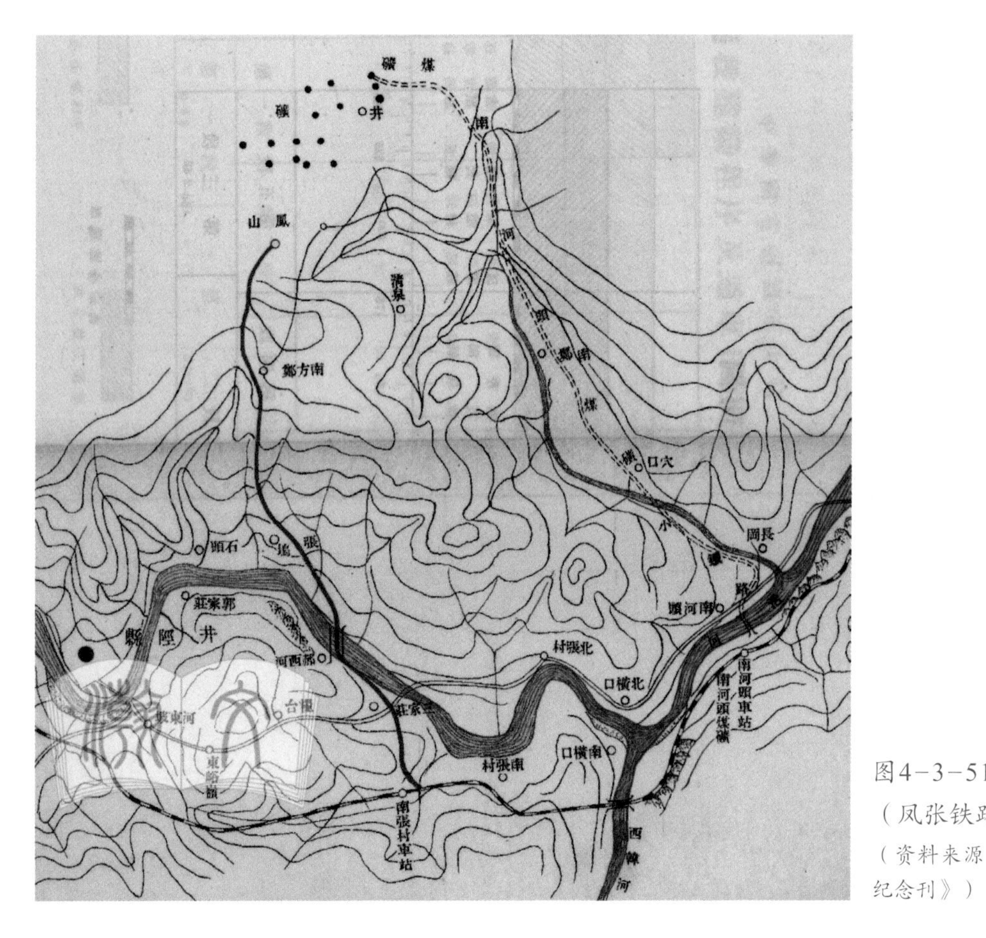

图4-3-51　正太铁路凤山支线（凤张铁路专线）
（资料来源：1933年《正太铁路接收纪念刊》）

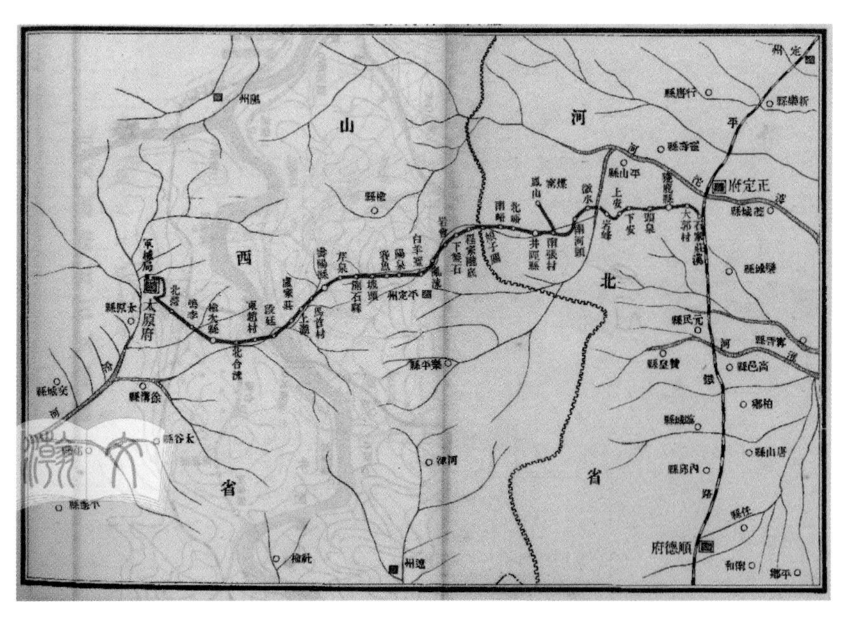

图4-3-52　正太铁路全图
（资料来源：1933年《正太铁路接收纪念刊》）

图4-3-53　大石桥旧影
（资料来源：*The Far Eastern Review* 1913）

1907年春季动工，秋季建成。原桥中央为两跨钢架、左右共二十二跨石拱，长149.66米，宽10.4米（图4-3-53）。桥面坡度平缓，火车从桥下通过，行人从桥上跨越，桥头两侧各雕两尊石狮。1957年大石桥中部两跨钢梁被拆除用作铁路建设。1987年对大石桥进行修复时未恢复原中间两跨钢梁架而改为石拱券，遂成现在的二十四跨石拱桥（图4-3-54）。石家庄是近代因铁路而兴起的城市，大石桥是石家庄最早的铁路跨线桥，在城市发展史上意义非凡。大石桥于1993年被公布为第三批河北省文物保护单位。

②正太饭店

正太饭店位于石家庄新华区公里街5号、石家庄解放纪念碑东北侧，毗邻正太大酒店。据刘炜考证，正太饭店由法国人费里柏第1904年创建于正太车站旁，以接待中外政要（图4-3-55、图

图4-3-54　大石桥现状

4-3-56）。正太饭店是石家庄建设最早的一座大型饭店。饭店经营西餐兼留旅客住宿，民国时期吴禄贞、张学良、孙中山、黄兴等军政要员曾先后在此下榻。建筑坐西朝东，建成之初平面为不均衡的“H”形，经过后期几次加建，现平面布局呈“日”字形，占地面积2288平方米，形成两个内院（图4-3-57）。最初的正太饭店采用经过简化的法国古典主义风格，强调中轴对称。主立面（东立面）采用横向五段式、纵向三段式构图，左右两间三层；中间三间两层，主入口居中凸出，顶部用三角形山花（图4-3-58）。主立面中间三开间和南北立面上下两层均做成外廊式，一层为连续券廊，二层为柱廊。西侧加建建筑为三层，青砖砌筑，风格颇为现代（图4-3-59）。正太饭店于2008年被公布为第五批河北省文物保护单位，但保存状况堪忧。

图4-3-55 1907年的正太饭店（左侧）和正太铁路石家庄火车站（右侧）

（资料来源：央广网）

图4-3-56 正太饭店旧影

（资料来源：《正太铁路》画册，1913）

图4-3-57 正太饭店现状航拍

图4-3-58　正太饭店东立面

图4-3-59　正太饭店西侧加建部分立面

③石太铁路售票厅

石太铁路售票厅位于正太饭店南侧，为一栋青砖砌筑的坡屋顶二层建筑，风格较为现代。售票厅南北两侧长，立面开竖向长窗；东侧山面山花正中设一窗，并用条石砌筑成“工”字形一分为二；西侧应为后期加建的四层附属建筑（图4-3-60）。

④懋华亭

懋华亭位于石家庄市新华区安宁路189号河北轨道运输职业技术学院（原石家庄铁路运输学校）内操场北侧。亭子起初是为了纪念支持铁路工人收回正太铁路路权斗争并为铁路工人谋福利的正太铁路局局长王懋功而建，因王懋功字东成，故初名“东成亭”；后继任局长朱华因故辞职，筹备委员会经征求广大职工意见后，同意将朱华的功绩一同在东成纪念亭上展现，遂取王、朱二人名字中各一个字，命名为“懋华亭”。1935年3月19日筹备委员会审议通过设计方案并选址在正太铁路西花园内，同年4月15日与正太铁路承包工陈力签约由其承包建造，1935年11月7日建成。亭子建在直径5米的水泥台基上，钢筋混凝土结构，高9米，由八根八角柱子撑起八棱盝顶，顶上置宝珠及圆锥。柱子上部镶嵌着一周共八块汉白玉，四个正面均有题刻，正北面镌刻“懋华亭”三个篆书大字，南刻“继往开来”，东刻“高山仰止”，西刻“众志所成”；四个正面两侧柱子上均镌刻对联颂扬王、朱二人的功绩。亭内汉白玉嵌板上用隶书刻《懋华亭记》，记叙了修建该亭的经过。懋华亭于2008年被公布为第五批河北省文物保护单位（图4-3-61、图4-3-62）。

图4-3-60　石太铁路售票厅现状

图4-3-61　樾华亭

图4-3-62　樾华亭牌匾

图4-3-63　正太铁路通车纪念碑
（资料来源：太和大数的新浪博客）

图4-3-64　正太铁路路章碑
（资料来源：太和大数的新浪博客）

⑤正太铁路通车纪念碑和路章碑

正太铁路通车纪念碑和路章碑位于石家庄老火车站贵宾室对面，为石家庄市文物保护单位。纪念碑为红色岩石质地，上镌刻法文，内容为正太铁路总经理、总工程师、建设时间等介绍，推测应为正太铁路竣工通车时所立（图4-3-63）。正太铁路路章碑为1910年正太铁路局为规范过往车辆、行人和乘客的行为，向社会各界公布铁路客货运输和行车运转的有关章程而立。碑高约2.2米，宽约1米，厚0.25米。正面碑文刻有“正太铁路局紧要告白路章摘要”“行车治安章程”。1991年被迁至现址，并建亭子保护（图4-3-64）。

⑥石家庄老火车站

石家庄老火车站位于石家庄中山路南侧，1984年开建，1987年11月9日建成并投入使用。火车站站房占地面积26 000平方米，有4个站台、3个候车室，车站等级为特等站。2012年随着石家庄新火车站投入使用，老火车站退出客运历史舞台。老火车站目前保存良好，近年主要作为博览建筑使用（图4-3-65），2019年入选“第四批中国20世纪建筑遗产名录”。

⑦南张村车站

南张村车站位于河北省井陉县秀林镇，距石家庄站52公里，是现石太铁路三等站，也是正太铁路最早建立的车站之一。车站为单层建筑，中间两开间前设连续两券拱廊，左右为木柱支撑的单坡雨棚，墙面转角及门窗券均用石材砌筑（图4-3-66）。

⑧翟家庄火车站旧址

翟家庄火车站旧址位于石家庄井陉县翟家庄村，双层，坡屋顶，可能建设于日据时期（图4-3-67）。

图4-3-65　石家庄老火车站

图4-3-66　正太铁路南张村车站

（资料来源：武国庆，《中国铁路百年老站》，2012）

图4-3-67　翟家庄火车站

（资料来源：http://www.sohu.com/a/204168681_671778）

图4-3-68 凤山火车站远景

图4-3-69 乏驴岭铁桥

⑨凤山火车站

凤山火车站位于井陉煤矿附近，修建于1923年，单层，双坡顶，带木柱支撑前廊（图4-3-68）。

⑩ 乏驴岭铁桥与隧道

乏驴岭铁桥与隧道位于井陉县乏驴岭村，全长75.5米、高7.5米、宽5.5米，始建于1905年，最初是正太铁路的窄轨铁路桥，所用钢材产自法国DAYDE&PILLE公司，现桥上仍可见其铭牌。目前铁轨已被拆除，路面经过硬化处理，铁桥成为乏驴岭村400多村民进出村庄的必经之路（图4-3-69）。

除上述遗存外，正太铁路沿线尚存南横口售票处旧址、部分日据时期建设的堡垒和不少桥梁隧道遗址等。

4.3.3.3 价值评估

（1）历史价值

正太铁路修建于清末，是中国百余年近代史的见证。其谋划、建设、运营、改造等历史进程与近代山西与河北息息相关，因此具有重要的历史价值。

（2）科学价值

正太铁路与滇越铁路是近代中国仅有的两条百公里以上的窄轨铁路。正太铁路修建之初，为应对复杂的地形，采用了很多法国先进工程技术，具有一定的科学价值。

（3）社会文化价值

正太铁路对于石家庄—太原沿途的交通、经济、文化起到了重要的带动作用，极大地带动了石家庄、井陉、平定、阳泉、寿阳、榆次、太原等一系列城市的近代化进程，具有重要的社会文化价值。

4.3.4 秦皇岛港西港工业遗存群

秦皇岛港位于中国渤海辽东湾西侧，地处秦皇岛市海港区的南部和东南部，北依燕山，南临渤海，东靠山海关，西邻北戴河，是中国最大的能源输出港和综合性国际贸易港口，也是世界最大的煤炭输出港。2013年，秦皇岛市委、市政府落实河北省政府《秦皇岛港西港搬迁改造方案》，宣布秦皇岛港西港大码头正式停产。一百多年来，在长期的生产建设中，秦皇岛港西港留存有大量的工业建筑、机械设备、生产设施、附属设施、生活社区等建（构）筑物以及许多非物质文化遗产，形成了独特的港口工业文化，是一个遗存丰富的工业遗产群。

4.3.4.1　历史沿革

从鸦片战争到甲午战争，中国的军事与财政经济均受到很大影响，出于“兴复海军、振兴商务”之目的，清政府选择“海陆冲要之区和京畿门户密防之地”秦皇岛作为可利用的良港。清光绪二十四年（1898年），总理衙门上奏：“秦王（皇）岛隆冬不封，每年津河冻后，开平局船由此运煤，邮政包封亦附此出入，与津榆铁路甚近。若将秦王（皇）岛开作通商口岸，与津榆铁路相近，殊于商务有益。”因此，由开平矿务局“试办码头，借资利运”，成立开平矿务局秦皇岛经理处，经营管理秦皇岛港。清光绪二十五年（1899年），秦皇岛开始兴建港口，从南山岬角南向西南伸入海中，修建大、小码头。截至1900年，港口筑成防波堤、栈桥码头、灯塔、津榆铁路汤河站进港支线和简易堆场等。①

八国联军入侵后，占领津榆铁路、开平煤矿、秦皇岛港和山海关战略要地，开平矿务局与秦皇岛港改为中英合办。1912年6月中英签署“开滦矿务总局联合办理合同”，开平、滦州煤矿合并，对外称“秦皇岛开滦矿务总局”。同年7月，秦皇岛港的“开平矿务局秦皇岛经理处”更名为“开滦矿务总局秦皇岛经理处”。两公司联营后，由秦皇岛出口的煤炭数量迅速增长，京奉铁路汤河站的进港支线已不能满足煤运量增长的需要，经开滦矿务局和京奉铁路局反复磋商后，决定废弃汤河站，将其改线南移至港口附近，并增设南大寺站与秦皇岛站，使港口与京奉铁路干线的距离缩短约5公里。1915年，7号泊位竣工投产，秦皇岛港大小码头1～7号泊位的格局形成，大小码头之间新建一座船坞，可容纳500吨级船舶上坞，供修理港作船和其他大小船舶。至此秦皇岛港口修建工程基本完成，港口和铁路为工业发展提供了便利的运输条件，催生了耀华玻璃厂、柳江煤矿、长城煤矿、山海关桥梁厂等一系列工矿企业，奠定了秦皇岛工业发展的基础。②

1933年，秦皇岛沦陷，日军占领了秦皇岛港、运煤铁路、柳江煤矿和长城煤矿掠夺煤炭资源，秦皇岛港成为日军的军事运输基地和经济掠夺港口。1945年8月抗战胜利，国民政府将接收的开滦资产发还给开滦矿务总局，英国人再度控制了开滦煤矿。

1948年11月秦皇岛解放，秦皇岛市军事管理委员会向开滦秦皇岛经理处派驻军代表，对港口实行军事管制。1953年，秦皇岛港口统一由交通部领导，成立了天津区港务局秦皇岛分局。1960年8月，秦皇岛港自己建设的8号、9号码头竣工投产，这是港口解放后建设的第一座煤炭码头。1983年7月，与京秦铁路相配套的秦皇岛港煤码头一期工程建成投产，形成了晋煤外运、北煤南运的一条水上大通道。1985年，建成了年吞吐量为2000万吨的煤二期码头。1989年，又建成了年

① 王庆普．秦皇岛港百年建设史 [M]．北京：中国标准出版社，2002：25-34．
② 王庆普．秦皇岛港 [M]．北京：人民交通出版社，2000：1-2．

吞吐量为3000万吨的煤三期码头，秦皇岛港一举成为世界最大的煤炭中转码头。根据国家能源政策、产业政策和能源运输布局，秦皇岛港被确定为国家级煤炭主枢纽港，是“三西”煤炭基地的重要出海口岸，是我国乃至世界上最大的煤炭中转港口，年煤炭吞吐量占全国沿海港口下水煤炭总量的46%。[①]

1998年秦皇岛市委、市政府在实施主城区域改造时开始谋划“西港东迁”。2008年，秦皇岛西港搬迁改造工程的构想得到了河北省委、省政府的高度重视，省领导多次现场调研、专题研究，省政府也连续4年将西港搬迁工程列入省政府工作报告，并专门成立了秦皇岛港西港搬迁改造领导小组。2013年2月20日河北省政府第1次常务会和4月12日河北省委常委会先后审议并原则通过《秦皇岛港西港搬迁改造方案》，并将其列为2013年河北省政府六大工程之一，秦皇岛港西港搬迁改造工程进入实际操作阶段。改造方案要求西港搬迁改造工程分步推进。2013—2015年，方案要求关停秦皇岛港西港区和新开河港区的煤炭作业，拆除相关设备；加快东部新港区建设，在2015年底前竣工投入使用。2015—2020年，支持河北港口集团在唐山港或黄骅港建设5000万吨级煤码头，2015年启动；关停拆除煤一、二期码头，将其改造为杂货码头和临港产业园区；在2020年前全部完成西港搬迁改造主要任务。

按照改造工程分步推进的规划，2013年，秦皇岛港大码头正式停产。2017年12月，秦皇岛港大小码头、甲码头、开滦矿务局秦皇岛经理处、南栈房、老船坞、机修房、工人淋浴房等港口工业遗存区已改建为“秦皇岛西港花园”。2018年，秦皇岛西港、开滦矿务局秦皇岛电厂入选“第二批国家工业遗产名单”。

4.3.4.2　工业遗产

（1）总平面布局

秦皇岛港位于河北省秦皇岛市海港区港务局南山脚下西港花园内的东南方。秦皇岛港处于我国渤海西岸，京奉铁路、京哈铁路东南侧，京、津、唐经济区东侧，它北依燕山、南临渤海，地理位置优越，港口长年不冻、不淤，水深、浪小，是一个天然良港（图4-3-70）。

（2）建（构）筑物遗存概况

秦皇岛港主要工业遗产有大码头、小码头、开平矿务局秦皇岛经理处、开滦矿务局秦皇岛电厂、秦皇岛开滦矿务局车务处、津榆铁路（基址）、南山饭店、高级员司特等房、南山高级引水员住房等。

①大码头

大码头位于河北省秦皇岛市海港区港务局南山脚下西港花园内的东南方，工业遗存主要有大码头主体建筑（图4-3-71）及3～7号泊位，船锚，螺旋卸船机，大码头灯塔，货运铁路，开埠地火车站，开平矿务局秦皇岛经理处，机器房，货运铁路等建（构）筑物和设备。秦皇岛港大码头现为国家重点文物保护单位，各建（构）筑物和机械保存基本完好。秦皇岛市已将大码头及其周围非港口生产区保护性开发建设为旅游花园——西港花园。

②小码头

小码头位于河北省秦皇岛市海港区港务局南

①黄景海．秦皇岛港史·现代部分[M]．北京：人民交通出版社，1987：404-412．

山脚下西港花园的东南方，工业遗存主要有小码头主体建筑（图4-3-72）及1号、2号泊位，水兵俱乐部和杂货大库房等建（构）筑物。秦皇岛港小码头为国家重点文物保护单位，现为秦皇岛港务集团有限公司第四港务公司生产作业区，各遗存建（构）筑物和机械保存基本完好。

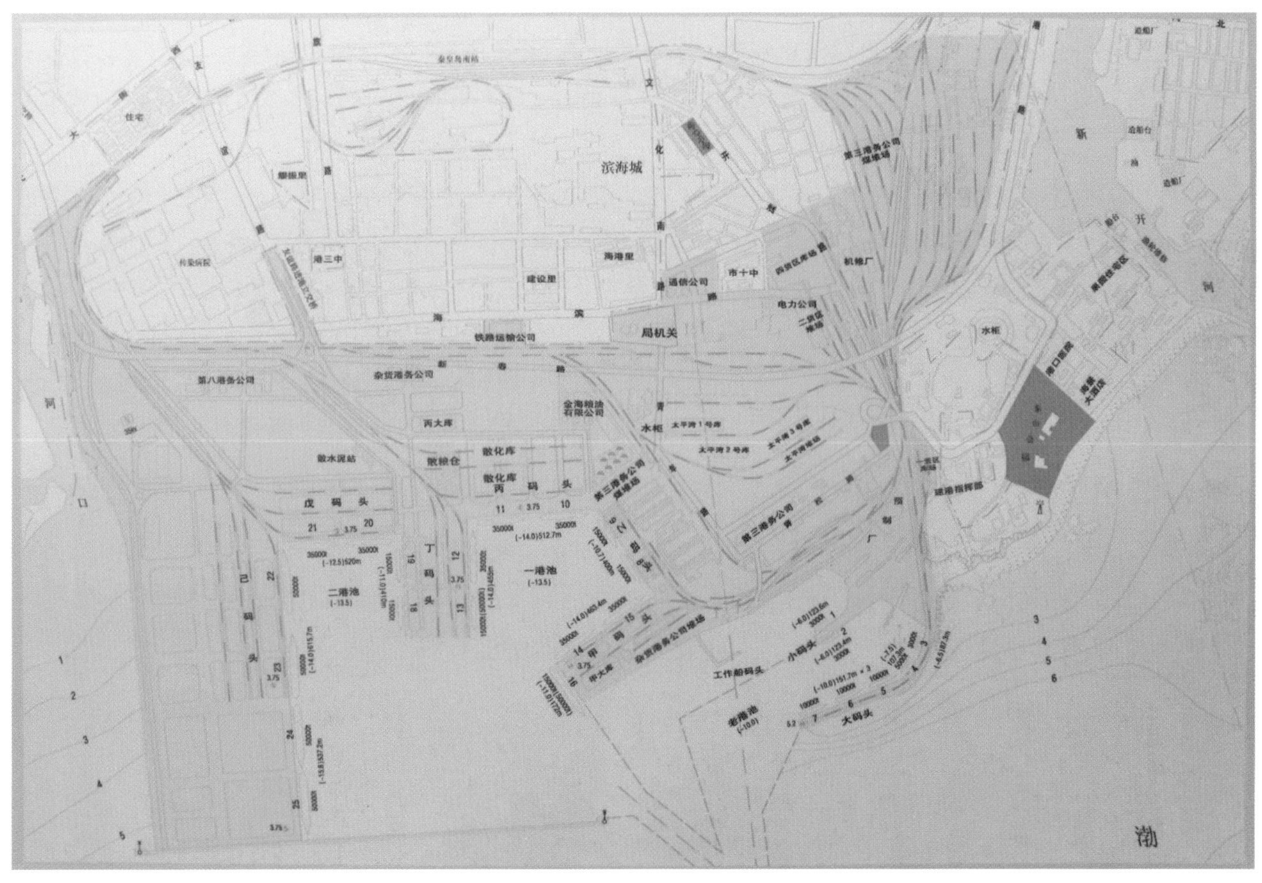

图4-3-70　秦皇岛港平面图

（资料来源：西港花园）

图4-3-71　大码头

图4-3-72　小码头

③老船坞

老船坞（图4-3-73）位于河北省秦皇岛市海港区港务局港区西港花园内，始建于1915年，建筑面积约766平方米，占地面积约708平方米。现存为原建筑，保存有老船坞三面岸堤和水下钢筋混凝土坞底，保存完好，现已开发建设为旅游景点。

④开平矿务局秦皇岛经理处办公楼

开平矿务局秦皇岛经理处办公楼（图4-3-74）位于河北省秦皇岛市海港区港务局港区西港花园内，始建于1904年，现存为原建筑。建筑为二层砖混结构，建筑面积约270平方米，占地面积约500平方米。现为国家重点文物保护单位，保存完好。

⑤日本三菱·松昌洋行开滦矿务局办公楼

日本三菱·松昌洋行开滦矿务局办公楼（图4-3-75）位于河北省秦皇岛市海港区中理外轮理货有限责任公司院内，始建于1918年10月，现存为原建筑。建筑为二层砖木结构，玻璃木门窗，建筑面积约300平方米，占地面积约1000平方米。现为国家重点文物保护单位，办公楼保存完好，仍在使用，使用单位为秦皇岛中理外轮理货有限责任公司。

⑥秦皇岛开滦高级员司俱乐部

秦皇岛开滦高级员司俱乐部（图4-3-76）位于河北省秦皇岛市海港区港口博物馆院内，始建于1912年，建筑结构呈“凹”字形，砖混结构，

图4-3-73　老船坞

图4-3-74　开平矿务局秦皇岛经理处办公楼

图4-3-75　日本三菱·松昌洋行开滦矿务局办公楼

图4-3-76　秦皇岛开滦高级员司俱乐部

图4-3-77　开滦矿务局秦皇岛电厂

玻璃木门窗，建筑面积约375平方米，占地面积约500平方米，现为国家重点文物保护单位。秦皇岛开滦高级员司俱乐部现已改建为秦皇岛港口博物馆，馆内有许多工业遗存，馆外有唐山机车厂1960年生产的“上游1115”号大机车、开滦缸砖等工业遗存。

⑦开滦矿务局秦皇岛电厂

开滦矿务局秦皇岛电厂（图4-3-77）位于秦皇岛市东环路，占地面积约12 600平方米。现遗存有电力大楼、老厂房棚顶钢构架、发电厂铁路、1号变压器、2号变压器、输电线路铁架塔等工业遗存。电力大楼为欧式建筑，砖混结构，建筑面积1800平方米，地上二层，铁瓦顶，玻璃木门窗，由英国人设计建造。开滦矿务局秦皇岛电厂于1928年8月11日开工兴建，1931年竣工，年发电量2000千瓦，到1948年秦皇岛解放一直发电。现为国家重点文物保护单位，保存状况完好，现已开发改建为秦皇岛电力博物馆。

⑧秦皇岛开滦矿务局车务处

秦皇岛开滦矿务局车务处（图4-3-78）位于秦皇岛市海港区开滦路港务局机厂院内，始建于1931年，由英国人建造，建筑为砖木结构，地上三层，地下一层，玻璃木门窗，原为铁瓦顶，现为现浇顶，一层四面环廊，二层四面凉台，内有木制楼梯。建筑面积约258平方米，占地面积约300平方米。现为国家重点文物保护单位，已废弃，保存状况一般。

图4-3-78　秦皇岛开滦矿务局车务处

⑨南栈房

南栈房（图4-3-79）位于河北省秦皇岛市海港区港务局港区西港花园内，始建于1905年，现存为1912年建筑，有2个大库房和货运铁路路基。每个大库房面阔十间，进深一间，砖石结构，铁路路基约100米，建筑面积约2223平方米，占地面积约3000平方米。现为河北省文物保护单位，保存完好，正开发建设为旅游景点。

图4-3-79 南栈房

⑩南山饭店

南山饭店（图4-3-80）位于河北省秦皇岛市海港区南山街港务局招待所院内，始建于1915年，现存为原建筑式样，砖木结构，玻璃木门窗，为四面房屋、中间院落式建筑。建筑面积约504平方米，占地面积约600平方米。现为河北省文物保护单位，保存完好，仍在使用，使用单位为秦皇岛市蓝港国际旅行社有限公司。

图4-3-80　南山饭店

⑪南山特等一号房

南山特等一号房（图4-3-81）位于秦皇岛市海港区港务局港区南山街港务局老干部处院内，由英国人建于1909年，坐南向北，砖木结构，欧式风格。正面面阔八间，进深两间，玻璃木门窗，内设客厅、餐厅、卧室等。建筑面积约750平方米，占地面积约1000平方米。现为国家重点文物保护单位，仍在使用，使用单位为秦皇岛港务局。

图4-3-81　南山特等一号房

⑫秦皇岛开滦矿务局高级员司特等房1

秦皇岛开滦矿务局高级员司特等房1（图4-3-82）位于河北省秦皇岛市海港区港务局东港区求仙入海处，建筑年代不详，保存状况良好。建筑式样为“丁”字形，砖混结构，玻璃木门窗，建筑面积约520平方米，占地面积约1050平方米。现为秦皇岛市文物保护单位，仍在使用，使用单位为秦皇岛市房屋拆迁有限公司。

图4-3-82　高级员司特等房1

图4-3-83 高级员司特等房2

图4-3-84 高级员司特等房3

图4-3-85 高级员司特等房4

⑬秦皇岛开滦矿务局高级员司特等房2

秦皇岛开滦矿务局高级员司特等房2（图4-3-83）位于河北省秦皇岛市海港区港务局东港区求仙入海处，建筑年代不详，保存状况良好。建筑式样为四面房屋院落式，砖混结构，玻璃木门窗，左右两排镶嵌在前后两排间，建筑面积约350平方米，占地面积约700平方米。现为秦皇岛市文物保护单位，仍在使用，使用单位为秦皇岛市房屋拆迁有限公司。

⑭秦皇岛开滦矿务局高级员司特等房3

秦皇岛开滦矿务局高级员司特等房3（图4-3-84）位于河北省秦皇岛市海港区海滨路路北27号港口宾馆院内，始建于1940年。建筑式样为四面房屋院落式，砖混结构，玻璃木门窗，建筑面积约180平方米，占地面积约300平方米。现为秦皇岛市文物保护单位，保存状况良好。

⑮秦皇岛开滦矿务局高级员司特等房4

秦皇岛开滦矿务局高级员司特等房4（图4-3-85）位于河北省秦皇岛市海港区海滨路路北16号青岛远洋运输公司秦皇岛办事处院内，建筑年代不详，保存状况良好。建筑为砖木结构，面阔三间，进深一间，玻璃木门窗，建筑面积约90平方米，占地面积约200平方米。现为秦皇岛市文物保护单位，仍在使用，使用单位为青岛远洋运输公司秦皇岛办事处。

图4-3-86　高级员司特等房5

⑯秦皇岛开滦外籍高级员司特等房5

秦皇岛开滦外籍高级员司特等房5（图4-3-86）位于河北省秦皇岛市海港区光明路秦行宫遗址筹备处院内，建筑年代不详。建筑为砖木结构，面阔三间，进深一间，玻璃木门窗，坐北向南，建筑面积约60平方米，占地面积约100平方米。现为秦皇岛市文物保护单位，保存状况良好。

⑰南山高级引水员住房

南山高级引水员住房（图4-3-87）位于河北省秦皇岛市海港区南山街3号刑警队院内，始建于约20世纪初，现存为原建筑式样，保存完好。南山高级引水员住房为二层楼房，砖石结构，玻璃木门窗，面阔三间，进深两间，坐西向东。建筑面积约150平方米，占地面积约400平方米。现为秦皇岛市文物保护单位，使用单位为秦皇岛市海港区刑警队。

图4-3-87　南山高级引水员住房

图4-3-88 锅伙

⑱锅伙

锅伙（图4-3-88）位于河北省秦皇岛市海港区开滦路港务局煤厂院内，始建于约1917年，建筑为砖石结构，玻璃木门窗，石墙、灰渣石灰顶。保存有1个整体结构单元，有南北向1大排、东西向5小排房屋。大排面阔15间，进深1间，小排面阔2间，进深1间。部分房屋已无门窗，建筑面积约500平方米，占地面积约800平方米。现为秦皇岛市文物保护单位，仍有人居住，保存状况堪忧。

⑲津榆铁路（唐榆铁路）基址

津榆铁路（唐榆铁路）基址（图4-3-89）位于河北省秦皇岛市海港区迎宾路福寿园（引青园）内，始建于1878年11月8日，长约100米，宽2米。现为国家重点文物保护单位，放置有龙号蒸汽机车模型，但铁路路基已无路轨。

图4-3-89 津榆铁路（唐榆铁路）基址

4.3.4.3　价值评估

（1）历史价值

秦皇岛港是中国近代工业化时期最重要的海港之一。秦皇岛港历经晚清、民国至中华人民共和国成立等多个时期，比较完整地保留了各时期的建设痕迹，包括历史建筑、铁路、码头、装卸设备等在内的秦皇岛港口近代遗产群是百年港口历史的见证，是中国近代海港兴起与发展的重要物质证明。

（2）科技价值

秦皇岛港的生产技术成就主要体现在装卸与平舱上。“一五”“二五”期间，港口完成了一整套多种装卸机械联合作业的系列化改造，自主研发了平射式平舱机，改进了螺旋卸车机，极大地提高了港口生产力。1960年代，秦皇岛港与铁路部门共同开创了“路港一条龙”运输大协作模式，开创了我国“产、供、运、销”联合运输形式的典型范例。港口遗存的装卸设备和铁路系统反映了当年工业设备、生产工艺、生产方式的先进性。

（3）社会文化价值

秦皇岛港的建设推动了秦皇岛经济和社会的发展，促进了城市化进程。秦皇岛港的发展过程与城市居民的就业、居住、教育、医疗形成了密不可分的联系。秦皇岛港建立的学校、医院、住宅区等配套设施，成为服务市民基本生活需要的一部分。港口近代工业遗产承载着几代老职工和城市居民的记忆与情感，这些记忆与情感赋予工业遗产以特殊的场所精神，成为当地居民和社区赖以延续的情感归属之所在。

4.4　建筑材料类工业遗产

建筑材料主要指传统的砖、瓦、瓷以及近代开始使用的水泥、石棉等。随着工程技术的发展，建筑材料也在不断变化。清末，不仅传统的砖、瓦、石等建筑材料受到外货的冲击，而且当时新式的建筑材料如水泥、石棉等大都也是由外国工厂生产，因此建立中国自己的新式建筑材料生产工厂迫在眉睫。

4.4.1　启新水泥厂

启新水泥厂位于河北省唐山市路北区，2008年6月，启新水泥厂搬迁，原厂址核心部分作为工业遗址保留，建成启新水泥工业博物馆及1889文化创意产业园区。2017年启新水泥厂入选“第一批中国工业遗产保护名录”。

4.4.1.1　历史沿革

水泥是一种重要的建筑材料，近代军工业的建设如炮台、船坞的修建都需要大量的水泥。正如启新洋灰公司史料中所称，“至其功用，则于修筑炮台楼房等项为必需之物，至于桥梁闸坝河工海塘各项工程，更属合宜”[①]。中国南北朝时期就出现了一种名叫“三合土”的建筑材料，由石灰、黏土和细砂所组成，其主要成分是氧化钙、氧化硅、氧化铝和氧化铁，现代水泥的主要成分也是这些化合物的混合物，只是混合的比例、生产的过程和技术不同，现代水泥的生产过程比“三合土”复杂，生产技术更先进，且质量与性能比“三合土”优良。

清朝末年，由于政治、军事、经济的需要，

① 南开大学经济研究所. 启新洋灰公司史料 [M]. 北京：生活·读书·新知三联书店，1963：45.

图4-4-1 唐山细绵土厂的立窑
（资料来源：唐山启新水泥有限公司档案室）

水泥需求日益增长，而国内没有水泥生产企业，水泥全部依赖进口，价格十分昂贵。1889年11月24日，开平矿务局总办唐廷枢报请北洋大臣直隶总督李鸿章批准，利用唐山石灰石为原料，于当年在唐山大城山南麓建成占地面积约3公顷的唐山细绵土厂（细绵土即水泥的音译），其所产的水泥商标为狮子牌，成为我国第一家立窑生产水泥的工厂（图4-4-1）。1891年，唐廷枢病故，江苏候补道张翼继任开平矿务局和唐山细绵土厂总办。1893年，因产品成本高、质量次，工厂连年亏损，张翼奏请李鸿章停办唐山细绵土厂。[①]

1900年，著名实业家周学熙请求直隶总督裕禄批准重新开办唐山细绵土厂。他委任李希明为工厂经理，聘任德国人汉斯为技师，着手恢复事宜。然而，1901年张翼被迫将开平煤矿（包括唐山细绵土厂）卖给墨林。直到1906年，在周学熙的努力下，唐山细绵土厂才收回自办，公司在原厂以东、城子庄以南购地约21公顷建造新厂，从丹麦史密斯公司购入了新式旋窑及附属设备[②]。总公司设在天津旧法租界，工厂设在唐山，厂址邻近北宁铁路线，水陆交通均极便利。工厂距煤矿亦近，并在塘沽建有码头、仓库、岔道等，在天津河东及上海南市均建有仓库。唐山细绵土厂除制造普通洋灰外，还制造速凝洋灰及抗海水洋灰；有透平发电设备，发电量1万余千瓦。机器设备分三种：电动设备有大型锅炉3座，小型锅炉12座，透平发电机3座，蒸汽式发电机1座，大小马达190座；洋灰制造设备有碎石机5座，烤土罐3座，烤煤罐6座，煤磨8座，石料磨14座，洋灰磨10座，旋窑8座，灌包机2座；修机设备有电气铸钢炉2座，汽锤2座，并有镟床、刨床等多架。工厂所用石灰石及黏土原料，均是自行开采，用轻便铁道运送，采集之石灰石用机器打成碎块，以斗车送至厂前，至于燃煤则由开滦煤矿供给。[③]唐山细绵土厂开创了中国使用机械化干法生产水泥的先例。

1907年，唐山细绵土厂更名为“启新洋灰股

① 南开大学经济研究所．启新洋灰公司史料 [M]．北京：生活·读书·新知三联书店，1963：132．
② 向丹麦史密斯公司购旋窑两台，生料磨和水泥磨各一台，烤煤罐一具。
③ 赵兴国．启新洋灰公司概观 [J]．河北省银行经济半月刊，1946（1）：26-29．

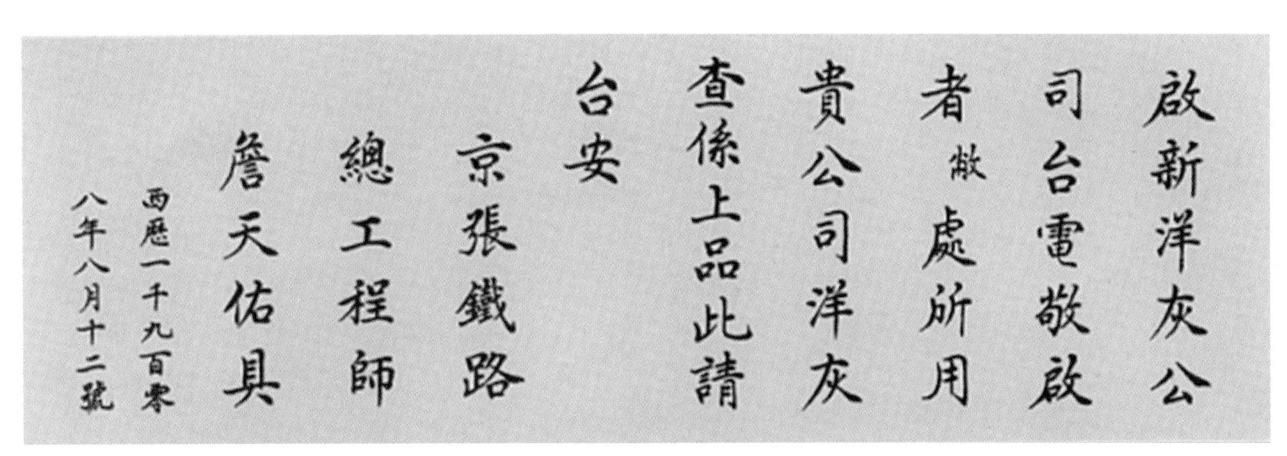

啟新洋灰公司台電敬啟者敝處所用貴公司洋灰查係上品此請台安

京張鐵路總工程師詹天佑具

西歷一千九百零八年八月十二號

图4-4-2　1908年詹天佑称“马牌”水泥为上品
（资料来源：唐山启新水泥有限公司档案室）

份有限公司”，水泥商标定为“龙马负太极图”牌，后改为“马牌”，被京张铁路总工程师詹天佑称为上品（图4-4-2）。当时还购置丹麦史密斯公司先进的回转窑、球磨机等代替立窑等落后设备，开创了我国利用回转窑生产水泥的历史。1909年，启新水泥获武汉第一次劝业会一等奖。1910年1月，建成启新机修房，这是中国近代创办的第一个水泥机械修理厂（唐山水泥机械厂、盾石机械厂前身）。①

1911年，启新完成第一次扩充（扩充后，内部称为乙厂）。由于生产的发展、质量的提高，启新生产的“马牌”水泥经英国亨利菲加公司和小吕宋科学研究会试验，其细度、强度、凝结时间、涨率和化学成分均超过英、美两国的标准。湖广总督张之洞于1907年招商开办的大冶湖北水泥厂（生产宝塔牌水泥），因资金不足向吉林官银号、湖北官银号、三菱洋行借款，1913年3月，因为不能偿还借款，被日商查封。1914年4月，启新通过保商银行借与湖北水泥厂140万两白银偿还日资，取得了湖北水泥厂的经营管理权，并组织华丰兴业社接管该厂，改名为华记湖北水泥厂，至此启新在中国水泥生产行业居垄断地位。1915年，启新水泥获巴拿马赛会头等奖、中国农商部国货展览会特等奖。1919年，启新公司与丹麦史密斯公司联营成立华丹公司，共同将启新机修房扩建成启新新机厂（图4-4-3、图4-4-4）。

图4-4-3　启新洋灰公司外景（1935年）
（资料来源：唐山城市规划展览馆）

① 南开大学经济研究所．启新洋灰公司史料 [M]．北京：生活·读书·新知三联书店，1963：35-36．

图4-4-4 启新水泥厂
（资料来源：开滦煤矿博物馆）

1921年，由于中国民族资本主义的发展，对水泥的需求剧增，启新开始第二次扩充，购丹麦史密斯公司大型旋窑两台、新式大碾两具、生料磨四台、水泥磨两台、煤磨两具、烤煤罐三具、烤料立窑四具及其他附属设备，扩充后称丙丁厂。

第三次扩充是在1932年，扩充后称戊厂，制造了一具旋窑。该旋窑是我国水泥生产史上自主制造的第一台大型水泥生产设备。至此，日产水泥量已由公司成立时的700桶上升到了5500桶。1933年，启新水泥获铁道部全国铁路沿线出产货品展览会超等奖、河北省第五届国货展览会特等奖。1933年，启新董事会聘任王涛为副总技师，代总技师职权，开创了中国人自己任水泥技师的先例。1933年，“马牌”水泥由铁桶包装改为纸袋包装，为国内首创。

第四次扩充是在1937年，“七七事变”后，华北地区沦陷，日商三井洋灰在军方支持下强行包销启新的全部产品从中渔利。1940年启新增建新生产线，从美商手中购买一台丹麦史密斯公司生产的ϕ2.9米×78米的旋窑，一台原料磨和一台水泥磨。1941年11月24日正式投产，称为8号窑。它是当时国内工艺装备最先进的旋窑，也是启新当时最大的一台窑，日产熟料250吨，水泥台时产量达1470桶。

1948年12月12日，唐山解放，启新成为国营企业。1949年，启新水泥获北京市人民政府工业展览会评议甲等奖。1952年，启新水泥开始由国家统一调拨，正式纳入国民经济计划。1954年4月22日，毛泽东主席在时任铁道部长滕代远、公安部副部长汪东兴、天津市工商联主任委员李烛尘、唐山市委书记刘汉生等陪同下视察了启新洋灰公司。1954年，启新洋灰公司更名为公私合营启新洋灰股份有限公司，1962年更名为公私合营启新水泥厂，1966年8月更名为唐山东方红水泥厂，1968年4月经唐山革命委员会和中央建材部批准，更名为唐山四二二水泥厂。

1976年7月28日，唐山大地震对水泥厂造成巨大破坏，震毁生产建筑4.9万平方米，生活建筑几乎全部被震毁，报废主要设备1台，损失固定资产23万元，损失流动资产43万元；8月15日，启新党委确定第一步先修复5号原料磨、6号水泥窑、9号水泥磨、1号发电机、丙厂包装机，以形成一条生产线，全厂职工立即投入抢修工作；8月30日，生产出震后第一批水泥。1979年9月，“马牌”水泥被河北省经委授予优质产品称号；11月26日，唐山四二二水泥厂复名为启新水泥厂。

1981年10月5日，“马牌”普通硅酸盐水泥获建材工业部优质产品证书，同年获国家质量银质奖。1987年1月6日，经原国家计委批准新建一条日产2000吨熟料的新型干法水泥生产线，同时对老生产线进行节能降耗、治理环境污染和提高现代化水平的配套改造。1995年5月，唐山启新水泥

图4-4-5　启新水泥厂平面位置图

厂成为中外合资企业。1997年11月，冀东水泥公司兼并唐山启新建材有限责任公司。2008年8月，启新水泥厂被列为唐山首批且最大的“退二进三”企业，工厂正式停产。

4.4.1.2　工业遗产

（1）总平面布局

启新水泥厂位于河北省唐山市路北区北新东道与河西路交叉口约200米处。建筑面积近7万平方米，占地面积7.67万平方米（图4-4-5、图4-4-6）。

（2）建（构）筑物遗存概况

启新水泥厂保留了1910—1940年的4～8号窑5条完整的窑系统及包括珍贵的德国AEG发电机在内的4台发电机组、4000余平方米木结构汽马车装运栈台、丹麦史密斯包机等具有重要工业文物价值的设备26套；保留了1906—1994年建设的建（构）筑物24座；保留了完整的1889—2008年长达120年的启新档案2000余卷；留下了现今国内水泥工业物质和文献遗产保存时间跨度最长、生产系统保存最完整、内容最丰富全面、最具研究价值的水泥工业瑰宝。

①1号、2号窑房

1号、2号窑房始建于1906年10月，砖石结构，早期为铁制屋架、铁瓦顶，长29.50米，宽17.50米，高18.00米（图4-4-7）。

图4-4-6　启新水泥厂平面布局图

图4-4-7　1号、2号窑房

图4-4-8 4号、5号窑房

图4-4-9 4号窑

图4-4-10 5号窑

②4号、5号窑房

4号、5号窑房始建于1910年，砖石结构，早期为铁制屋架、铁瓦顶，长77.00米，宽17.00米，高13.00米，现保留建筑框架及1910年由丹麦史密斯公司制造的2台旋窑，是国内现存最早的水泥旋窑（图4-4-8）。

③4号窑

4号窑于1911年从丹麦史密斯公司购进，规格为φ2.1米/φ2.436米×45米，共称能力：4.958吨/时，实际能力：5.63吨/时（图4-4-9）。

④5号窑

5号窑于1911年从丹麦史密斯公司购进，规格为φ2.1米/φ2.436米×45米，共称能力：4.958吨/时，实际能力：5.69吨/时（图4-4-10）。

⑤6号窑

6号窑于1912年从丹麦史密斯公司购进，规格为φ2.7米/φ3.063米×60米，共称能力：9.208吨/时，实际能力：12.08吨/时（图4-4-11）。

⑥7号窑

7号窑于1922年从丹麦史密斯公司购进，规格为φ3.0米/φ3.366米×60米，共称能力：9.563吨/时，实际能力：14.26吨/时（图4-4-12）。

⑦ 8号窑

1937年“七七事变”后，华北地区沦陷，日商三井洋灰在军方支持下强行包销启新的全部产品从中渔利。1940年启新增建新生产线，从美商手中购买一台由丹麦史密斯公司生产的φ2.9米×78米的旋窑、一台原料磨和一台水泥磨。1941年11月24日正式投产，称为8号窑。它是当时国内工艺装备最先进的旋窑，也是启新当时最大的一台窑，日产熟料250吨，水泥台时产量达1470桶（图4-4-13）。

图4-4-11　6号窑

图4-4-12　7号窑

图4-4-13　8号窑

图4-4-14 1号、2号磨房

⑧1号、2号磨房

1号、2号磨房始建于1906年10月，砖石结构，早期为铁制屋架、铁瓦顶，长36.00米，宽20.00米，高11.00米（图4-4-14）。

⑨3号原料磨房

3号原料磨房始建于1922年10月，现保留建筑框架及1922年安装的由丹麦史密斯公司生产的3号原料磨，尺寸为φ18米×11米（图4-4-15）。

⑩3号原料磨

3号原料磨现存于3号磨坊内，保存完好（图4-4-16）。

图4-4-15 3号原料磨房

图4-4-16 3号原料磨

图4-4-17 风扫煤磨房

图4-4-18 1号转运站

⑪风扫煤磨房

风扫煤磨房始建于1959年，两层混合结构，青砖墙，木屋架，石棉瓦顶，钢筋混凝土柱梁板。现保留的建筑框架为1976年1月的建筑，长20.00米，宽18.70米，高23.30米。其作用是为水泥窑煅烧提供热量（图4-4-17）。

⑫1号转运站

1号转运站始建于1993年12月，框架结构，用于向烧成车间、发电车间输送煤炭，同时对输送全厂及草场街、保泰楼的供暖管道起支撑作用（图4-4-18）。

⑬2号转运站

2号转运站又名输煤皮带栈桥，建于1993年12月，框架结构，用于向烧成车间、风扫煤磨输送燃煤，同时对输送全厂及草场街、保泰楼的供暖管道起支撑作用（图4-4-19）。

图4-4-19 2号转运站

⑭3号转运站

3号转运站又名输煤皮带栈桥，建于1993年12月，框架结构，用于向发电车间35吨炉输送燃煤，框架自身对

图4-4-20　3号转运站

输送全厂及草场街、保泰楼等处的供暖管道起支撑作用（图4-4-20）。

⑮原启新水泥厂电厂发电车间

原启新水泥厂电厂发电车间始建于1910年，为启新洋灰公司原动力厂，1949年后改为发电车间。1911年和1926年，启新原动力厂分别添置25周波交流发电机和余热锅炉，利用余热发电；1933年添置德国蔼益吉透平发电机。1934年启新原动力厂供电能力除满足本厂需求外，还供给华新纺织厂、铁路工厂、市区各商店和居民使用。建筑墙身为红砖结构，早期为铁制屋架、铁瓦顶，墙面为木板，地面为花砖；长20.00米，宽17.80米，高12.90米（图4-4-21）。

⑯仓库

仓库用于存放生产好的水泥，包括甲仓（图4-4-22）、乙仓（图4-4-23）和丙仓（图4-4-24）。

图4-4-21　原启新水泥厂电厂发电车间

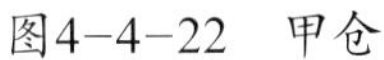
图4-4-22　甲仓

图4-4-23　乙仓

图4-4-24　丙仓

⑰熟料库

熟料库用来存放石灰熟料（图4-4-25）。

⑱石碴库

石碴库用来堆放用于生产的石碴（图4-4-26）。

⑲运输站台

运输站台用于存放即将运送出厂的水泥产品，为桁架结构，图为汽马车站台（图4-4-27）。

4.4.1.3　非物质遗产

非物质遗产主要有水泥生产的工艺流程。波特兰水泥（硅酸盐水泥）的主要原料是石灰石、黏土、石膏。石灰石是水泥中氧化钙的主要来源，而黏土中所含的硅酸矾土和氧化铁均为水泥中不可或缺的成分，石膏用于调整水泥的凝结时间。

水泥的生产过程被概括为“二磨一烧”，即按一定比例配合的原料，先经粉磨制成生料，再在窑内烧成熟料，最后通过粉磨制成水泥。在这个过程中，窑是核心设备，所以人们在研究水泥技术发展史的时候往往以窑为代表。回顾过去百多年来，水泥生产先后经历了仓窑、立窑、干法回转窑、湿法回转窑和新型干法回转窑等发展阶段，而启新洋灰公司所采用的是当时最为先进的干法回转窑制水泥法，工艺流程如图4-4-28所示。

具体的工艺流程为，①生料磨细：制造水泥用的硬质原料如石灰石、块状黏土等，在送入生料磨前必须经过破碎，目的是便于入磨，提高磨机和烘干机

图4-4-25　熟料库

图4-4-26　石碴库

图4-4-27　汽马车站台

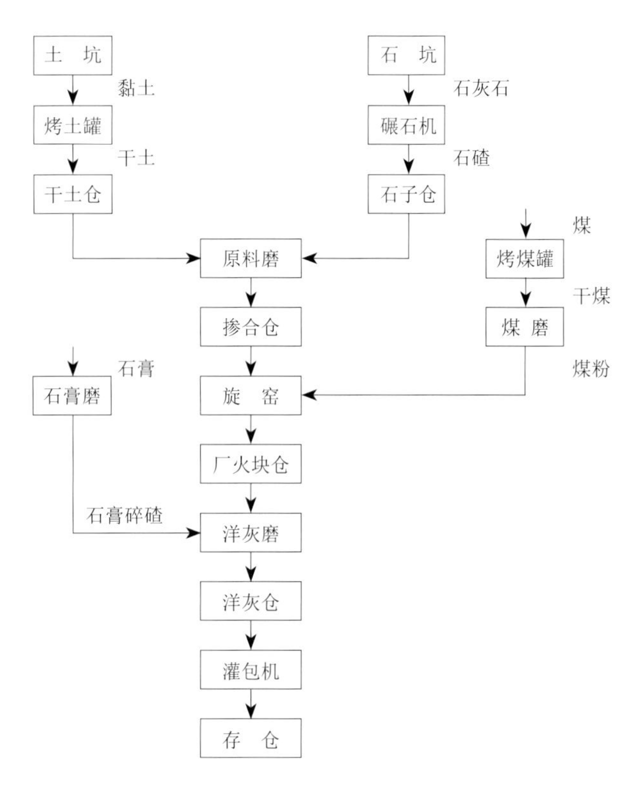

图4-4-28 启新洋灰公司水泥制造工艺流程

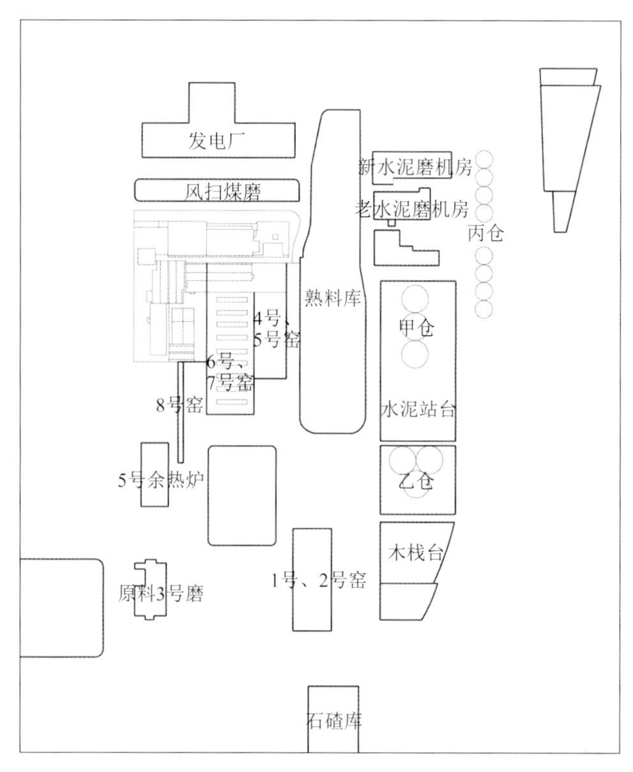

图4-4-29 启新洋灰公司平面图

的效率。②干燥：干燥是干法生产中的主要环节之一。像黏土、煤、含水分高的混合材料以及含水分高的石灰石等，如不经过干燥，在生料粉磨时会产生“糊磨”现象，隔仓板上的箅孔会被堵住，导致磨机生产能力显著降低、电耗增高。③煅烧：将混合好的水泥生料送到窑中慢慢烧到1400摄氏度，混合得越均匀，生料之间的化学反应就越迅速，生料熔化冷却后凝结成黑色小块，这就是水泥熟料。④熟料磨细：熟料经冷却后研细至需要的细度，在磨细时加入适量的石膏，所得的细粉就是水泥。水泥最后包装好后放入仓库即可。①

从图4-4-29中可依稀看出启新的水泥制造工艺是将破碎后的原料送入风扫煤磨中研磨混合，将混合好的生料送入窑（4～8号窑）中煅烧、凝结产生熟料，然后将熟料送入熟料库中磨细，在水泥磨机房中加入适量的石膏即得到水泥成品，包装后放入仓库中即可运送出厂。

4.4.1.4 价值评估

（1）历史价值

启新水泥厂创办于积贫积弱的清末民初，成长于风雨飘摇的旧中国，经历了清政府、北洋政府、国民政府以及日伪统治的各个时期，饱经磨难，几度兴衰，是中国早期水泥工业的缩影。启

① 首都水泥工业学校．水泥烧成工艺 [M]．北京：中国建筑工业出版社，1961：22-35.

新水泥厂承载了中国水泥发展的历史，是中国水泥生产行业从无到有、艰难发展并经过艰苦奋斗，最后取得辉煌成果的真实写照。

（2）科技价值

启新水泥厂是我国第一家立窑生产水泥的工厂，开创了使用机械化干法生产水泥的先例，1910年建立的启新机修房，后成为中国第一个水泥机械修理厂。1912年，启新洋灰公司向美国洛杉矶出口水泥1万余桶，这是我国第一次出口水泥。启新水泥1909年获武汉第一次劝业会一等奖，1911年获意大利博览会优等奖章，1915年获巴拿马赛会头等奖、中国农商部国货展览会特等奖，1929年获天津特别会国货展览会特等奖，1933年获铁道部全国铁路沿线出产货品展览会超等奖、河北省第五届国货展览会特等奖。这些荣誉和成果是启新水泥厂科技创新和先进的生产技术的结晶，相关工艺不仅对研究中国水泥生产行业的科学技术发展历史具有不可取代的重要价值，而且对当前水泥生产技术的发展也有许多借鉴价值。

（3）社会文化价值

从20世纪初的京张铁路、上海外滩、北平图书馆、南京中山陵，到1949年后的北京人民大会堂、历史博物馆、天安门广场等建设，无不留下启新水泥的身影，启新水泥对于中国社会、经济的发展做出的巨大贡献不言而喻。从1949年到1955年，朱德总司令、毛泽东主席、周恩来总理等中央领导人先后多次视察启新水泥厂，其中的社会文化价值显而易见。另外，1910年建立启新机修房，1926年添置余热锅炉、利用余热发电，1934年开始供电给华新纺织厂、铁路工厂、市区各商店和居民使用，后建立中国第一个水泥机械修理厂的发展历程，可以从另一个侧面显示出启新水泥厂对唐山市城市化进程的巨大推动作用。

4.4.2 启新瓷厂

启新瓷厂始建于1914年，位于唐山市路北区原唐山陶瓷厂厂内，是我国第一家生产和出口卫生洁具的企业。1925年启新瓷厂首次使用部分国产原料生产出卫生陶瓷，这是唐山工业史上的一个创举。1927年启新瓷厂开始生产彩色瓷砖和内墙瓷砖，成为我国第一家生产彩色瓷砖并承办出口业务的陶瓷企业。启新瓷厂现遗存有1914年修建的汉斯别墅和始建于1951年的唐山陶瓷厂办公楼。启新瓷厂2017年入选“第一批中国工业遗产保护名录”。

4.4.2.1 历史沿革

1914年，启新水泥厂总办李希明利用厂内闲置土地建立瓷厂，定名为“启新瓷厂”，所生产的陶瓷制品被称为“洋灰瓷”。由于原料不佳，工艺落后，瓷厂生产出来的陶瓷制品釉面颜色灰暗，与江西瓷相比大为逊色，因而销路不畅，李希明意欲停办瓷厂。然而厂中德国工程师汉斯·昆德认为唐山附近有丰富的矸土资源，又有开滦煤可作为原料，陶瓷厂在华北尚能发展，提议继续生产，因此由汉斯·昆德个人承包经营瓷厂，启新瓷厂与启新水泥厂分离。

1923年，启新瓷厂从德国引进球磨机、泥浆泵、选磁机、电磁压机等设备，成为中国第一家使用陶瓷进口设备的工厂。1924年，启新瓷厂生产出中国第一件卫生瓷，同年开展技术革新，逐步减少进口原材料的使用，提高了国产材料的使用率。1925年，启新瓷厂在上海、北京、天津设立三家分销处。启新生产的瓷器种类主要是电瓷、卫生器皿及普通瓷器。1927年，启新瓷厂开始生产彩色瓷砖和内墙瓷砖，成为我国第一家生产彩色瓷砖并承办出口业务的陶瓷企业。启新瓷厂是采用机器生产的近代工业企业，并实行西方近代工业的管理方法，为当时普遍采用手工作坊式生产的唐山陶瓷业提供了借鉴。1940年代，启新瓷厂进入高速发展期，不仅在全国具有较大的影响力，还带动了周边地区陶瓷业的发展，使唐山逐渐成为中国北方陶瓷之都。1945年日本投降后，国民政府委派李进之以经济特派员身份接收启新瓷厂。1948年，唐山解放，启新瓷厂收归国有。①

1952年，工厂改进“控制火焰烧窑法”，经过实践摸索、反复跟踪、总结经验，形成了“勤添煤、少添煤、煤层薄、通风好、添煤落灰交叉进行”的烧窑操作方法，首次将卫生瓷焙烧工艺由“两次烧成改为一次烧成”，烧成时间由112小时缩短为56小时，实现了卫生陶瓷快速烧成。

1955年，国家建筑材料工业部玻陶局决定将“启新瓷厂”更名为“唐山陶瓷厂”。1962年，工厂研制成功6201大套高档卫生洁具，供各高级宾馆使用，这是全国第一家自行设计生产高档成套卫生洁具的企业。1965年，成型工人改革湿坯养护法，由使用线毯、绒布等苫活（湿坯），改用塑料薄膜苫活，此次革新后在全国卫生陶瓷行业推广。1966年，工厂研制成功卫生瓷模型注模石膏搅拌机，从此结束了人工搅拌及地上翻动模型的老工艺，这一技术随后在全国同行业中推广。

1972年，工厂研制成功大套卫生间配套产品，为中国第一件打入国际市场的卫生陶瓷配套产品。1976年7月28日唐山大地震，唐山陶瓷业人员伤亡惨重，财产损失严重。唐山陶瓷厂广大职工积极投入抗震复产，工人们冒着余震的危险开始生产，震后12天出半成品，经过一个月的艰苦努力，于1976年8月29日烧制出第一批“抗震胜利牌”卫生瓷，在全市复产企业中名列榜首。

1978年，卫生瓷成型实现“真空回浆”工艺。1979年，工厂试验成功磷锆釉料新配方，投产后使产品的白度达到81.6度，釉料成本显著降低。1980年，“唐陶”牌卫生瓷在全国建材行业中率先获得国家银质奖。1983年，工厂在国内首创卫生瓷制坯“注浆粘接法”，并成功研究出卫生陶瓷微压浇注成型工艺。1984年，工厂研制成功我国第一套喷射虹吸式产品，达到国际先进标准产品的水平。1985年，工厂研制成功具有先进水平的喷射虹吸式配套卫生洁具。1986年，工厂引进、消化、吸收了德国卫生陶瓷立浇生产线技术，开创了我国卫生陶瓷成型新纪元。1987年，“唐陶”牌系列卫生陶瓷荣获全国陶瓷行业唯一质量金奖。

1990年12月，以唐山陶瓷厂、唐山市建筑陶瓷厂两个厂为核心，唐山胜利陶瓷（集团）公司暨胜利陶瓷企业集团顺利组建。1998年6月，唐山胜利陶瓷（集团）公司和唐山陶瓷集团有限公司实行了强强联合，组建了新的唐山陶瓷集团有限公司。2004年4月，唐山陶瓷股份有限公司与唐山陶瓷集团有限公司正式分离，成立两家市属国有大型陶瓷企业。

2009年9月，唐山市政府整合唐山市国有陶瓷企业的优势资产，在唐山市丰南区组建了唐山北

① 王长胜．唐山陶瓷 [M]．北京：华艺出版社，2000：41–47．

图4-4-30　启新瓷厂平面图
（资料来源：王雨萌绘制）

图4-4-31　启新瓷厂位置图
（资料来源：王雨萌拍摄）

方瓷都陶瓷集团。这是一家综合性、国际化的大型陶瓷企业集团，是目前中国陶瓷行业仅有的大型国有企业。集团公司旗下的卫生陶瓷有限责任公司，整合了唐山陶瓷厂、唐山德盛陶瓷有限公司、唐山市卫生陶瓷厂的优质资产，已成为一家厂房设备全新、生产布局合理、工艺流程顺畅、技术水平先进、产品设计一流、产品配套齐全、管理科学规范的新型精品陶瓷企业。

4.4.2.2　工业遗产

（1）总平面布局

启新瓷厂位于路北区原唐山陶瓷厂厂区内。其平面布局如图4-4-30、图4-4-31所示。

（2）建（构）筑物遗存概况

启新瓷厂主要工业遗产有汉斯别墅和唐山陶瓷厂办公楼。

①汉斯别墅

汉斯·昆德，德国人，地质工程师，为汉斯别墅的使用者。1900年周学熙重建唐山细绵土厂时聘其为技师，1906年任工厂总技师。

汉斯别墅位于唐山市路北区原唐山陶瓷厂厂区内，始建于1914年。汉斯在启新瓷厂工作时居住于此，为唐山最早的欧式别墅。建筑主体为砖混加木质结构，东西长30米，南北宽22米，总建筑面积660平方米，屋顶采用双脊铺瓦方式设计，主体以木结构为主，共有8间居室，四周为回廊，室内欧式木制门窗、木地板、壁炉尚存，室外条石台阶保存完好。汉斯别墅历经1976年唐山地震而未倒塌，仅室内墙壁出现轻微裂痕，后经简单修复仍可正常使用，之后曾作为启新水泥厂的工会活动中心，现已闲置。目前汉斯别墅与启新瓷厂旧址同为河北省文物保护单位（图4-4-32、图4-4-33）。

图4-4-32　汉斯别墅回廊
（资料来源：王雨萌拍摄）

图4-4-33 汉斯别墅正面
（资料来源：王雨萌拍摄）

②唐山陶瓷厂办公楼

唐山陶瓷厂办公楼始建于1951年，长26米，宽16米，檐高7.8米，建筑面积700平方米，地基为亚黏土。建筑结构为条形粗料石基础，粗料石、焦灰砌墙，每层有钢筋混凝土圈梁两道，楼板为钢筋混凝土浇筑。1976年唐山大地震时唐山陶瓷厂办公楼位于11度烈度区边缘，震后室内墙壁出现2～3毫米的裂纹，经维修后仍能正常使用，现用作办公场所，是河北省文物保护单位（图4-4-34、图4-4-35）。

4.4.2.3 非物质遗产

启新瓷厂从1924年生产第一件卫生瓷开始，一直坚持开展技术革新，1927年开发生产彩色瓷砖，1952年改进“控制火焰烧窑法”，卫生瓷焙烧工艺实现了“两次烧成改为一次烧成”，1962年研制成功6201大套高档卫生洁具，1965年改革湿坯养护法，1966年研制成功卫生瓷模型注模石膏搅拌机，1972年研制成功大套卫生间配套产品，1979年试验成功磷锆釉料新配方，1983年在国内首创卫生瓷制坯“注浆粘接法”并成功研究出卫生陶

图4-4-34 唐山陶瓷厂办公楼（一）
（资料来源：王雨萌拍摄）

图4-4-35 唐山陶瓷厂办公楼（二）
（资料来源：王雨萌拍摄）

瓷微压浇注成型工艺，1984年研制成功达到国际先进标准产品水平的我国第一套喷射虹吸式产品，1985年研制成功喷射虹吸式配套卫生洁具。1986年，启新瓷厂引进、消化、吸收了德国卫生陶瓷立浇生产线技术，开创了我国卫生陶瓷成型新纪元。1987年，“唐陶”牌系列卫生陶瓷荣获全国陶瓷行业唯一质量金奖。启新瓷厂生产瓷器的原料配方、生产技术、工艺流程、色彩控制、科学管理方法等一系列成就都是非物质遗产的瑰宝。

4.4.2.4　价值评估

（1）历史价值

唐山是中国北方的瓷都，也是我国主要陶瓷产区之一。唐山陶瓷历史悠久，早在战国时期就已开始生产陶壶等陶具，至明永乐年间，唐山陶瓷已有一定规模，但多是以劳动组合为基础的小作坊式生产。随着生产的发展，特别是开滦煤矿的建成和外资的进入，至1930年代末期，机器和电力在陶瓷生产制造中得以较为普遍的应用，唐山陶瓷渐渐兴旺起来。

启新瓷厂是中国第一家使用电力、进口陶瓷机械设备和先进注浆工艺生产陶瓷的企业，改变了千百年来手工生产陶瓷的局面，首开中国陶瓷工业化生产的先河。1914年生产出中国第一件卫生陶瓷，改变了国人的生活方式。启新瓷厂的工业遗存为研究中国近现代陶瓷工业发展提供了丰富的建（构）筑物资源和历史人文资料，具有重要的反映中国近现代陶瓷工业诞生与发展的历史意义与历史价值。

（2）科技价值

在近代工业影响下，启新瓷厂、德盛瓷厂等陶瓷厂先后采用机械设备和新技术。1920年代，启新瓷厂开始生产不施化妆土的白瓷，并有各色地砖、瓷砖出口。1935年，卫生瓷开始销往新加坡、马来西亚等国。1940年代唐山陶瓷业衰落，1950年代得到恢复并形成综合性的陶瓷生产体系，进入全国陶瓷大型生产基地行列。唐山瓷属于$K_2O-Al_2O_3-S_iO_2$系列，所使用的原料除本地产的高铝矾土、硬质黏土、软质黏土（紫木节等）、石英、长石外，还有河北省及外省出产的高岭土、瓷石等原料。1950年代以后启新瓷厂开始生产大型陶瓷产品，如浴盆、电镀槽等。1980年代启新瓷厂采用了塑性挤压陶瓷器成型方法，试验成功隧道窑微机自控烧成新技术。

启新瓷厂1924年首次用石膏模型制造复杂器型产品，称为新法生产①，成为唐山最早使用机器电力生产瓷器的厂家。

启新瓷厂的陶瓷生产技术不仅引领了唐山乃至河北省陶瓷生产的潮流，甚至带动了全国陶瓷生产的技术创新，其科学技术价值不言而喻。

（3）社会文化价值

启新瓷厂的装饰技术和风格对北方陶瓷产生较大影响，并且促使唐山市开展了陶瓷专业教育，比如陶瓷美术、陶瓷工艺、陶瓷机械等相关专业教育，促使陶瓷文化快速发展。

4.4.3　马家沟砖厂

4.4.3.1　历史沿革

清光绪四年（1878年），开平矿务局建唐山矿时即建砖窑烧砖自用。到1900年前后，开平矿务局在林西矿、唐山矿均建有砖厂，全局共有砖窑17座，年产砖60万块。②

① 黄荣光，宋高尚 . 技术的传统、引进和创新：唐山启新瓷厂发展述评 [J]. 科学文化评论，2021，18（01）：57-72.

② 开滦矿务局史志办公室. 开滦煤矿志 · 第二卷 （1878—1988）[M]. 北京：新华出版社，1995：628.

图4-4-36 标有“K.M.A”商标的开滦砖
（资料来源：唐山工业博物馆）

图4-4-37 原马家沟砖厂
（资料来源：开滦矿务局史志办公室，《开滦煤矿志》，1995）

1909年，周学熙决定利用马家沟附近的矸子土地建机器砖窑，定名为启新洋灰公司北分厂，采用当地的山皮土、矸子、子母阶（当地的一种矾土）生产火泥砖（俗称开滦缸砖）。其粉碎、成型及主要附属设备均由法国进口，主要生产缸砖、硬砖和各种带纹小缸砖。①

最初，在开滦砖上均刻有“CALCO”五个英文字母，这是开滦砖对外较早的商业标识。由于开滦砖质量好，有人开始仿冒，厂家决定弃用原“CALCO”五个英文字母，换成以开滦矿务总局的英文缩写字母“K.M.A”为标记的新商标（图4-4-36）。之后，开滦在所生产的水泥砖上，除正面刻上“K.M.A”外，还在砖的上下沿用小号字母刻上“SPECIAL”和“FIRECLAY”两行小字。此即开滦“K.M.A”三个缩写字母商标的来源。

1917年，砖厂并入开滦矿务局，定名为开滦矿务局马家沟砖厂（图4-4-37）。1920年马家沟砖厂从英国进口生产设备，聘请德国工程师，扩充生产耐火材料。马家沟砖厂扩建后连同租用的旧砖厂共有大穹形窑8座，每窑容3.4万块砖；小穹形窑3座，每窑容1.65万块砖；煤气窑2座，每窑容2.4万块砖。上述三种窑可烧制标准砖、特型耐火砖、铺地砖及上等建筑砖。砖厂另有霍门夫窑1座，分20间，每间容1.05万块砖；圆形窑1座，分18间，每间容0.4万块砖；这两种窑烧制普通建筑砖及井下用砖。砖厂还有土窑4座，每窑容3.05万块砖，烧各种缸砖、地面砖和异色面砖。②砖厂主要设备有：三台功率为150马力的磨机，两台功率为50马力的搅泥盘，两台功率为150马力的制砖机，制砖程序全部机械化。1924年扩大规模后的马家沟砖厂正式投产，年产量平均为1500～2000吨，成为国内第一家粉碎原料设备机械化程度较

① 中国人民政治协商会议唐山市开平区委员会. 开平文史资料选编·第2辑 [Z]. 1991：63.
② 开滦矿务局史志办公室. 开滦煤矿志·第二卷（1878—1988）[M]. 北京：新华出版社，1995：628.

图4-4-38　马家沟砖厂制砖车间

（资料来源：开滦矿务局史志办公室，《开滦煤矿志》，1995）

高的、烧成采用倒焰式窑炉的耐火材料企业（图4-4-38）。

1952年国家代管开滦煤矿后，砖品集中在马家沟砖厂生产，附设在唐山矿、林西矿、唐山庄矿的建筑砖厂先后被迁移到马家沟合并经营。合并后的马家沟砖厂共有各式窑47座，机器房、碾房3938平方米，粉碎机5台、混链机2台、搅拌机2台、动力轧砖机2台、人力轧砖机13台。除生产建筑砖、耐火砖外，1955年马家沟砖厂根据市场需求，开始生产矽石耐火砖、高铝多熟料耐火砖和保温砖。①

1958年以后，马家沟砖厂曾归属唐山市工业局、陶瓷公司和市冶金企业公司管理，年产量增至10万吨以上。1964年改为唐山市直属企业，厂区面积72万平方米，除总厂外，另辖“墙地砖厂”和“耐火材料专用设备厂”两个分厂，耐火材料生产具有体系健全的普通黏土砖、硅砖、高铝质保温砖、致密黏土砖、特殊耐火材料5条生产线。该厂工艺先进、设备齐全，1980年代拥有破碎粉碎设备36台，半成品成型压砖机35台及若干夹板、振动设备，还有5条隧道窑和21座倒焰窑，以及各种机械设备72台。②

马家沟砖厂为我国的工业建筑发展做出了很大的贡献，在我国耐火材料生产行业占有重要地位，曾为我国许多重要建筑提供建材。

4.4.3.2　工业遗产

（1）总平面布局

马家沟砖厂位于唐山市开平区马家沟村。厂内现存有建筑砖生产车间及附属存砖处，车间内保存有从英国引进的碾压机、制砖机等。建筑砖生产车间是一座具有典型欧洲风格的尖顶楼房，现厂房闲置，车间内生产设备已停止使用（图4-4-39）。

（2）建（构）筑物遗存概况

马家沟砖厂现有1920年代建设的建筑砖生产车间及附属存砖处，车间内保存有1920年代从英国引进的碾压机、制砖机等。

① 建筑砖生产车间

建筑砖生产车间是一座尖顶楼房，砖木结构，东侧留有两座传送道。1976年屋顶因地震局部遭破坏，后已加固修复。现厂房闲置，屋顶有局部破损，车间内生产设备已停止使用（图4-4-40、图4-4-41）。

① 开滦矿务局史志办公室．开滦煤矿志·第二卷（1878—1988）[M]．北京：新华出版社，1995：630．

② 国务院经济技术社会发展研究中心，国家统计局．中国大中型工业企业·建筑材料及森林工业卷 [M]．北京：中国城市经济社会出版社，1989：152．

图4-4-39 马家沟砖厂总平面图
（资料来源：王雨萌绘制）

图4-4-40 建筑砖生产车间北侧立面
（资料来源：王雨萌拍摄）

图4-4-41 建筑砖生产车间东侧立面
（资料来源：王雨萌拍摄）

②附属存砖厂房

附属存砖厂房（图4-4-42）位于建筑砖生产车间北部，东西长55米，南北宽17米。主体完整但损坏严重，棚顶为木结构，铁瓦顶基本脱落，现为工厂存料处。

③设备

马家沟砖厂现遗存有很多生产设备，如制砖机（图4-4-43、图4-4-44）、碾压机（图4-4-45）、除尘设备（图4-4-46）等。

图4-4-42　附属存砖厂房
（资料来源：王雨萌拍摄）

图4-4-43　制砖机（一）
（资料来源：王雨萌拍摄）

图4-4-44　制砖机（二）
（资料来源：王雨萌拍摄）

图4-4-45 碾压机
（资料来源：王雨萌拍摄）

图4-4-46 除尘设备
（资料来源：王雨萌拍摄）

4.4.3.3 非物质遗产

砖瓦生产在中国有上千年的历史，一般以一种易熔黏土制造。在某些情况下也可以在黏土中加入熟料或砂与之混合，以减少砖的收缩。砖瓦的烧成温度变动很大，要依据黏土的化学组成、所含杂质的性质与多少而定，制造砖瓦，如气孔率过高，则坯体的抗冻性能不好，过低又不易挂住砂浆，所以吸水率一般要保持在5%～15%之间。烧成后坯体的颜色取决于黏土中着色氧化物的含量和烧成气氛，在氧化焰中烧成多呈黄色或红色，在还原焰中烧成则多呈青色或黑色。我国建筑材料中的青砖，即是以含有Fe_2O_3的黄色或红色黏土为原料，在临近止火时用还原焰煅烧，使Fe_2O_3还原为FeO后呈青色而制成的。

马家沟砖厂生产的缸砖结实得出奇，锤子砸下去直冒火星，有着极佳的耐水耐酸碱耐腐蚀性能，即使到现在，唐山一带收集到的这种旧砖还在被广泛地重复利用，结实程度甚至高于现在的一些建筑砖。由此可见，马家沟砖厂的生产工艺具有重要的科学价值和历史价值。

4.4.3.4 价值评估

（1）历史价值

马家沟砖厂是中国第一家凉料粉碎机械化、烧成采用倒焰式窑炉的耐火材料企业。因采用最新式的制砖机及砖窑制烧，加之选用唐山一带优良的混合火泥用新式西法烘烤，故产品质量非常好。马家沟砖厂改变了千百年来手工生产耐火材料的局面，首开中国耐火材料工业化生产的先河。马家沟砖厂的工业遗存为研究中国近现代耐火材料工业发展提供了丰富的建（构）筑物资源和历史人文资料，具有重要的反映中国近现代耐火材料工业的诞生与发展的历史意义与历史价值。

（2）科技价值

马家沟砖厂生产的各类砖质量良好，畅销各地，特别是生产的缸砖非常结实，有着极佳的耐水耐酸碱耐腐蚀性能，其结实程度甚至高于现在的一些建筑砖。马家沟砖厂的生产工艺具有重要的科技价值。

（3）社会文化价值

马家沟砖厂生产的盖面砖、建筑砖、铺道砖畅销国内外，成为当时出口数量最多的工业产品之一。当时在上海、天津、香港等地多有采用开滦砖的例子。其中天津英、法各租界的楼房、地面、河坝、电车道，上海的海关大楼及电车道，香港九龙码头及政府办公楼等处均用开滦砖铺地，这些开滦砖的照片至今还保存在开滦档案馆中。因此，对马家沟砖厂工业遗产的保护具有重要的社会文化价值。

4.4.4　耀华玻璃厂

耀华机器制造玻璃股份有限公司秦皇岛工厂（以下简称耀华玻璃厂或耀华）始建于1922年。耀华玻璃厂是亚洲第一个采用现代工业法生产玻璃的厂家，被称为中国玻璃工业的摇篮。耀华玻璃厂玻璃生产线是亚洲第一条“弗克法”生产线，制造了中国第一块机制平板玻璃。耀华玻璃厂建厂上百年，其工业遗产具有重要的历史价值。2001年，随着耀华玻璃厂“退城进郊”工程的启动，工厂原址已建成国内第一座玻璃专题博物馆，并于2017年入选“第一批中国工业遗产保护名录”。

4.4.4.1　历史沿革

1921年，开滦总经理、英国人那森回国休假期间曾往比利时各玻璃制造厂参观，发现“弗克玻璃制造法”工艺先进、产品精良，至1919年已有12个国家采用其工艺，办起玻璃制造厂25个。那森认为可引入中国设厂仿造，从而再开辟一条获取厚利的渠道。那森返回中国后，经与开滦矿董事周学熙等商议，拟由开滦直接投资设厂，经营玻璃制造业务。

工厂选址于河北省秦皇岛，占地面积约9公顷，厂区距秦皇岛火车站仅1.6公里，由开滦代为铺设一条直通工厂的铁路专线，运输十分方便，建厂所需部分砖料也由开滦供给。耀华所需水电原来商议由开滦供应，但因开滦本身已不敷自用，遂改由耀华自建发电所，购天津英工部局电灯房弃置的一套直流发电机安装使用，并另行凿井取水。

1922年3月，耀华机器制造玻璃股份有限公司正式成立，总事务所设于天津，总工厂设于秦皇岛，经营完全由开滦矿务局代为管理。同年，132份比利时技术图纸、资料运抵天津。中方又从比利时购进设备47台（套），建厂所需特种耐火砖、异型砖均从比利时定制运来。机器设备的安装、熔窑的修建，均由比利时工匠负责。工厂建成时，计有熔窑1座、引上机10架、煤气发生炉9具。周学熙重金聘请了比利时推荐的玻璃制造专家古伯任总工程师，又聘请曾任清华学校（清华大学前身）校长的金邦正为副总工程师。金邦正与7名学徒被派往比利时实地见习，归国后即成为耀华公司的技术骨干。

1924年8月15日，设在秦皇岛的耀华玻璃工厂竣工投产，产品注册“阿弥陀佛”图像为商标，次年改为标有“耀华”及其缩写“YH”字样的“双套金刚钻”新商标。1925年，工厂出货16万箱（每箱约9.29平方米），此后产量均在20万箱左右。耀华产品不仅在国内畅销，甚至远销海外，出口至日、美等国家以及东南亚一带，多次参加国内、国际博览会，屡获好评。

1936年9月，耀华玻璃厂由中比合资变为中日合资。1937—1939年，日方对窑炉进行技术改造，2号窑炉由“T”字形结构改为“十”字形三通路（金花菜叶形）结构，引上窑加长、加宽，玻璃原板由1.2米增至1.8米。1945年9月，国民政府接收耀华玻璃厂日方股权，工厂由中日合办变为官商合办。

1950年，耀华2号窑装置螺旋式投料机，窑体加长加宽。1954年4月21日，中共中央主席毛泽东视察耀华玻璃厂，先后察看了窑头、引上、切装等工序，并就生产及工人健康等方面问题做了重要指示。1956年，耀华原料系统彻底改造，实现了机械化生产，2号窑由螺旋式投料机改为薄层投料的垄式投料机，提高了我国玻璃工业生产的机械化程度。1974年，输送玻璃原片的悬挂式输送机试验成功，与之配套的切片改为套车切桌。次年，采片改为真空吸盘掰板机，原片随动切割机也试验成功，我国平板玻璃生产史上一次划时代的技术改造完成了。

1982年，耀华利用玻璃管窑厂房改造的年产150万标准箱九机平板玻璃窑动工兴建，这是国家“六五”重点项目，把玻璃制造引上法工艺提高到当时最高水平。1982年6月，国家计划委员会批复了耀华“建设浮法玻璃生产线设计任务书”。实验线建成后取得的多项成果和生成的大量生产工艺参数，为研究中国浮法生产新技术提供了可靠数据。1984年，耀华平板玻璃特选品获得国家银质奖。1986年8月，耀华浮法玻璃生产线投产，这是中国第四条浮法生产线，是当时我国最大的浮法玻璃生产线。

4.4.4.2 工业遗产

（1）总平面布局

耀华玻璃厂位于河北省秦皇岛市海港区文化路西边，现已改造为玻璃博物馆，总建筑面积2822平方米，现保留原有电灯房、水塔、水泵房，总建筑面积1556平方米，新建馆区面积1266平方米（图4-4-47）。

图4-4-47 耀华玻璃厂平面图
（资料来源：王雨萌绘制）

（2）建（构）筑物遗存概况

耀华玻璃厂主要遗存有电灯房、水塔、水泵房、水泵房控制室和蓄水池、水井等建筑物和设备。

① 耀华玻璃厂电灯房

电灯房是耀华玻璃厂重要的配套服务设施，现为博物馆的主体建筑，由两组建筑组成，共两层，总建筑面积约1253.5平方米，有明显的哥特式建筑特征，整体经过加固处理，下部为砖石结构，上部为坡屋顶，装饰三角形山花，立面有木制檐口装饰[①]（图4-4-48、图4-4-49）。

图4-4-48　耀华玻璃厂电灯房（一）

图4-4-49　耀华玻璃厂电灯房（二）

① 杨欢，陈厉辞．秦皇岛市玻璃博物馆与工业遗产保护 [J]．文物春秋，2013（4）：68-71.

② 耀华玻璃厂水塔

水塔与耀华玻璃厂1号窑同时建成于1923年，砖石结构，原高16.7米，占地面积42.5平方米，储水容量95.69立方米。1938年，1号窑停止生产，水塔暂停使用。1955年，水塔和1号窑得到修缮，被纳入国民经济建设“一五”计划改建工程。1977年，耀华玻璃厂为适应生产需要，对塔身进行了加固、提高，提高后塔高23.15米。2001年，随着耀华玻璃厂“退城进郊”工程的启动，水塔失去其原有功能（图4-4-50）。

图4-4-51　耀华玻璃厂水泵房

图4-4-50　耀华玻璃厂水塔

③ 耀华玻璃厂水泵房

水泵房与1号窑同时建成于1923年，主体包括控制室和蓄水池两部分，由比利时设计师设计，欧式风格，总占地面积260平方米，其中控制室为单层圆形结构，占地面积61.32平方米，蓄水池为长方体结构，下有深水井，四季有水（图4-4-51）。

4.4.4.3　非物质遗产

（1）弗克法生产流程

1905年，比利时人埃米尔·弗克发明了机械连续制造平板玻璃技术——有槽垂直引上法（弗克法），为当代大规模建设玻璃制造工业奠定了基础。弗克法平板玻璃生产工序为：投入原料、窑熔、引上、采板、切装、包装。生产流程是：将按配比混合后的玻璃原料投入熔窑，在1400摄氏度以上的高温下熔化成玻璃液，再经引上机由下往上拉伸玻璃液成平板状，冷却后，将玻璃逐片搬采下来，按所需规格切裁包装，即为玻璃成品。

（2）浮法生产流程

1959年，英国人阿拉斯塔·皮尔金顿受到油浮在水面的启示，研究出玻璃制造的浮法工艺。浮法玻璃生产工艺的过程是：

①将按配比混合后的玻璃原料投入熔窑，在1600摄氏度的高温下熔化、澄清；

②熔化后的玻璃液经过流道和流槽进入锡槽。玻璃液漂浮在不同比重的金属锡液面上，依靠表面张力、重力及机械拉引力的综合作用，在锡液面上铺开、摊平、展薄；

③当重力和表面张力达到平衡时，玻璃液呈稳定厚度在锡槽里边前进、边冷却硬化，形成平整的玻璃带被拉出锡槽，引上过渡铝台；

④铝台锟子转动，玻璃带进入退火窑，经退火、冷却、切装、装箱，成为玻璃成品。

4.4.4.4　价值评估

（1）历史价值

1922年3月诞生的耀华玻璃厂，拉开了中国当代玻璃工业生产的序幕，成为亚洲最早采用弗克法生产玻璃的工厂。耀华玻璃厂建厂上百年，在中国玻璃工业的发展和创新方面，始终走在前列，被誉为“中国玻璃工业的摇篮”，具有重要的历史价值。

（2）科学价值

耀华玻璃厂从1924年投产开始就采用当时最先进的“弗克法”玻璃生产技术制造玻璃，在发展过程中，耀华始终坚持技术领先的原则，不断进行技术改造，先后建设了国内最先进的浮法生产线及其他各种玻璃制品生产线20条。在加工玻璃方面，耀华建设了航空玻璃生产线、钢化玻璃生产线、镀膜玻璃生产线、制镜玻璃生产线。在玻璃产品方面，耀华建设了玻璃管窑、玻璃纤维车间、玻璃球窑、玻璃钢生产线。多年来，耀华始终引领国内玻璃工业的发展，担当着玻璃工业科技攻关的责任，支持、援建了许多国内外玻璃生产企业，创造了多项国内“第一”，是中国玻璃工业的产业龙头。耀华玻璃生产技术具有重要的科学价值。

（3）社会文化价值

耀华玻璃厂带动了秦皇岛市的发展，为秦皇岛市赢得了“玻璃城”的美誉，为我国玻璃工业和地方经济建设做出了巨大的贡献。耀华为职工提供教育设施、医疗设施、住宅宿舍等福利，不仅改善了员工的生活条件，也为秦皇岛的城市化进程奠定了基础。

4.5　机械类工业遗产

4.5.1　石家庄煤矿机械厂

石家庄煤矿机械厂前身是建于1939年的二道江机械厂，原厂址位于吉林通化。1957年工厂从吉林省通化市迁到石家庄，1959年更名为煤炭部石家庄煤矿机械厂，是第二个五年计划建成的10个煤矿机械厂之一。工厂总占地面积42万平方米，是石家庄工业体系的重要组成部分，为我国煤矿机械制造行业重点骨干企业之一，是生产钻探机械、井下辅助运输设备和连续采煤机的定点厂。工厂先后获得“全国煤炭机械工业优秀企业”“全国煤炭机械工业双十佳企业”“国家火炬计划重点高新技术企业”“中国机械500强”“中国煤机50强”“河北省明星企业”等称号。毛泽东、聂荣臻、贺龙等国家领导人曾先后视察工厂，在石家庄工业历史上留下了浓墨重彩的一笔。

工厂生产的系列工程钻机曾装备了我国大部分煤田地质队，随车起重机大批量装备了部队，并随相关部队接受中华人民共和国成立60周年、抗战胜利70周年阅兵庆典检阅；液压元件曾被我国核潜艇、毛主席纪念堂、航天火箭发射场选用；煤矿辅助运输设备、掘进设备、支护设备、随车起重机等产品远销二十多个国家和地区；系列环卫车已推广至全国多个省市。

煤矿机械厂已于2015年底搬迁到栾城区，原厂区目前为闲置状态，厂内的主要厂房等建（构）筑物保存完整。

4.5.1.1 历史沿革

1939年，石家庄煤矿机械厂的前身——二道江机械厂在东北吉林通化二道江建成，隶属伪满洲东边道开发株式会社，是当时辽东地区唯一规模较大的矿山机械综合修造厂。

1949年后，工厂成为通化矿务局的机修厂，进入煤炭行业。

1957年，工厂从吉林通化二道江迁至河北省石家庄，改名为石家庄煤矿机械厂。

“二五”期间，工厂建成1万平方米的铸钢车间，安装了1.5吨炼钢电炉，扩建机加工车间5000平方米，添置进口设备50多台，自制设备40多台，大大改善了工厂的装备条件和加工能力。

“文化大革命”期间，工厂研制成功我国第一台油井防喷器。

1980年以来，工厂先后研制生产了40多种性能先进、质量优良的新产品，多次获得煤炭部或河北省优质奖，其中YBC-45/80齿轮油泵、TXU-75A安全钻机获得国家银质奖。

1998年工厂改制，现为冀中能源集团、中煤能源集团均股国有合资公司。

2010年，石家庄煤矿机械有限公司与市国土资源局签订了整体土地收储协议，老厂区陆续交储给市土地储备中心，用于置换工厂在石家庄栾城区建设的新园区土地。

2015年，石家庄煤矿机械厂搬迁到石家庄栾城区。

2015年，工厂将老厂区剩余部分厂房出租给石煤机文化传播有限公司，合同租期为两年。出租的部分厂房被利用开发为文化创意产业园区，完成了主题餐饮区、文化艺术区、体育娱乐区、创业孵化区等功能区的规划和建设，曾有200多家机构入驻，有“石家庄798”的称号。

4.5.1.2 工业遗产

（1）总平面布局

现石家庄煤矿机械厂旧址南院（东至煤机街，西至建华大街，南至北宋路，北至跃进路）约13公顷厂区上，有煤矿机械有限公司职工医院、单身宿舍等。北院（东至翟营大街，西至建华大街，南至跃进路，北至和平大街）约29公顷厂区上，拥有4个分厂，10个直接生产车间和5个辅助生产车间。现存工业建筑约15万平方米（图4-5-1、图4-5-2）。

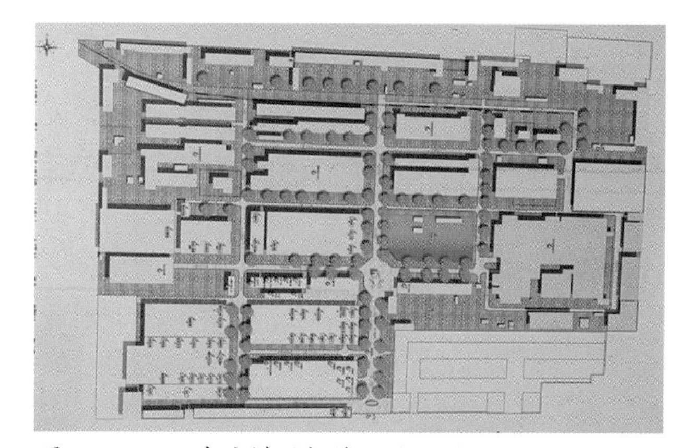

图4-5-1 石家庄煤矿机械厂平面图

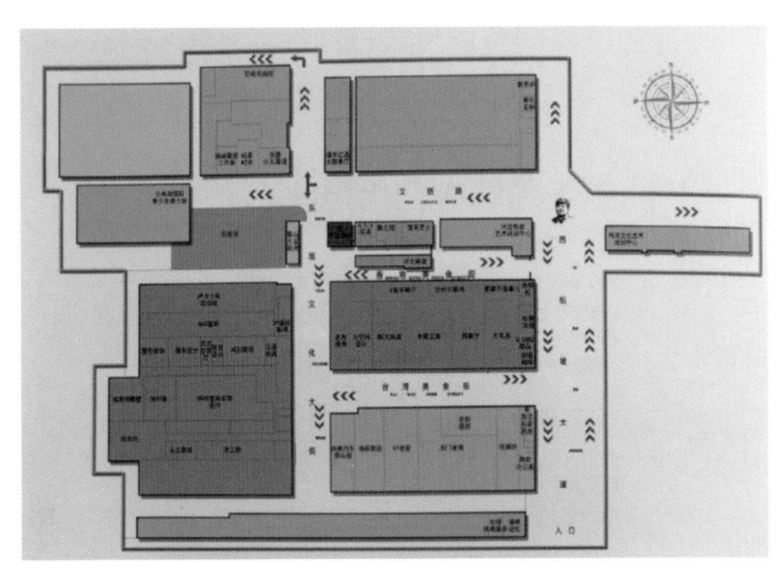

图4-5-2　石家庄煤矿机械厂原文化创意产业园区平面图

（2）建（构）筑物遗存概况

石家庄煤矿机械厂目前仍基本保存其工业原貌特征，主要建（构）筑物包括销售大厅、液压分厂、锻造车间、铁铆车间、24米大跨车间、装备车间、锚杆机车间、数控车间、锅炉房、质检楼、科技中心、办公楼及其他辅助用房等（图4-5-3～图4-5-6）。

图4-5-3　石家庄煤矿机械厂大门

图4-5-4 石家庄煤矿机械厂内部一角及主要道路

图4-5-5 石家庄煤矿机械厂生活区

图4-5-6 厂区内的毛主席像及其周边环境

①厂区景观及环境

石家庄煤矿机械厂南门正对煤机街，一条街道以厂名命名，可想而知工厂的影响力。煤矿机械厂大门上有“MJ”字样，是“煤机”的拼音缩写。工厂院内的毛主席像是石家庄仅存的几座之一，具有浓郁的时代特点。厂区内道路宽阔，绿树成荫。

②大跨厂房

大跨厂房体量高大，空间开阔，工业特征突出，节奏感强。2015年后有一些大跨厂房被改造成室内篮球场、运动馆、射箭馆、汽车俱乐部、古筝学堂、羽毛球馆、文化艺术培训中心等。装备车间曾被改造成仕弗瑞国际青少年骑士院，是石家庄唯一一家在市中心的室内马场，拥有2200平米FEI认证标准室内马术馆，专业提供青少年马术教育、马术专业认证及考级等服务。2018年后已经全部关停（图4-5-7～图4-5-10）。

图4-5-7　大跨空闲厂房

图4-5-8　室内篮球场

图4-5-9　青少年骑士院

图4-5-10 室内马场

③液压分厂、老汽改车间、锅炉房、数控车间、锚杆机车间

2015年后，液压分厂、老汽改车间、锅炉房、数控车间都被改造成饮食街用房，各家店面在原有厂房的基础上附加了招牌、门头等，生意很红火。锚杆机车间被改造成范硕书画院等文化机构。2018年后已经全部关停（图4-5-11、图4-5-12）。

图4-5-11 饮食街

图4-5-12 改造后的店面

4.5.1.3 价值评估

（1）技术价值

石家庄煤矿机械厂是我国煤矿机械制造行业的重点骨干企业，是石家庄市乃至河北省工业历史上重要的组成部分，其生产的液压元件被我国第一艘核潜艇、毛主席纪念堂、航天火箭发射场选用。

（2）工业建筑的价值

石家庄煤矿机械厂保留了大量体现机械生产工业风貌特征的空间要素。大部分空间采用大跨度结构，非常有利于工业建筑改造利用。

4.5.1.4 工业遗产保护与利用

石家庄煤矿机械厂原厂址处于城市二环核心地段，全部保留并不现实。2021年，石家庄市政府提出要有效利用工业遗产进行高标准更新改造，提出要利用该地块提升城市服务功能，优化城市空间布局并起到示范引领作用，石家庄煤矿机械厂原厂址保护及利用迎来转机，其中住宅开发比例控制在40%以内，其他60%规划为工业遗址保护区、公建配套区、现状保留区等，优先保证教育、养老、绿地、文化、体育、停车场等公共服务设施用地。规划新增1座体育公园，1957年建厂时的5栋大型厂房将改造成市民活动中心。

4.5.2 张家口探矿机械总厂

张家口探矿机械总厂始建于1910年，是我国建厂最早、规模最大的地质机械厂，其前身是与京张铁路配套的张家口铁路工厂。初期工厂以制造轨道道叉为主，后来逐渐修理铁路机车和车辆，1949年后改为铁道部张家口铁路工厂。由于生产任务日益增多，工厂于1953年底另建新厂，厂址选在张家口市桥东区钻石中路，占地面积55万平方米，厂区面积26万平方米。改革开放以来，企业从计划经济走向市场经济，2008年改组成为股份制企业，2017年底企业搬迁到万全工业新区。

现遗存有厂区南部的原铸造分厂车间，北部的办公室、机联车间、动力车间、压力容器车间、钻配分公司等厂房，保存状况较好。

4.5.2.1 历史沿革

1910年10月8日，詹天佑建立服务于京张铁路的张家口铁路机器修理厂。在机器安装尚未完工时，曾一度停办，延至第二年7月才重新开办，先后建起了面积为13 096平方米的南厂（后为张家口铁路南侧机务段）和相距500米、面积为21 981平方米的北厂（后为地质三大队修配厂仓库），厂房总计85间。厂房建筑完工后，安装了几台动力设备和各类型机床就开始了生产。那时，生产单位只有4个房，即打铁房、机车机器房、杂工房和铆炉房；全厂职工只有47人。十年后，生产单位增至9个房，职工增加到100多人。除了做机件外，当时生产主要担负机车及客货车的修理任务。

1953年4月，工厂划属国家地质部，更名为中央人民政府探矿机械厂。从此，我国第一家地质机械制造厂诞生，结束了没有地质勘探装备专业生产厂的历史，也使原来的铁路工厂进入了为中华人民共和国地质事业服务的历史新时期。

1953年6月，工厂合并北京半壁店，修配人员增至1855名，改为生产地质矿产设备机械，当年产12～12.5米钻塔72部，17米钻塔113部。1954年在苏联专家组地质机械专家德罗菲特等人帮助下扩建厂房，占地面积12万平方米，为“一五”期间156项计划重点建设项目之一。1955年3月工厂改称张家口探矿机械一厂，1956年合并原张家口市机器厂，改称地质矿产部张家口探矿机械厂。

1954年末，工厂开始仿制苏联KAM-500型、KA-2M-300型钻机，以及配套用的100/30、200/40泥浆泵等设备；1955年开始成批生产我国第一代地质专用钻机，从而使我国走上了自己制造钻探设备的道路；1957年开始制造由地质部机械司设计的100米手摇式钻机；1958年地质部机械司设计“跃进-600型”液压钻机，1959年由该厂完成试制，自此，我国自行设计的“XU-600型”液压钻机诞生，1960年正式投入批量生产，后改型号为“XU60A型”“XL60-3型”；1968年又开发出“XYE-3型”“XU-1000型”“JU-1500型”钻机，形成系列产品。

2007年，张家口探矿机械总厂改制重组，成立张家口中地装备探矿工程机械有限公司，现为中国机械工业集团有限公司所属中国地质装备集团有限公司的全资子公司。

2017年9月，原张家口探矿机械总厂完成升级改造，响应政府“退城进园”的号召，整装进驻“中国机械工业集团张家口地质装备产业园”，完成拆迁工作，原厂将改造为张家口工业博物馆。

4.5.2.2　工业遗产

（1）总平面布局

张家口探矿机械总厂目前已经停产，遗存有部分工业遗产（图4-5-13）。

图4-5-13　张家口探矿机械总厂平面图
（资料来源：王雨萌绘制）

（2）建（构）筑物遗存概况

张家口探矿机械总厂工业遗存主要有机联车间、动力车间、钻配分公司、成品库、铸造分厂车间等厂房和部分机器设备（图4-5-14）。

图4-5-14　张家口探矿机械总厂

① 机联车间

机联车间位于张家口探矿机械总厂北部，始建于1953年，是张家口探矿机械总厂最大的车间，共有7跨宽，每跨15米，总宽105米，长200米，总建筑面积为21 000平方米。其中设置多个车间，张家口探矿机械总厂的大部分工人、技术人员以及中层领导都曾在此上班，也是工人们劳动竞赛、岗位练兵的地方。机联车间现已废弃，整体建筑保存完好（图4-5-15、图4-5-16）。

图4-5-15　机联车间外部

图4-5-16 机联车间内部
（资料来源：王雨萌拍摄）

图4-5-17 动力车间
（资料来源：王雨萌拍摄）

图4-5-18 钻配分公司
（资料来源：王雨萌拍摄）

②动力车间

动力车间位于张家口探矿机械总厂南部，始建于1953年，是张家口探矿机械总厂较小的车间，为一层砖混结构房屋，宽约6米，长约30米，总建筑面积约180平方米。动力车间现已废弃，外部建筑保存基本完好（图4-5-17）。

③ 钻配分公司

钻配分公司位于张家口探矿机械总厂南边，铸造分厂车间北边，始建于1953年，是张家口探矿机械总厂的分公司，为四层砖混结构楼房，宽约10米，长约50米，总建筑面积约2000平方米。钻配分公司现已闲置，整体建筑保存基本完好（图4-5-18）。

④ 成品库

成品库位于张家口探矿机械总厂北边，始建于1953年，为三层砖混结构楼房，宽约30米，长约100米，总建筑面积约5000平方米。后经过局部修缮，现已闲置，保存基本完好（图4-5-19）。

图4-5-19　成品库
（资料来源：王雨萌拍摄）

图4-5-20　毛泽东塑像

⑤ 毛泽东塑像

毛泽东塑像位于张家口探矿机械总厂大门口，始建于1960年代末，是张家口探矿机械总厂地标性建筑，也是历史发展的节点性标志。塑像保存完好（图4-5-20）。

⑥ 铸造分厂车间

铸造分厂车间位于张家口探矿机械总厂最南边，始建于1953年，是张家口探矿机械总厂的分厂，为一层大跨砖混结构大车间，宽约90米，为大三拱形，长约110米。2002年共计14 257平方米的铸造分厂车间及周边空地、门面房被出租给张家口市家具中心，经过改造后现作为张家口市长安家居装饰有限公司进行家具展示及出售的场地，保存基本完好（图4-5-21、图4-5-22）。

图4-5-21　铸造分厂车间外部（一）
（资料来源：王雨萌拍摄）

图4-5-22　铸造分厂车间外部（二）
（资料来源：王雨萌拍摄）

4.5.2.3　价值评估

（1）历史价值

张家口探矿机械总厂成立于1910年，对祖国的建设事业，尤其是对我国地质勘探事业做出的贡献，不可磨灭。张家口探矿机械总厂的生产基本是从零开始，以后的每次拓展都是先开发一个具有前景的新产品，经过逐步摸索，然后开辟一片新市场，继而奠定它的主要发展方向。随着技术进步和市场的变化，工厂不断拓宽服务领域，逐渐向深度和广度发展。了解、分析和思考张家口探矿机械总厂的发展历史，可以循着钻探机械制造业发展壮大的脉络，总结其经验和教训，有助于在改革开放和社会主义市场经济大潮新的机遇和挑战中，坚持科技创新、艰苦奋斗、破浪前进，不断提高企业管理水平，再创机械制造领域的辉煌。

（2）科技价值

张家口探矿机械总厂作为全国500家最大机械制造企业之一，其产品曾遍布全国各省、自治区、直辖市，在地质、冶金、交通、水电、国防、煤炭、石油、化工等诸多行业得到广泛应用，曾荣获全国“地质找矿重大贡献单位”称号。

张家口探矿机械总厂率先在全厂实行的内部银行管理制度，被国家经贸委编印成《企业内部银行》一书在全国推广，成为全国探矿机械行业的蓝本。张家口探矿机械总厂1954年末开始仿制苏联KAM-500型、KA-2M-300型钻机，以及配套用的100/30、200/40泥浆泵等设备；1955年开始成批生产我国第一代地质专用钻机，从而使我国走上了自主制造钻探设备的道路。经过艰苦努力，张家口探矿机械总厂在这里完成了我国自行设计制造的100米手把钻机的生产，这是我国首台自行设计制造的成台钻机；在这里完成了我国自行制造的第一台车装钻机的生产，揭开了我国生产第二代地质钻机的序幕；在这里完成了我国自己设计的第一台油压钻机——跃进-600型钻机的投产，为地质勘探事业立下了汗马功劳。张家口探矿机械总厂和勘探技术研究所联合研制JU-1500型钻机，荣获国家银质奖，奠定了我国中深孔地质岩心钻机的重要地位，产品打入国际市场。工厂改进的XU600A-2型高速金刚石钻进的钻机成为我国正式投产的第一台高速金刚石钻进的钻机。由此形成的系列钻机，使我国钻探装备从大口径低转速硬质合金钻头钻进过渡到小口径高转速金刚石钻头钻进，完成了质的飞跃。此外，工厂引进并成批生产的石油采油用抽油杆等系列产品，不仅在国内广泛应用，而且远销南北美洲、亚洲、大洋洲的美国、巴西、印尼、澳大利亚等多个国家。

几十年来，张家口探矿机械总厂从简单机修到生产成台套产品，从仿制到自行研制，从生产低速钻机到高速钻机，从机械到液压，再从全液压到机电液一体化，不仅为国家研制生产了大量的急需产品，而且为国家培养输送了大批专业人才，真正发挥了“母机厂”的作用。从1953年到1959年，工厂通过办学共培养政工和技术人员1250名，90%的人员都分配到全国各地的地质部门工作，很多学员很快就成为生产中的技术骨干。张家口探矿机械总厂积极支援地质系统创建部直属厂和省局厂20余个，为各厂输送了大量的技术人员、管理干部和熟练工人。

另外，工厂还先后派出工程技术人员、技术工人20余人，前往菲律宾、柬埔寨、越南、马达加斯加、索马里、伊拉克、坦桑尼亚等发展中国家援助当地的生产建设，为祖国赢得了荣誉。

张家口探矿机械总厂的科技发展经验、技术创新历程对中国钻探机械制造行业继续进行技术改造、促进产品升级换代、提升研发和生产能力，最终实现企业的跳跃式发展，打造优势企业，在行业内做大做强具有重要的科学借鉴价值。

（3）社会文化价值

张家口探矿机械总厂是张家口最早的民族工业企业，孕育出张家口第一代产业工人队伍，成为张家口产业工人的发源地。张家口探矿机械总厂不仅是钻探机械制造业的“母机厂”，为中国探矿机械制造工业的发展做出了巨大的贡献，而且是张家口最早建立党工团组织的地方，成为党、工、团三大组织的发祥地之一。从詹天佑、孙中山到李大钊、何孟雄、萧三，从朱德、邓颖超、李四光、何长工到郭沫若、叶圣陶……灿若繁星的名人都曾为这家企业打上了历史的烙印。通过张家口探矿机械总厂工业遗产的展示，既可以了解张家口市社会发展脉络，又可以清楚张家口文化变革的前因后果，因此，对张家口探矿机械总厂工业遗产的保护具有重要的社会文化价值。

4.5.2.4　工业遗产保护与利用

张家口探矿机械总厂现有工业遗存保存基本完好，可以进行整体保护。建议采用如下具体措施对有关工业遗存进行重点保护。

（1）机联车间、动力车间、钻配分公司、成品库相距较近，可以机联车间为中心，改造建设为探矿机械行业类的博物馆，进行整体保护，也可作为旅游观光园区。

（2）铸造分厂车间虽然已经出租给张家口市家具中心，并且临街墙面已经改造为张家口市长安家居装饰公司用房，但厂房整体构架没有大的变动，所以仍然可以保持原貌为主旨，进行开发性保护，改造为休闲消费或娱乐园区。

4.5.3 山海关桥梁厂[①②]

山海关桥梁厂建于1894年，是中国建厂最早、规模最大的桥梁钢结构和铁路道岔生产制造企业，现名中铁山桥集团有限公司，已打造的桥梁中有35座跨长江、20座跨黄河、13座跨海湾的大桥。山海关桥梁厂制造了中国第一孔钢桥、第一组铁路道岔、第一台架桥机、第一座长江大桥——武汉长江大桥。该厂被誉为“中国钢桥的摇篮、铁路道岔的故乡”。

4.5.3.1 历史沿革

1891年4月清政府批准直隶总督李鸿章将唐津铁路向东延伸至山海关，进而继续向东北扩展的计划，并派李鸿章为关东铁路督办。李鸿章在山海关设立“北洋官铁路局”，主管津榆铁路修建事务。

1892年5月，津榆铁路修至滦县，开始架设滦河桥。大桥全长670.6米，共17孔，是中国当时最大的钢结构桥梁。

1893年，津榆铁路修至山海关，北洋官铁路局筹建山海关铁工厂。

1894年，清政府投资白银48万两，组建山海关造桥厂。4月11日，山海关造桥厂正式开工，第一任总管为英国人鲍恩（Born）。

1895年8月，英国人霍华德（H. G. Howard）接替鲍恩任山海关造桥厂总管。1896年，北洋官铁路局改名为“津榆铁路总局”，山海关造桥厂归其管辖。1897年，津榆铁路总局改名为“关内外铁路总局”，山海关造桥厂归其管辖。

1898年7月25日，清政府设立矿务铁路总局。

1899年，造桥厂由英国购进7台人力吊钩起重机。

1900年10月1日，山海关造桥厂被俄国人占有，英国人霍华德仍任造桥厂总管。

1901年，造桥厂新建厂房146.23平方米。

1905年10月2日，京张铁路开工修筑。1909年9月24日，京张铁路全线通车。山海关造桥厂为全线共制造钢梁桥121座，计1951延长米，其中钢梁最大跨度为33.5米华伦式桁梁。

1907年8月12日，关内外铁路改名为“京奉铁路”，设京奉铁路局于天津。山海关造桥厂归属京奉铁路局管辖，名为“京奉铁路山海关造桥厂”。

1910年，新建厂房186.45平方米。全厂建筑面积达到5625.14平方米，机械及动力设备达到50台。

1913年12月，京奉铁路局奉北洋政府交通部之命改名为京奉铁路管理局，山海关造桥厂归其管辖。

1914年，京奉铁路管理局设总务、电务、厂务等6个处，山海关造桥厂归厂务处直接管辖。

① 部分资料由中国中铁山桥集团提供。
② 铁道部山海关桥梁工厂志编委会. 铁道部山海关桥梁工厂志 [M]. 沈阳：辽宁人民出版社，1994.

1916年11月，山海关造桥厂改称京奉铁路山海关铁工厂，隶属于京奉铁路管理局工务处。

1921年，京奉铁路管理局任命英国人詹姆斯·博曼（Bowman）为山海关铁工厂副厂长，陈宏经为铁工厂机械工程师。

1929年11月，山海关铁工厂改名为铁道部北宁铁路山海关工厂，隶属北宁铁路管理局工务处管辖。

1933年1月1日，日本侵略军发动“榆关事变”，3日14时侵占山海关，工厂被迫停工。8月工厂恢复生产。

1938年6月15日，天津铁道事务所改为天津铁路局，隶属于伪满铁北支事务局。山海关工厂改由天津铁路局工务处管辖，厂名改为山海关铁道工厂。

1940年6月3日，伪华北交通株式会社将山海关和青岛两铁路工厂移交给伪华北车辆株式会社管理。山海关铁道工厂改名为华北车辆株式会社山海关工场。日本人野田喜三郎任山海关工场场长。

1945年10月，国民政府交通部派员接收伪华北车辆株式会社，11月16日国民党军队占领山海关，山海关工场改名为交通部山海关桥梁厂，厂长由山海关工务段段长宫世恩代理。

1948年11月27日，山海关解放，中国人民解放军铁道纵队厂务部接管山海关桥梁厂，工厂更名为“山海关桥梁工厂”。当时工厂有职工830人，厂区占地面积17.43万平方米，建筑面积2.43万平方米，有机器设备283台，固定资产491万元。

1970年9月2日，工厂改名为“交通部山海关桥梁工厂”。

1975年2月18日，工厂归属铁道部，改名为“铁道部山海关桥梁工厂”。

1999年，改称“山海关桥梁厂”。

2001年，改称“中铁山桥集团有限公司”。

2018年，工厂被列入工信部颁布的“第二批国家工业遗产名单”。

4.5.3.2　工业遗产

1934年国民政府交通部编著的《交通史路政编》一书，详细记载了山海关桥梁厂建厂之初的情况：“工厂仅有厂长办公室两间，库房一所，工房仅有桥梁房、机器房、配机房、翻砂房、木样房、油漆房等共8所，全厂占地135亩（9公顷），位于山海关车站之西、铁路之南”（图4-5-23、图4-5-24）。

图4-5-23　20世纪初的山海关桥梁厂

（资料来源：铁道部山海关桥梁工厂志编委会，《铁道部山海关桥梁工厂志》，1994）

图4-5-24　20世纪三四十年代山海关桥梁厂厂区

（资料来源：铁道部山海关桥梁工厂志编委会，《铁道部山海关桥梁工厂志》，1994）

图4-5-25 工厂鸟瞰图
（资料来源：铁道部山海关桥梁工厂志编委会，《铁道部山海关桥梁工厂志》，1994）

山海关桥梁厂（现中铁山桥集团有限公司，简称中铁山桥或山桥）主厂区总面积70万平方米，现存遗产主要分为建筑、设备、实物及档案等项。

公司早期老建筑现已不存，仅留有一面建厂时砌筑的砖墙。现存其他工业建筑主体为1949年后国家投资新建的钢梁、道岔厂房及附属设施。建设初期的厂房结构为混凝土基础，水泥砖墙，钢结构房柱房架，钢质门，木质窗，石棉瓦房顶，混凝土地面。虽经过多年使用，但厂房结构保存完好。历年来，公司多次对厂房进行维护加固改造以确保使用安全。

公司工业遗产核心物项现存有五台设备和一件钢梁，分别是1894年从英国购进的两米铣边机床和牛头刨床，1939年日据时期的木工带锯机，1955年从苏联引进的型钢矫正机，1960年辽宁锻压机床厂生产的双盘摩擦压力机和1898年建造的京汉铁路郑州黄河大桥钢梁，现保存在历史文化广场，成为了传承历史文化的载体。

公司现有遗产实物和档案八项，分别是1898年京汉铁路郑州黄河大桥上的桥牌，1914年交通部直辖京奉铁路管理局电报，1920年地契，1948年桥牌，1948年工厂账本，1950年工厂平面图，武汉长江大桥制造过程图册，铁道部山海关桥梁工厂志，目前保存在公司档案馆中。

（1）总平面布局

山海关桥梁厂始建于1894年，位于燕山脚下、渤海之滨的河北省秦皇岛市山海关区，厂区距古城中心2公里，东靠南海西路与山海关铁路地区相对，西濒石河下游，南与工厂生活区相连，北抵京沈铁路干线。1989年末，工厂总占地面积125.49万平方米，其中厂区面积76.59万平方米，生产建筑面积19.72万平方米，非生产建筑面积23.90万平方米（其中包括职工住宅建筑面积20.59万平方米）（图4-5-25）。

图4-5-26　建厂原址保存的砖墙

（2）建（构）筑物遗存概况

① 遗存的砖墙（图4-5-26）

② 原钢梁车间厂房

厂房建于1953年，为适应当时国家铁路建设而兴建，满足了大型钢梁制造的需要，武汉长江大桥、南京长江大桥等国家重点桥梁的钢梁均诞生于这里（图4-5-27、图4-5-28）。

③ 打风机厂房

为满足生产供风需要，1953年建设打风机厂房（图4-5-29）。

图4-5-27　原钢梁车间厂房内部

图4-5-28　原钢梁车间厂房

图4-5-29　打风机厂房

（资料来源：中国中铁山桥集团）

图4-5-30 机械车间休息室（原理化实验室）
（资料来源：中国中铁山桥集团）

图4-5-31 山海关造桥厂铭牌

④ 机械车间休息室（原理化实验室）（图4-5-30）

⑤ 清光绪二十四年桥梁铭牌

桥梁铭牌编号为光绪二十四年第五百七十二号，背景为中华民族的图腾——龙，是当今中国最具特点的桥梁记忆（图4-5-31）。

⑥ 型钢矫正机

型钢矫正机1955年从苏联引进，是当时世界先进的机械设备，引进当年即为建造新中国第一座跨长江大桥——武汉长江大桥进行型钢矫正，确保达到生产大型铆接桥梁的工艺要求。该设备在中铁山桥一直服役到1990年代末（图4-5-32）。

⑦ 两米铣边机床

两米铣边机床于1894年从英国购进，在公司钢结构生产历史上，为武汉长江大桥、南京长江大桥、九江长江大桥、武汉天兴洲长江大桥、南京大胜关长江大桥等国际知名大桥的钢板铣边做出重要贡献。这些设备与山桥同龄，在山桥服役至2013年底，是中铁山桥发展的重要历史见证（图4-5-33）。

图4-5-32 型钢矫正机

图4-5-33 两米铣边机床

图4-5-34　牛头刨床

图4-5-35　京汉铁路郑州黄河大桥钢梁

⑧ 刨床、钢梁等其他设备（图4-5-34、图4-5-35）

⑨ 武汉长江大桥钢梁制造过程图册

图册对大桥钢梁生产制造过程中的工艺、工装进行了详细的记载，具有较高的历史价值和科技价值（图4-5-36）。

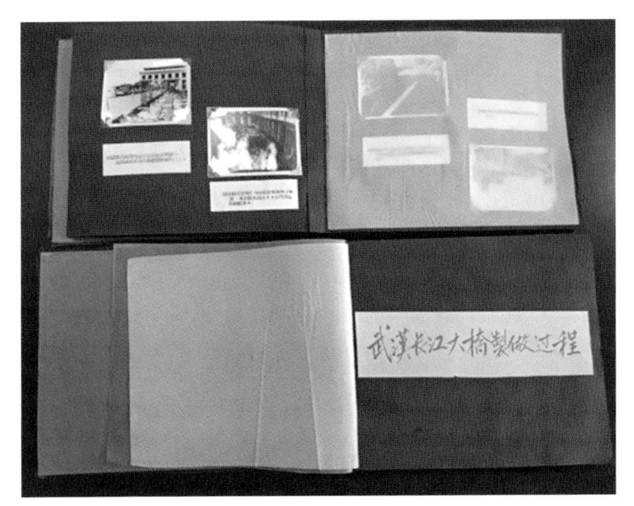

图4-5-36　武汉长江大桥制造过程图册
（资料来源：中国中铁山桥集团）

4.5.3.3　价值评估

（1）历史价值

山海关桥梁厂（简称中铁山桥或山桥）始建于1894年，前身为北洋官铁路局山海关造桥厂，为中国铁路工程集团有限公司的发源地，是洋务运动晚期代表人物李鸿章授意创办的中国第一家以钢结构桥梁和铁路道岔及配件为核心产品的制造企业，见证和参与了中国钢桥发展和铁路建设事业的全过程。山桥制造了中国第一孔钢桥、我国第一组铁路道岔、中国第一台架桥机、中国第一座长江大桥——武汉长江大桥、中国第一条高锰钢辙叉等，创造了众多的中国“第一”，被誉为“中国钢桥的摇篮、铁路道岔的故乡”。

（2）科技价值

钢桥和道岔是中铁山桥的两大核心产品，伴随着企业从原来的手工作坊发展成现代化的企业集团，产品的制造工艺技术也在不断改进升级。如今，钢桥和道岔两大产品更是“中国桥梁”和“中国高铁”两张国家名片的重要构成部分，成为当代中国工业制造的先锋翘楚。

钢桥的发展是一部技术与材料的发展史，1894年山海关造桥厂成立，中国才真正有了第一批制造钢桥的技术工人。1905年至1909年，詹天佑主持修建中国人自行设计的第一条铁路——京张（北京至张家口）铁路，中铁山桥负责了全线121座铁路钢桥的制造。1948年11月，山海关解放后，为支援人民解放军解放全中国，工厂迅速恢复生产，抢修和制造铁路桥梁171孔，总长2136米。1950年，为支援抗美援朝，山桥制造了军用便桥20孔和30吨平车140辆。“一五”期间，国家在中铁山桥投资新建、改建和扩建了钢梁、道岔、铸造等厂房，购进一批大型机械设备，形成了年产钢梁12 000吨、道岔5000组、铸铁件2500吨的生产能力。此后，公司相继制造了武汉长江大桥、南京长江大桥、成昆铁路桥等大批铁路钢桥，成为建设社会主义新中国的主力军。1978年，全国科学大会在北京召开，中铁山桥制造的南京长江大桥钢梁、金沙江桥钢梁、栓焊钢梁、ZP-25型低悬臂铺轨机、特种断面尖轨跟端辊锻工艺获得全国科学大会奖。改革开放后，随着社会的不断进步，新技术、新材料、新工艺、新设备得到了广泛应用，中铁山桥在工艺技术方面，从传统的铆接、栓接、栓焊接到全焊接，再到自动化焊接技术，始终是行业技术发展的引领者，先后制定了多项行业技术标准和规范。进入21世纪，代表中国造桥技术水平的润扬长江大桥、苏通大桥、南京大胜关长江大桥、重庆朝天门大桥、湖南矮寨大桥、北盘江大桥、虎门二桥，乃至举世瞩目的港珠澳大桥，均有中铁山桥参与建造。

铁路道岔是让火车由一条轨道转向另一条轨道的重要装置。1912年，山桥制造了中国铁路第一组道岔，结束了中国不能生产道岔的历史。1963年，我国第一代标准型单开道岔在中铁山桥研制成功，实现了中国铁路道岔的标准化和系列化，为中国铁路的发展打下了坚实基础。改革开放以来，铁路建设迅猛发展，铁路道岔也逐步从普通道岔向重载道岔，从提速道岔向高速道岔方向发展。中铁山桥率先研制出时速250公里、时速350公里高速道岔，有力地保证了“八纵八横”国家高速铁路网的建设。其中，时速350公里的62号高速道岔为目前世界上长度最长、结构最复杂、技术最先进的高速道岔，处于国际领先水平，标志着中国高速道岔的制造技术进入了世界先进行列。

近年来，中铁山桥积极贯彻“科技兴企”的发展战略，围绕企业发展战略目标，积极开展科技课题项目研究，突破了一系列技术难关，掌握了一整套核心技术，多项技术达到国际先进或国际领先水平，在中铁山桥的每个厂区、每条生产线上，都可以看到国内首创、行业第一的创新成果。中铁山桥在港珠澳大桥钢箱梁制造中，在同行业率先研发了组装、焊接机器人系统，这完全颠覆了传统以人工为主的生产模式，产品质量大幅提升，山桥制造的创新标准为桥梁钢结构制造技术提供了新知识与新样本。

（3）社会文化价值

山海关桥梁厂是国内建厂最早、规模最大的桥梁工厂，是铁道部所属铁路专用器材制造的大型企业。工厂主要生产铁路、公路桥各种大型钢梁，大中型钢结构，集装箱，铁路道岔，高锰钢辙叉，工程机械等产品。在为国内铁路建设服务的同时，山桥还为国内外其他用户提供产品。工厂制造的桥梁、道岔遍布全国各地，其中武汉长江大桥、南京长江大桥、九江长江大桥驰名中外。工厂的产品还远销亚洲、非洲、欧洲、北美洲，在发展我国铁路事业和增进国际友谊方面，做出了重要贡献。

（4）艺术价值

山桥主厂区面积为70万平方米，厂区周边有工人新村、工人街、向阳院、三角地等企业所建家属住宅楼139栋。住房最早建于1952年，最晚建于2011年。各住宅区楼房外观、层次、用材、颜色、样式等，均极具时代特征和观赏价值。

山桥主厂区坐落在山海关车站南侧、石河东侧。厂区内建有多个道岔、辙叉、机械设备及道岔配件生产厂房，各个厂房根据当时的生产力发展水平和生产需要设计、建造，也分别表现出建造时代的不同特点。

4.5.3.4　工业遗产保护与利用

中铁山桥对工业遗产的保护工作给予了资金和立项的支持。在建厂120周年之际，公司建成历史文化广场，将现有设备存放于此进行保护性使用，吸引了全国各地的领导干部、学生、专家学者前来参观。文化广场占地面积6000平方米，内有李鸿章、詹天佑、王尽美三尊塑像，两件产品，五台设备。

作为中国钢桥的摇篮、道岔的故乡，中铁山桥是河北省青少年科普教育基地和秦皇岛市爱国主义教育基地，还是秦皇岛市委党校实践教学点。

4.5.4　石家庄车辆厂

4.5.4.1　历史沿革

1903年冬，法国人在石家庄村东、京汉铁路以西购买了大片土地，并用石头墙将土地围拢起来，搭起了席棚子和土坯房，作为修筑正太铁路的基地。1905年，随着正太铁路施工全面展开，在基地开始兴建正太铁路石家庄总机厂，专为正太铁路修理窄轨的机车、客车、货车，至1921年工厂全面建成（图4-5-37）。建成之初的总机厂下设锻铁厂、锅炉厂、熔铸厂、模厂、装配厂、合拢厂、锯木细木厂、修车厂等分厂，厂房总面积12 000平方米，拥有各种机器设备百余台，共值327 820元（1921年底核计）。同时厂区还建有正太铁路管理局办公大楼、法国总工程师公馆、法国职员寓所等，因此这里被称为法国“洋城”。截至1925年6月底，总机厂共有工人568人。

1932年10月，按照合同约定，法国经营30年

图4-5-37　1919年的正太铁路石家庄机器厂
（资料来源：《铁路协会会报》1919年第80期第7页）

期满。当年10月25日，中方接收委员会成员与法方代表玛尔丹共同举行了正太铁路交接仪式，正太铁路路权被收归国有。1937年10月，日本侵略军占领工厂，经过一系列改造的总机厂发生了巨大的变化，正太火车房（机务段）从工厂迁出，厂内建起了容量达500吨的大水塔为厂外机车上水，工厂由原来只为正太铁路修理窄轨机车车辆转向为石太、石德、京汉铁路修理标准轨机车车辆。1945年8月15日，日本宣布无条件投降，工厂重新回归中国。1946年，工厂共有人员1400余人，机器300部。解放战争时期，国民党驻石门第三军将厂内原正太铁路局办公大楼作为军部，在大水塔上设立瞭望指挥所，还在厂区内到处挖战壕、修碉堡，工厂处于半停产状态，厂房遭受战争破坏。到1947年石家庄解放时，16栋厂房中有14栋被炸毁。1948年1月19日，工厂在解放后修复的第一台机车开出了工厂。1949年至1951年，制材厂、铸铜厂等部分倒塌的厂房陆续修复完毕，工厂进入恢复发展期。从1964年开始，工厂连续20年进行了三次大规模系统技术改造，从生产型向生产经营型转变。1978年工厂创造年修车产量7275辆的历史最高纪录。2000年9月29日，中车公司与铁道部脱钩，分立组建中国南方机车车辆工业集团公司和中国北方机车车辆工业集团公司，工厂隶属南车集团。

从2011年6月起，南车石家庄车辆有限公司启动搬迁，正式开始在位于裕翔街南头栾城县境内的石家庄装备制造基地建设南车石家庄产业园。2015年初，工厂完成了由市中心老厂区到新厂区的搬迁。2018年，车辆厂老厂房被拆除。2019年，日据时期建造的水塔被爆破拆除。

4.5.4.2 工业遗产

（1）总平面布局

2018年，石家庄启动车辆厂地块的拆迁工作。经过拆迁后，石家庄车辆厂原有生产建筑全部被拆除，目前仅存五栋别墅（图4-5-38）。石家庄车辆厂法式别墅即当时配套建设的供法方高层管理人员使用的别墅，在车辆厂前街西侧存有两栋，在车辆厂后街北侧存有三栋。

图4-5-38 石家庄车辆厂工业遗存分布

（图中右下角大片空白区域即为拆除后的部分车辆厂地块）

（2）建（构）筑物遗存概况

①厂前街两栋别墅

两栋别墅现为石家庄警备区第二干休所用房，朝向东南，建筑形制相似，均为两坡屋顶，前设外廊，左前侧凸出一八边形房间，现闲置。两侧山墙上部居中开一圆券通风窗，右侧山墙下部开四个窗户。建筑底部、转角以及窗套均用青石砌筑，上部青砖砌筑到顶（图4-5-39～图4-5-41）。

图4-5-39　厂前街两栋别墅鸟瞰图

图4-5-40　厂前街1号别墅

图4-5-41　厂前街2号别墅

②厂后街三栋别墅

三栋别墅位于厂后街15号附近，沿道路北侧一字排开，均朝向西南。三栋建筑形制相似，均为两坡屋顶，建造时均设外廊，现已被封堵改造。两侧山墙下部开两大券窗，上部居中开一小券窗，窗套均用青砖砌筑，均施木格栅窗。底部用青石砌筑，上部青砖砌筑到顶（图4-5-42～图4-5-44）。

4.5.4.3 价值评估

正太铁路石家庄车辆厂是石家庄第一家机械类企业，是河北省现存历史最为悠久的大型企业之一。虽然石家庄车辆厂原有工业厂房建筑已经荡然无存，但是现存的五栋工业附属居住建筑也见证了百年前中法建筑文化的交融。石家庄车辆厂的建设从空间上改变了石家庄的城市格局，见证了石家庄的城市发展。车辆厂也为石家庄培养了大量的产业工人，促进了石家庄城市化的进程。在石家庄车辆厂诞生了石家庄市的第一名党员、第一个党小组、第一个党支部、第一名中共石家庄市委书记，第一个工会组织，第一个团支部，抒写了可歌可泣的红色历史。

4.6 化工与制药类工业遗产

4.6.1 华北制药厂①

华北制药厂是中华人民共和国成立后建设的第一家新型的医药工业联合企业，是我国“一五”计划期间引进援建的现代工业企业，是集抗生素、淀粉、葡萄糖和药用玻璃包装容器生产于一身的全国重点大型医药联合企业及

图4-5-42 厂后街1号别墅

图4-5-43 厂后街2号别墅

图4-5-44 厂后街3号别墅

① 马中军，河北省高等学校社科研究 2019 年度基金项目成果（SD191078）。

抗生素生产的重要基地。华北制药厂在"一五"计划安排的156项重点工程[①]中，由苏联援建抗生素厂、淀粉分厂；医用玻璃厂作为配套工程被列为694个大中型建设项目中的1项，由德意志民主共和国援建[②]。其中淀粉分厂为制药厂提供玉米浆、玉米油、葡萄糖等制药原料，玻璃分厂专门生产药瓶。企业的主体抗生素厂（即总厂）生产青霉素和链霉素等药物。

抗生素厂全部工程委托苏联卫生部"国家医药工业企业设计院"设计，设计能力：青霉素钾盐年产32.5吨；硫酸链霉素年产53吨。淀粉分厂全部工程委托苏联工业部"酿酒工业企业设计院"设计，设计能力：干淀粉年产14 850吨；食用葡萄糖年产1712吨；副产品有干饲料、玉米浆、玉米油和废糖蜜等。玻璃分厂全部工程委托德意志民主共和国设计，设计能力：年产药用玻璃小瓶2.9亿支；副产品有氧气、氮气、焦炭、粗苯和焦油等[③]。抗生素厂和淀粉分厂的铁路专用线经铁道部指定，由天津铁路局设计并施工。

华北制药厂在中国抗生素产业发展史上做出了重要贡献，具有重要地位，号称共和国的"医药长子"。"156项目"是"一五"计划建设的核心，中央领导对华北制药厂的建设非常关怀和重视，罗瑞卿、彭德怀、刘少奇、邓小平、周恩来、朱德、彭真、江泽民等领导都曾到此视察。

4.6.1.1 历史沿革

华北制药厂于1953年6月筹建，淀粉分厂于1955年6月动工，抗生素厂和玻璃分厂分别在1956年的2月和11月动工。1958年6月工厂验收合格，正式交付生产，前后历时五年，共投资7588.3万元。厂址位于石家庄市区东部，抗生素厂和淀粉分厂东依东明渠西岸，西至体育大街，南近跃进路，北至光华路。和平中路将两个厂分成南北两部分。玻璃分厂位于上述两个厂区的西北方，南傍光华路，东向电厂街，西北毗邻国棉五厂和石家庄至德州铁路线。当时全厂总占地面积77.9万平方米，建筑面积49.2万平方米。[④]华北制药厂建成后，青霉素、链霉素满足了全国需要，结束了依赖进口的历史。华北制药厂曾是亚洲最大的抗生素生产厂。1987年抗生素的年产量达2170多吨，约占全国总产量的六分之一。1989年年产量达2400多吨，是原设计能力82.5吨的29倍。[⑤]

由华北制药厂统一筹建的玻璃分厂，由德意志民主共和国设计并提供生产技术和主要设备，德方派专家来华指导，1958年交付生产。1970年玻璃厂大瓶车间试制成功彩色显像管，1975年独立为华北制药厂显像管分厂；1981年更名为石家庄显像管厂；1985年与原电子工业部直属4402厂合并；1987年石家庄显像管总厂成立；1993年1月，石家庄显像管总厂改组为石家庄宝石电子集团公司。

生化分厂是以生产生化药品为主的单位，1981年，由石家庄曙光制药厂和华北制药厂联营；1984年，更名为"华北制药厂生化分厂"。溶剂

① "156项目"是中华人民共和国"一五"计划（1953—1957年）期间苏联对我国工业领域的156个援助项目。这一系列的项目帮助了中国的工业经济发展，奠定了我国的工业基础。"156项目"中，仅有两项属于医药工业企业，即华北制药厂及太原制药厂。

②③④ 华药厂志办．华北制药厂厂志（1953—1990）[M]．石家庄：河北人民出版社，1995．

⑤ 傅烨．光辉的历程：记华北制药厂[J]．中国工商，1990（12）：6．

分厂于1986年建成，是华北制药厂与栾城县联营建设的企业。1987年，其他药厂与华北制药厂联营组成合成分厂。

作为中国青霉素生产的龙头企业，青霉素成就了昔日华药的辉煌。但因种种原因，华北制药厂在2005年首次出现亏损，2009年冀中能源重组华北制药厂，开始由原料药向制剂药、生物制药的战略转型。随着城市的急速发展，该厂所处区域成为城市核心地带，在城市发展和大气污染治理的双重压力下，工厂搬迁成为必然。按照石家庄市整体规划及公司转型升级的总体要求，2017年华北制药厂加快重点搬迁改造项目建设，完成主城区企业搬迁升级工作。华北制药厂亲历了石家庄作为一个新兴工业城市的发展历程，也直面了一座城市产业转型升级、搬迁改造的艰难抉择。①

4.6.1.2　工业遗产

华北制药厂从建厂到停产，60余年的发展历程留下了大量的工业遗产。目前和平路以北的淀粉分厂、生化分厂、合成分厂，和平路以南的抗生素厂（现华北制药集团有限责任公司）保存较为完整（图4-6-1～图4-6-5）。玻璃厂现已被拆除。

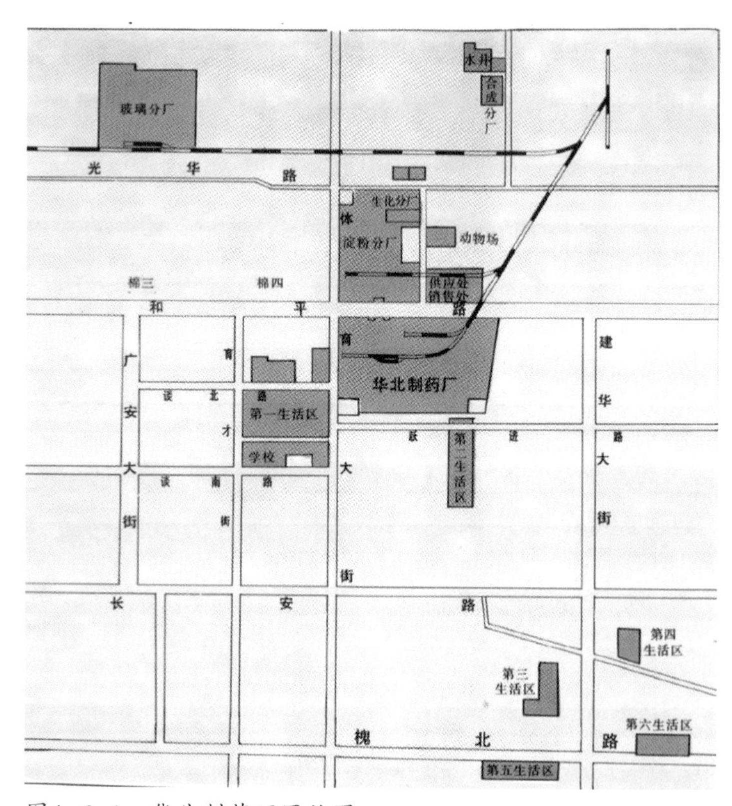

图4-6-1　华北制药厂区位图

（资料来源：华药厂志办，《华北制药厂厂志（1953—1990）》，1995）

图4-6-2　沿和平路南北两厂区航拍图

① 马中军．华北制药厂工业遗产调查 [C] // 刘伯英．中国工业建筑遗产调查、研究与保护：2017 年中国第八届工业建筑遗产学术研讨会论文集．北京：清华大学出版社，2019：230-231.

图4-6-3　淀粉分厂航拍图

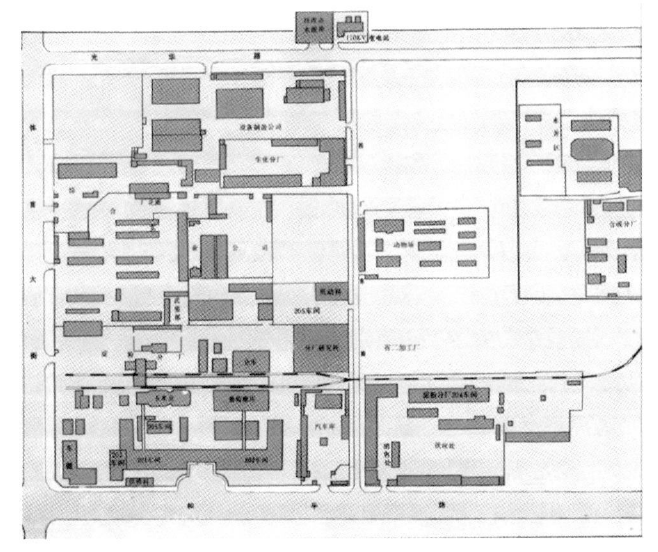

图4-6-4　淀粉分厂、生化分厂、合成分厂平面图

（资料来源：华药厂志办，《华北制药厂厂志（1953—1990）》，1995）

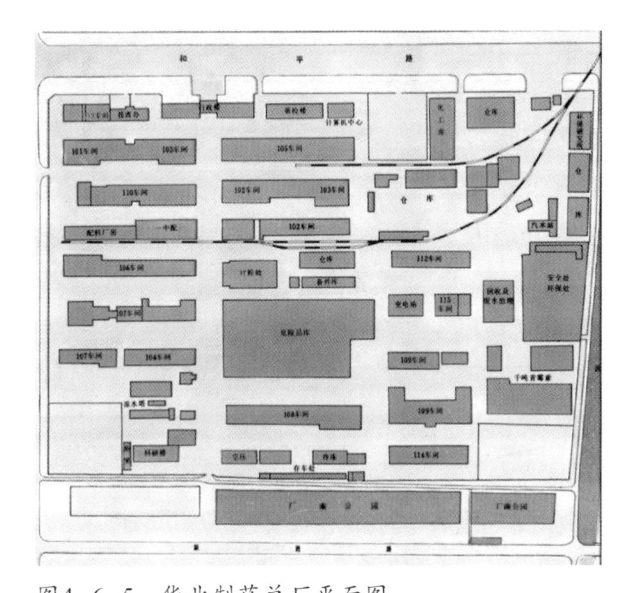

图4-6-5　华北制药总厂平面图

（资料来源：华药厂志办，《华北制药厂厂志（1953—1990）》，1995）

（1）总平面布局

总厂的车间中，1957年底建成、1958年试车生产的101车间、103车间分别是青霉素和链霉素生产车间。105车间是分装车间。土霉素车间于1959年建成。107车间是1959年建成的溶剂车间，建筑面积7800平方米。林可霉素车间于1973年建成。110车间、112车间、115车间分别是电力、维修和动力车间。1988年筹建114车间，新建厂房19 600平方米，主要承担青霉素分包装任务。

（2）建（构）筑物遗存概况

华北制药厂的抗生素厂、淀粉分厂是核心厂区，保存较为完整，厂区经过多次改建、扩建，目前仍基本保存其制药工业企业原貌特征。主要建（构）筑物包括制药车间、筒仓、办公楼、其他辅助用房、自备铁路等。

①总厂办公楼

华北制药厂总厂办公楼（图4-6-6）是河北省文物保护单位，整体建筑呈中式风格，两端对称，与淀粉分厂俄式风格的生产大楼隔马路相对。

图4-6-6　总厂办公楼

②总厂的青霉素和链霉素生产车间、分装车间

101车间、103车间分别是青霉素和链霉素生产车间。车间整体保存完整，内部设备已被拆走。与101车间、103车间并排而建的105车间是分装车间，承担青霉素、链霉素原粉的分包装工作，1957年建成，现部分空间已被改成职工食堂和浴室（图4-6-7、图4-6-8）。

③发酵车间（图4-6-9）

④凉水塔（图4-6-10）

图4-6-7　青霉素和链霉素生产车间

图4-6-8　分装车间

图4-6-9　发酵车间

图4-6-10　凉水塔

图4-6-11 总厂自备铁路

⑤自备铁路

淀粉分厂及总厂均有自备铁路线，方便原料及物品的运输（图4-6-11）。

⑥淀粉分厂生产大楼

淀粉分厂生产大楼是河北省文物保护单位，是石家庄保存规模最大、最完好、最具代表性的俄式建筑，建筑风格典雅壮观。该办公楼由苏联工业部酿酒工业企业设计院设计。淀粉分厂大门装饰图案中的和平鸽象征和平，下方的葡萄喻示与药厂生产息息相关的葡萄糖。办公楼高23.5米，墙体厚0.49米，采用双层钢窗，内部框架结构，楼板现浇。大门两侧分别设两组不同装饰图案的西式白色大理石门，均保存完好。目前大楼内部作为办公空间正常使用[①]（图4-6-12、图4-6-13）。

图4-6-12 淀粉分厂生产大楼

① 马中军．华北制药厂工业遗产调查 [C] // 刘伯英．中国工业建筑遗产调查、研究与保护：2017 年中国第八届工业建筑遗产学术研讨会论文集．北京：清华大学出版社，2019：230-231．

图4-6-13 “省级文物保护单位”立碑

⑦淀粉分厂工作塔及筒仓

72米高的玉米提升工作塔是一座现代化大型钢筋混凝土建筑，当时在国内还没有建造先例，工作量和施工难度大，工程质量要求高，塔身不能倾斜，需高空作业。在苏联专家指导下，采取钢制活动模板的先进施工方法连续浇筑混凝土，经四个月紧张施工，顺利完成主体结构建造①。塔及筒仓曾是石家庄的地标性建筑。1960年玉米机械化仓库实现集中遥控半自动化操作，玉米卸料从人工搬运改为皮带运输机输送。24个圆筒仓分成三排，每排8个，呈群仓布置，每个筒仓直径6米，高30米。这些群仓可储藏玉米17 000多吨（图4-6-14、图4-6-15）。

图4-6-14 淀粉分厂工作塔及筒仓

① 政协石家庄市委员会. 石家庄城市发展史 [M]. 中国对外翻译出版公司，1999：273.

图4-6-15　玉米原料筒仓

图4-6-16　葡萄糖库

图4-6-17　生产车间

⑧淀粉分厂葡萄糖库及生产车间（图4-6-16、图4-6-17）

4.6.1.3　非物质遗产

（1）淀粉、葡萄糖生产工艺流程

淀粉分厂是药厂生产的源头。该厂平面设计以生产流程为主导，厂房呈环形布置，现保存完整。玉米原料经自备铁路源源不断运至玉米收货站，后进入机械化仓库提升塔，随后进入24个圆筒仓储存加工。玉米经过净化、除尘和计量，被加工成淀粉乳，后经烘干产出淀粉，再从淀粉中提取出葡萄糖。这些淀粉和葡萄糖通过两个厂之间的地下通道，被作为原料供给马路对面的抗生素厂，生产出当时驰名全国的华药“五大素”（青霉素、链霉素、洁霉素、土霉素、四环素）①。

（2）相关文献

相关厂史厂志有《华北制药厂厂志（1953—1990）》《华药三十年》等。

4.6.1.4　工业遗产的价值

（1）中国第一家新型医药工业联合企业

华北制药厂是我国“一五”计划的“156项目”之一，建成60多年来逐步壮大，由一家产权结构单一的工厂，发展为有30多家子公司、投资主体多元化的企业集团。华药集团公司是中国最大的化学制药企业，1986年，在医药行业首获“国家质量管理奖”。1991年，新药研究开发中心在工厂组建，是医药行业首家国家认定企业技术中心。1991年，华北制药厂被国务院列为首批55家试点企业集团之一；1997年，被国家经贸委列为首批6家技术创新试点企业，是仅有的一家医药企业。

（2）见证抗生素工业发展历程

中华人民共和国成立之初，建立自己的抗生素大厂成为当务之急。华北制药厂开创了我国大规模生产抗生素的历史，带动了青霉素的普及和降价；研制成功第一株生产用青霉素菌种，结束

① 马中军．华北制药厂工业遗产调查 [C] // 刘伯英．中国工业建筑遗产调查、研究与保护：2017 年中国第八届工业建筑遗产学术研讨会论文集．北京：清华大学出版社，2019：230-231．

了我国依赖进口菌种生产抗生素的历史。华北制药厂承载着中国抗生素药品生产从无到有、从弱到强的发展历史，体现了大型医药企业的时代责任担当。

（3）工业建筑的时代风貌

华北制药厂的现存工业遗产对于研究制药工艺和工业建筑发展演变有重要科学见证价值。

（4）对城市发展影响重大

华北制药厂的落户从空间上改变了石家庄的城市格局，石家庄市区从那时起开始迅速向东延伸。

4.6.1.5 工业遗产保护与利用

截至2020年9月，华北制药厂大部分厂房已被拆除，目前保留有淀粉分厂生产大楼、淀粉分厂工作塔、筒仓、淀粉分厂铁路以南建筑群、总厂办公楼等建（构）筑物，以及工艺流程等非物质遗产。目前工厂正利用现有厂房筹建展览馆。

4.7 食（饮）品制造业工业遗产

4.7.1 长城酿造集团

4.7.1.1 历史沿革

中华人民共和国成立后，国家领导人认识到中国葡萄酒行业与国际葡萄酒行业的巨大差距，萌生了大力发展葡萄酒产业的想法。得益于中央有关部委的正确决策、怀涿盆地得天独厚的自然环境、干白科研小组葡萄酒泰斗郭其昌的领衔攻关、干白葡萄酒研发生产基地良好的设备设施，中国第一瓶干白葡萄酒的研发最终在沙城酒厂（1996年更名为张家口长城酿造集团有限责任公司，简称长城酿造集团）得以完成。

1956年3月，毛泽东主席在全国糖酒食品工业汇报会上指示“要大力发展葡萄和葡萄酒生产，让人民多喝一点葡萄酒”；

1959年，沙城酒厂响应号召，开始兴建果酒车间；

1973年6月，时任国家副主席王震视察怀来，指示要大力发展葡萄种植和葡萄酒生产；

1973年秋，轻工部食品发酵研究所郭其昌老师到怀来和涿鹿走访葡萄基地、沙城酒厂；

1974年，沙城酒厂开始干白葡萄酒生产工艺研究并试生产；同年9月，中国农业科学院果树试验站费开伟等专家通过考察写出《张家口地区葡萄考察报告》，认为怀来县和涿鹿县适合发展葡萄酒产业；同年12月，在烟台召开的葡萄酿酒和葡萄栽培协作会上，与会专家认为沙城具有生产以龙眼葡萄为原料的葡萄酒的优越条件；

1976年5月初，郭其昌老师对沙城酒厂自产存放在果酒车间100余个容器中的葡萄酒进行鉴定，将其划分为优、好、中、次四个等级，同时安排进行后加工工艺处理；1976年末，首批干白葡萄酒诞生；

1977年5月，沙城酒厂万吨葡萄酒车间奠基开工进入建设阶段；

1978年，“干白葡萄酒新工艺的研究”被列为轻工业部重点科研项目，下达给轻工业部食品发酵研究所和沙城酒厂，郭其昌为项目负责人；

1979年6月至1981年底，郭其昌次子郭松泉在沙城酒厂工作，作为科技攻关小组成员参与干白葡萄酒新工艺的研究工作；

1979年，在全国第三届评酒会上，干白葡萄酒被评为国家名酒；同年获中华人民共和国质量金质奖章；

1979年9月，轻工业部派出我国第一个政府级的葡萄酒出国考察团，沙城酒厂厂长谢一杰作为企业代表出访考察；

1980年3月，自联邦德国和美国引入的13个品种（白8红5）[①]54 000株葡萄苗木空运至北京并转沙城酒厂葡萄母本园定植，这是我国首次大量地引进酿酒葡萄品种；

1983年8月，长城酿酒公司（更名后的沙城酒厂）以1977年启动建设的万吨葡萄酒车间、1978年启动建设的葡萄园等实物出资（占50%股份），与中国粮油食品进出口总公司（占25%股份）、香港远大公司（占25%股份）合资，成立了“中国长城葡萄酒有限公司”；

1987年，“干白葡萄酒新工艺的研究”荣获国家科技成果二等奖，这是中国葡萄酒科研项目获得的第一个国家级奖项。

2020年12月，沙城酒厂被工业和信息化部列入“第四批国家工业遗产名单”。

4.7.1.2　工业遗产

长城酿造集团中国第一瓶干白葡萄酒研发生产基地主体建筑功能齐全，布局合理。建筑未拆未改，仍然保持了生产时的布置。

（1）总平面布局

长城酿造集团位于河北省张家口怀来县沙城镇。长城酿造集团中国第一瓶干白葡萄酒研发生产基地保护范围为：东至过滤、冷冻、包装车间外墙，西至化蜡和维修车间外墙，南至院落前墙，北至后院北墙（图4-7-1、图4-7-2）。

（2）建（构）筑物遗存概况

长城酿造集团中国第一瓶干白葡萄酒研发生产基地位于长城酿造集团厂区中部，占地面积约3700平方米，建筑面积约8000平方米，墙体采用砖混结构，屋顶采用木质结构，地下一层半，地

图4-7-1　长城酿造集团鸟瞰图

（资料来源：张家口长城酿造（集团）有限责任公司）

① “白8红5”中，白葡萄品种是指：雷司令（雷司令A只抗寒不抗根瘤蚜、雷司令B既抗寒又抗根瘤蚜）、灰雷司令、长相思、赛美容、霞多丽、白诗南、琼瑶浆、米勒－图高；红葡萄品种是指：赤霞珠、梅鹿辄、黑皮诺、增芳德、宝石解百纳。

图4-7-2 长城酿造集团正门

上三层。建筑内以190余座水泥材质的发酵池为主要设施，发酵能力约1000吨。目前个别窖池仍然存有过去酿造的葡萄酒，投料口和出渣口保持密封状态。进入21世纪，因公司新建的葡萄酒车间投产，该基地停止使用。原破碎、压榨、灌装等工艺所用设备现已陆续更新升级，虽然停用时间较长，但主体建筑和核心酿造设施保存良好。

①研发生产基地主体建筑

研发生产基地主体建筑保存完整，因长时间停用，部分地方有破损，木屋顶基本保存完好（图4-7-3、图4-7-4）。

②水泥发酵池

目前存有葡萄酒的发酵池密封完好。大部分已经没有葡萄酒的水泥发酵池没有密封。水泥池墙壁因受液体侵蚀，表面有一定程度的损坏，金属设施损坏情况较为严重（图4-7-5）。

③相关厂房及设施

厂区内相关厂房保存较为完整。一系列不同时期的生产厂房、职工礼堂都没有拆除，同时保留了自备铁路（图4-7-6～图4-7-9）。

图4-7-3 主体建筑物

图4-7-4　屋顶和门窗

图4-7-5　水泥发酵池

（资料来源：张家口长城酿造（集团）有限责任公司）

图4-7-6　早期厂房

图4-7-7　自备铁路线

图4-7-8 热电厂

图4-7-9 厂房

4.7.1.3 非物质遗产

1978年，轻工业部将“干白葡萄酒新工艺的研究”列为重点科研项目。1987年，包含了16项科研成果的“干白葡萄酒新工艺的研究”项目获得国家科技进步二等奖。

4.7.1.4 价值评估

（1）历史价值

长城酿造集团中国第一瓶干白葡萄酒研发生产基地主体建筑1959年立项，1960年秋建成投产，年生产能力1000吨，在我国葡萄酒酿造历史上占有一席之地。

（2）科技价值

中国第一瓶干白葡萄酒诞生时，我国正处于计划经济后期，改革开放即将开始的时候，第一瓶干白葡萄酒的研发成功是中国葡萄酒改型的开始，也是葡萄酒酿造技术进步的关键节点和显著标志。

（3）社会文化价值

第一瓶干白葡萄酒的研发成功极大地提升了中国酒企走向国际舞台的信心。多年来，葡萄酒的生产给企业带来了效益，给产区带来了兴旺，给行业带来了产品改型，推动了葡萄酒产业链的规划再造与可持续发展。

4.7.1.5 工业遗产保护与利用

（1）拟建中国第一瓶干白葡萄酒博物馆

集团公司准备依靠现有资料和设施设立中国第一瓶干白葡萄酒博物馆。在拟建的中国第一瓶干白葡萄酒博物馆内，公司准备恢复部分酿酒设施，展示传统的干白葡萄酒酿造技艺，展示怀来当地悠久的葡萄栽培历史，展示企业档案馆收藏的荣誉、照片、文献等珍贵史料。集团公司还准备为国内各产区企业开辟展区，展示各产区的珍贵史料、工艺、技术、产品、酒具、设备等。

（2）拟建郭其昌先生纪念馆

集团公司准备在职工礼堂周边办公区建设郭其昌先生纪念馆，在馆内展示“干白葡萄酒新工艺的研究”研发设备、科研技术资料，以及郭其昌使用过的生活用品，展示郭其昌次子、著名葡萄酒专家郭松泉向公司捐赠的相关文献资料，展示郭松泉收藏的1500余件精品葡萄酒古董和文物。

（3）建议重点保护以下体现长城酿造葡萄酒工业主要流程和生产特征的工业遗产：

①水泥发酵池；

②过滤、冷冻、包装车间；

③化蜡、维修车间；

④发酵车间；

⑤灌装车间。

对于其他有关遗产，在再开发过程中有条件的也应尽量保护。

4.7.2　保定乾义面粉厂

4.7.2.1　历史沿革

1911年11月，王占元被清政府任命为陆军第二镇统制官。1912年1月中华民国成立，8月改北洋第二镇为中央陆军第二师，王占元任师长，驻扎保定，兼任保定留守军司令。驻扎保定期间，王占元与保定士绅来往密切，并在保定购置了房产。1916年1月8日，袁世凯封王占元为“襄武将军”督理湖北军务，并于汉口设军事运输局，以王占元为督办。1918年孙锡五借用王占元在保定的住宅开设义和公粮店，并经常利用王占元往来湖北汉口至北京的办公车贩运货物。因联系紧密，王占元、孙锡五两人商议在保定开设一家面粉公司。王占元出资18万元为无限责任股东，孙锡五出资2万元为有限责任股东，共筹股本20万元，成立了乾义面粉两合公司，孙锡五、冯子谦任经理。[①]公司“以阴阳鱼为记，定名曰太极商标，以绿红蓝三色分别”[②]，后又添加黄色（黄鱼牌），计生产四种面粉（图4-7-10）。

1919年，王占元在保定南关外府河与平汉铁路支线交汇处附近的止舫头村购地准备建厂，取其水陆两运便利以有益于生产经营。同年，公司到天津、上海等地订购制粉机器，与美商恒丰公司（Fobes Company, Limited Importers and Exporters, Engineers and Contractors）订立合同，“购妥美国瑙大克面粉机械厂三十英寸磨子七部，连同足以运转两副同式面粉机器的发动机全部，共价五万六千美元（当时约合华币六万

图4-7-10　1933年审定的乾义面粉股份有限公司太极商标

（资料来源：《商标公报》1933年第78期）

① 刘秀臣，胡蕴辉. 保定乾义面粉公司[Z] // 中国人民政治协商会议河北省保定市委员会文史资料研究委员会. 保定文史资料选辑·第6辑，1989：208.

② 保定乾义面粉两合公司太极商标面粉广告的[N]. 益世报（天津版），1921-03-19（5）.

元），250匹马力的美国产考里斯蒸汽机一台，巴伯葛锅炉三部”。至1920年秋，由天津春和营造厂承包建造的粉楼仓库及办公所等相继落成，订购的机器到厂，经三个月安装试验，于1921年农历正月二十六开始生产，[①]同年得到农商部注册备案[②]。1923年面粉厂扩大生产规模，又增购美制大小磨子共九部，并添置了两台电动机。至1925年，面粉厂日产五十磅一袋的面粉三千四百袋[③]（图4-7-11）。1925年在天津办分厂，但只开设一年即歇业。1931年，王占元出资47万，孙锡五出资3万，两人用这50万元将公司改组为乾义面粉股份有限公司，并报部备案，发行股票。1934年时乾义面粉公司被称为“保定的唯一面粉业权威者”，得到了“资本雄厚握有无上权威”的评价。[④]

乾义面粉公司初建时厂基仅为5.11亩，至1937年7月公司分13次购买土地将厂基扩充到28.11亩。随着公司规模的扩大，其产销量也逐年上升。1921—1926年，公司每年面粉产销量为50万至70万袋；1927年、1928年因战事影响，年产量不及20万袋；1930年年产量增至80万袋；1931年生产70万袋；1934—1936年间营业状况最佳，年产量在100万袋以上；1936年生产能力达到了历史上最高水平。[⑤]

1937年日本侵华以后，公司难以正常生产。直至1948年保定解放前夕，国民党军队盘踞在公司制粉楼上，在交战中制粉楼被炮击中起火，“解放军占领后即行扑灭，但大楼已被彻底焚毁，只剩外层空壳”[⑥]。1949年保定解放后公司因无力恢复生产而由政府收购，同年8月15日由新中国经济建设公司负责成立保定“新中国面粉厂”。1950年6月，工厂对在战火中损坏严重的五

图4-7-11　1925年乾义面粉厂旧影

（资料来源：《时兆月报》1925年第20卷第7期）

① 刘秀臣，胡蕴辉. 保定乾义面粉公司[Z]//中国人民政治协商会议河北省保定市委员会文史资料研究委员会. 保定文史资料选辑·第6辑，1989：208.

② 资料来源：《农商公报》1921年第7卷第10期第31页“令直隶实业厅第九九六号（四月二十六日）：保定乾义面粉公司应准注册由”。

③ 资料来源：《时兆月报》1925年第20卷第7期第17页。

④ 月湖. 保定的面粉业[N]. 益世报（天津版），1934-08-01（4）.

⑤ 岳金龙. 王占元与乾义面粉公司研究[D]. 保定：河北大学，2011：25.

⑥ 岳金龙. 王占元与乾义面粉公司研究[D]. 保定：河北大学，2011：31.

层制粉大楼进行修缮，7月5日正式交付生产。

1950年12月，全厂职工突击生产炒麦、炒黄豆和食盐混合炒面支持抗美援朝，从保定发专列直达前线，前后累计加工550吨。1952年5月7日，新中国经济建设公司将保定新中国面粉厂移交给河北省工业厅属下的保定市企业局，从此新中国面粉厂（原乾义面粉厂）成为国营企业①（图4-7-12）。1989年该厂进行了全面技术改造，建立了新的制粉大楼。新制粉车间采用我国当时较为先进的粮油设备，投产后不仅能改变企业现有状况，而且转向多品种开发和生产，同时还能填补保定市专用粉生产这一空白。工程总投资910万元，生产能力为日处理小麦750吨，年生产面粉约50 215吨。②新中国面粉厂生产的特一粉，1985年被评为河北省“信得过产品”。1990年被评为河北省粮食系统“纯质产品”。1991年，工厂新建1座六层框架结构车间大楼。1993年乾义面粉厂原五层制粉大楼被列为市级文物保护单位。1998年，因经营不善，工厂停产。2010年，新六层车间大楼被改为连锁酒店。2019年工厂以“新中国面粉厂”之名入选“第二批中国工业遗产保护名录”。

4.7.2.2　工业遗产

（1）总平面布局

新中国面粉厂（乾义面粉厂）原址位于保定市莲池区长城南大街645号，总占地面积2.6万平方米，建筑面积约1.1万平方米，是一组完整的建筑群，主要遗存包括“五层制粉大楼1座、仓库4个、营业二层楼房1座（每层14间）”③。其中建于1949年前的工业遗存有五层的制粉大楼、烟囱和配楼（图4-7-13、图4-7-14）。

图4-7-12　乾义面粉厂旧影
（资料来源：保定市人民政府地名办公室，《保定市地名资料汇编》，1984）

① 黄志鹏，贾慧献．保定工业遗产的代表：乾义面粉公司与保定西郊八大厂 [C] // 中冶建筑研究总院有限公司．2020 年工业建筑学术交流会论文集（中册）．北京：工业建筑杂志社，2020：82-86.

② 资料来源于段景花 1991 年主编的《中国制粉企业名录》第 535 页的内容。

③ 郭瑞琦，刘田洁，王怡宁，等．保定百年工业遗产乾义面粉厂的改造 [J]．工业建筑，2018，48（06）：191-194.

图4-7-13 乾义面粉厂工业遗存俯视图

图4-7-14 乾义面粉厂制粉楼（左）与烟囱

（2）建（构）筑物遗存概况

①制粉楼

制粉楼始建于1919年，高五层26米，建筑面积1972平方米，是保定近代建筑中最高的一座。平面为长方形，南北向用壁柱划分为七开间，东西向用壁柱划分为二开间。砖墙砌筑方法为“一顺一丁”的英式砌法。各开间分设半圆拱券门、窗。一层入口门上有雕刻。制粉楼原为砖木结构，1948年楼板、屋架等毁于战火，只剩原楼外墙。制粉楼后由天津中国工程公司阎子亨工程师于1949年9月24日完成旧墙加固及内部混凝土中心框架支撑结构的设计，10月12日由天津春和营造厂开工建设，1950年6月土建全部竣工。① 现制粉大楼壁柱下部均用混凝土加固，上部有用钢加固之痕迹。制粉大楼外墙现保存有颇具时代特色的标语，内部设备现已无存。

②烟囱

烟囱位于制粉楼东部偏南，由青砖砌筑。烟囱底座八边形向上有收分，砌法为“一顺一丁”；其上为圆形矮基座，用“丁”砌法；上部为烟囱主体。现烟囱已用多道钢箍加固。

③配楼

烟囱东侧有一座一层附属建筑，南侧山墙开门，东西两侧开拱窗；顶部设高窗采光，坡屋顶。据推测配楼应该是原来的锅炉房。

4.7.2.3 工艺流程

乾义面粉厂是利用机器加工面粉的工厂，但由于民国时期电力供应不足，当时是利用蒸汽动力牵动引擎进行生产。蒸汽机由锅炉提供蒸汽动力带动磨粉机，将置入机器中的麦子加工为麸粉，是为制粉。制粉过程主要在麦间和粉间两个部分完成。麦间工序主要是将毛麦制

① 黄志鹏，贾慧献．保定工业遗产的代表：乾义面粉公司与保定西郊八大厂 [C]// 中冶建筑研究总院有限公司．2020 年工业建筑学术交流会论文集（中册）．北京：工业建筑杂志社，2020：82-86.

成磨粉原料的净麦，包括吹风（将麦中之尘埃、禾屑用吹风机吹去）、滚龙（将麦中之砂石、草籽杂质用滚龙机除去）、打麦（将麦皮毛绒及两端尖芒用打麦机打去）、运水（用运水机将麦子加水润湿，归存麦仓封存15～16小时）、刷麦（用刷麦机将麦粒表皮上的尘垢、杂质等刷去）五个步骤。制成的净麦进入粉间，准备入磨制粉。粉间工序主要是将净麦磨成麸粉，包括轧麦（轧麦机器名为辘机，通过齿滚将麦子碾碎为糁子，然后由光滚将糁子研细为面粉）、过箩（过箩的机器叫作筛机，平筛用以筛滤细粉，圆筛用以筛滤粗粉）两个程序。经过麦间和粉间加工之后，面粉及其副产品麸皮最终生产出来了。

4.7.2.4　价值评估

（1）历史价值

保定乾义面粉厂是民国时期保定最大的民族工业，也是河北省内现存不多的民国时期的面粉工业遗产，因此具有重要的历史价值。

（2）科学价值

保定市档案馆对乾义面粉厂的工艺流程有较为清晰的记载，这些记载与现存的制粉楼等建筑遗存相结合，还原了民国时期机械面粉加工业的工艺流程，因此具有一定的科学价值。

（3）社会文化价值

乾义面粉厂是民国时期保定最大的面粉企业，1949年后也是保定地区重要的面粉生产厂，老一辈保定人很多都吃着该厂生产的面粉长大。此外，面粉厂巨大的建筑体量使得其在很长时间内成为保定重要的工业文化景观。由此可见，乾义面粉厂工业遗存具有一定的社会文化价值。

第 5 章

河北省工业遗产的保护与利用

5.1　相关法规及政策

5.1.1　法规和政策制定概况

目前，河北省内11个地级市中保定、邯郸、邢台和承德4个市的工业遗产保护与利用条例已于2021年前相继实施，唐山的工业遗产保护与利用条例草案于2020年3月开始征求意见，2021年1月1日正式实施。

2018年6月22日，保定市颁布河北省第一部工业遗产方面的地方性法规——《保定市工业遗产保护与利用条例》。该条例是继湖北黄石和安徽铜陵后的全国第三部工业遗产方面的地方性法规，开河北省工业遗产保护立法之先河。

2019年7月25日，河北省第十三届人民代表大会常务委员会第十一次会议通过了邯郸市人民代表大会常务委员会报请批准的《邯郸市工业遗产保护与利用条例》。该条例自2019年9月1日开始施行。

2019年11月29日，经邢台市十五届人大常委会第二十五次会议通过、河北省十三届人大常委会第十三次会议批准，《邢台市工业遗产保护与利用条例》颁布，并于2020年1月1日正式实施。

2019年12月16日，承德市第十四届第四十三次常务会议召开，研究部署工业遗产保护与利用等事项，原则上通过了《承德市工业遗产保护与利用条例（草案）》。2020年7月30日河北省第十三届人民代表大会常务委员会第十八次会议批准，该条例于2020年12月1日起施行。

按照唐山市人大常委会2020年度立法计划，市司法局会同市文化广电和旅游局起草了《唐山市工业遗产保护与利用条例》（征求意见稿），于2020年3月13日开始向社会公开征求意见。该条例于2021年1月1日起施行。

5.1.2　法规和政策内容概况

纵观河北省现有的5个地级市颁布的工业遗产法规政策，其中保定、邯郸、承德、唐山的相关法规政策均由五章组成，而邢台则将第三章“保护与利用”分成“保护管理”和“利用发展”两章，因此共为六章，在章节架构上基本一致，而具体的条款数目则有所区别（表5-1-1）。

表5-1-1　河北省内工业遗产法规政策内容架构

<table>
<tr><th colspan="2">内容</th><th>第一章　总则</th><th>第二章　普查与认定</th><th colspan="2">第三章　保护与利用</th><th>第四章　法律责任</th><th>第五章　附则</th><th>总计</th></tr>
<tr><td rowspan="6">城市</td><td>保定</td><td>11条</td><td>8条</td><td colspan="2">16条</td><td>8条</td><td>4条</td><td>47条</td></tr>
<tr><td>邯郸</td><td>9条</td><td>9条</td><td colspan="2">12条</td><td>7条</td><td>2条</td><td>39条</td></tr>
<tr><td>承德</td><td>9条</td><td>7条</td><td colspan="2">13条</td><td>6条</td><td>2条</td><td>37条</td></tr>
<tr><td>唐山</td><td>8条</td><td>7条</td><td colspan="2">13条</td><td>3条</td><td>2条</td><td>33条</td></tr>
<tr><td rowspan="2">邢台</td><td rowspan="2">11条</td><td rowspan="2">8条</td><td>第三章
保护管理</td><td>第四章
利用发展</td><td>第五章
法律责任</td><td>第六章
附则</td><td rowspan="2">45条</td></tr>
<tr><td>11条</td><td>7条</td><td>6条</td><td>2条</td></tr>
</table>

具体内容包括如下：

第一章“总则”一般包括立法目的、适用范围、概念类别、遵循原则、政府与部门职责、专项规划、经费保障、宣传推广和给予奖励等内容。

第二章“调查与认定”一般包括开展调查、申报与推荐、认定条件、专家委员会、认定程序、工业遗产保护区、调整或撤销等内容。

第三章“保护与利用”一般包括保护责任人、保护协议、保护范围划定、分类与登记、保护措施、新建建（构）筑物、原址与异地保护、工业遗产的修缮、综合利用、向公众开放与学术交流等。

第四章“法律责任”一般包括违反条例相关条款的处罚办法等。

第五章“附则”一般包括被认定为文物或者非物质文化遗产的工业遗产分别按照《中华人民共和国文物保护法》《中华人民共和国非物质文化遗产法》等法律法规执行保护的规定，以及条例的实施日期。

5.2　登录情况

目前河北省内尚无工业遗产登录名单公布。河北省内工业遗产入选国家相关工业遗产名录的具体情况如表5-2-1所示。

表5-2-1　河北省内工业遗产入选国家相关工业遗产名录情况

发布单位	名录名称	公布批次及时间	河北省入选工业遗产
国家文物局	全国重点文物保护单位名单	第三批（1988年）	涧磁村定窑遗址（唐至元）
		第四批（1996年）	磁州窑遗址（北齐、陈、宋、元）
		第五批（2001年）	井陉窑遗址（隋至清）
		第六批（2006年）	刘伶醉烧锅遗址（金至元）
			唐山大地震遗址
		第七批（2013年）	板厂峪窑址群遗址
			开滦唐山矿早期工业遗存
			滦河铁桥
			秦皇岛港口近代建筑群
			正丰矿工业建筑
			耀华玻璃厂旧址
国土资源部（自然资源部）	国家矿山公园	第一批（2005年）	唐山开滦煤矿国家矿山公园
			任丘华北油田国家矿山公园
			武安西石门铁矿国家矿山公园
工业和信息化部	国家工业遗产名单	第二批（2018年）	井陉煤矿
			秦皇岛西港
			开滦矿务局秦皇岛电厂

续上表

发布单位	名录名称	公布批次及时间	河北省入选工业遗产
工业和信息化部	国家工业遗产名单	第二批（2018年）	山海关桥梁厂
			开滦唐山矿
			启新水泥厂
		第三批（2019年）	开滦赵各庄矿
		第四批（2020年）	张家口沙城酒厂
			刘伶醉古烧锅
中国科协创新战略研究院与中国城市规划学会	中国工业遗产保护名录	第一批（2018年）	开滦煤矿（现为开滦博物馆、开滦国家矿山公园）
			唐山铁路遗址（中国铁路源头博物馆）
			京张铁路（河北段）
			滦河铁桥
			启新水泥公司（现为中国水泥工业博物馆）
			耀华玻璃厂（现为秦皇岛市玻璃博物馆）
			唐胥铁路修理厂（现为唐山地震遗址纪念公园、抗震纪念馆）
			唐山磁厂
		第二批（2019年）	秦皇岛港
			井陉矿务局（含井陉矿、正丰矿）
			山海关桥梁厂
			开滦矿务局秦皇岛电厂
			新中国面粉厂（乾义面粉公司）
			华北制药厂
			京汉铁路
			正太铁路
			关内外铁路（京奉铁路）
			津浦铁路
中国文物学会、中国建筑学会	中国20世纪建筑遗产名录	第三批（2018年）	秦皇岛港口近代建筑群
			耀华玻璃厂旧址
			张裕公司酒窖
		第四批（2019年）	邯郸钢铁总厂建筑群
			石家庄火车站站房（旧址）

除上表所列工业遗产外，由河北省文物局公布的河北省文物保护单位以及各地级市公布的市级文物保护单位中也有一些属于工业遗产。另外，省内地级市公布的优秀历史建筑名单中也有部分工业建筑，如石家庄市政府于2019年公布的“石家庄市第一批历史建筑名录”11栋建筑中，有石家庄老火车站、京汉铁路售票厅旧址、华北制药厂储粮塔和河北装潢机械厂车间及办公楼4处工业遗产。

目前河北省迫切需要施行工业遗产专项登录名单机制，为省内工业遗产的保护提供依据。

5.3 保护与利用典型案例

5.3.1 开滦煤矿（开滦国家矿山公园）

原名：唐山开滦煤矿集团

现名：唐山开滦国家矿山公园

地址：唐山市路南区新华东道54号

占地面积：近70万平方米

更新时间：2005—2009年

规划单位：清华大学

设计单位：深圳市景观园林装饰设计工程有限公司

开滦煤矿在中国近代工业史上占有重要地位，开凿了我国第一座西法大型矿井（唐山矿一号井），诞生了我国第一条准轨、第一台蒸汽机车、第一件卫生瓷、第一桶水泥。随着唐山城市的发展，开滦煤矿成为位居城市中心的矿山，其规模之大、历史之久以及所在区位对于城市的重要性都十分少见。2005年8月开滦煤矿被国土资源部批准为首批28家国家矿山公园之一。2007年初，唐山市政府将开滦国家矿山公园列为2008年重点城市建设项目。开滦矿业集团在建设开滦国家矿山公园唐山矿北方近代工业博览园的同时，在大南湖（采煤塌陷区）建设唐山“南湖生态城”“老唐山风情小镇”。[①] 2008年北京清华同衡规划设计研究院完成南湖生态城中央公园规划设计方案，提出将工业废弃地转化为湿地城市公园，通过挖掘场地自然和文化特征，营造开放、安全、舒适的城市空间。

5.3.1.1 总体规划[②]

在清华大学编制的《开滦国家矿山公园项目总体规划》中，开滦国家矿山公园被分为八个区：

（1）矿山文化博览区

通过开滦国家矿山公园博物馆、主碑、副碑、煤矿工业历史雕塑墙、主题雕塑等，介绍开滦在中国近代工业发展历程中的重大历史事件以及煤矿相关科普知识等。

（2）矿山遗迹及生产流程展示区

展示唐山矿现有的历史遗存如达道、一号井、二号井、准轨铁路、龙号机车等，同时将原生产区（绞车房、洗煤厂等）开放给旅游者参观，使旅游者充分了解煤矿开采、加工的生产流程。

（3）地震文化体验区

通过仿真模拟等技术手段再现地震发生时的惊险场景，让旅游者亲身体验了解地震，了解唐山的地震文化。这一区域与主题公园的旅游设施密集结合起来，既考虑到娱乐性，又有一定的科普性。

① 李建国，张玮，李澈，等．解读城市里的矿山遗产：开滦国家矿山公园 [J]．城市环境设计，2009（01）：82-85．

② 资料来源：清华大学开滦国家矿山公园课题组《开滦国家矿山公园项目总体规划（2007）》。

（4）井下生产工艺设备展示区

利用原有废弃巷道，加以艺术化处理，以煤矿井下探密游的方式将煤的形成、原始开采到现代化开采方式的演变加以展示，使参观者了解煤科普知识以及矿井下作业的整个过程。

（5）矿区商业风情街

复原清朝至民国末期的街区建筑，形成反映开滦生活特色的街区环境，满足旅游者餐饮、购物的需要。

（6）凤南、凤北、西山南、西山北居民区地产开发

对开滦自有住宅进行二次开发，通过良好的景观规划，完善主题公园周边区域环境品质，在改善职工的居住环境的同时获得良好的经济效益。

（7）生态景观恢复区（南湖公园）

旅游者经唐山矿可乘小火车到达南湖公园。南湖公园能够使旅游者对于煤矿采煤沉降区治理有一定了解。

（8）井下安全生产展示区

利用半道巷巷道完成景区设计，主要设四个部分，即大型矿难综合防治区、冒顶事故防治区、透水事故防治区、瓦斯爆炸防治区，通过模拟灾害场景使旅游者了解灾害发生的原因以及防治的办法，展示开滦安全生产文化。

经过十余年的建设与运营，目前公园由矿业文化博览区、矿业遗迹展示区、井下生产体验区、开滦矿务总局文化创意休闲区、铁路探源红色旅游经典观光线等五大景区组成（图5-3-1）。

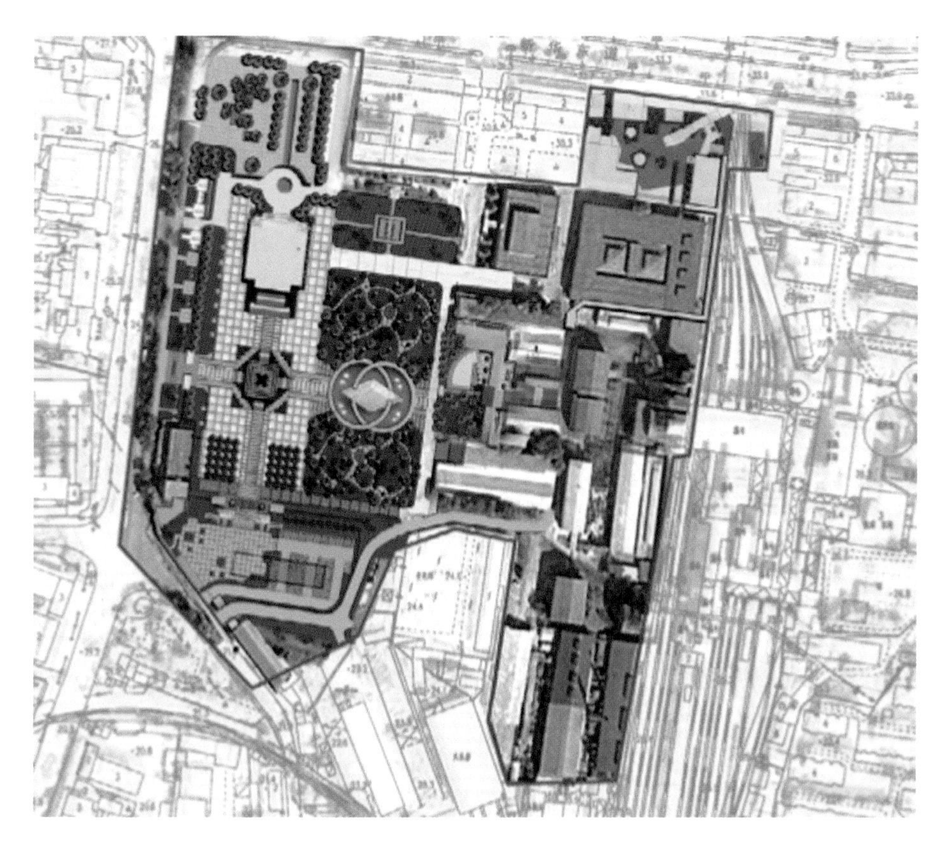

图5-3-1 开滦国家矿山公园平面图

（资料来源：李建国、张玮、李澈等，《解读城市里的矿山遗产：开滦国家矿山公园》，2009）

5.3.1.2　设计理念

根据设计方深圳市景观园林装饰设计工程有限公司的介绍，开滦国家矿山公园的设计理念主要有以下几点：

（1）开滦厚重的历史文化以及矿业遗产是公园的内核，紧紧抓住历史文化与矿业遗产的利用与表现是设计贯穿始终的研究重点。

（2）在生产、工作现状中改造空间属性，拆旧建新，惜墨如金；珍视每一个建（构）筑物，谨慎拆除，处理好旧与新的关系，建立新建筑与各时期建筑遗产的关联；避免刻意标新立异造成空间突兀感，保证园区的和谐感与舒适性；这些都是设计遵循的重要原则。

（3）在厂区建造公园，保证生产安全、游人安全，处理好生产与观光区域的界定与管制关系是设计注重的要点。

（4）营造出空间环境与建筑风格的特色，保证与其他矿山公园的差异性。①

5.3.1.3　保护与利用策略

设计方案较好地处理了保护与利用之间的关系。在具体的策略方面主要有以下几点：

（1）保护策略

具有代表性的工业遗产及其周边环境是保护的重中之重，开滦煤矿主要遗存如一号井、二号井、三号井、达道、唐山修车厂遗址、机车车库、机加工车间、中央电厂汽机间、机电车间等建（构）筑物以及煤河等工程遗存和机械设备等在设计过程中均得到了较好的保护（图5-3-2）。

图5-3-2　保存下来的工业建（构）筑物及铁轨等

① 李建国，张玮，李澈，等．解读城市里的矿山遗产：开滦国家矿山公园 [J]．城市环境设计，2009（01）：82-85．

（2）改造策略

“中国第一佳矿1878”“电力纪元1906”“铁路源头1881”三个分展馆均由旧建筑改造利用而成，保持了老厂房的历史感、沧桑感，且在不破坏历史信息的同时，注意与当代元素的对比融合。[①]如第一佳矿分展厅（图5-3-3）建筑外墙维持原有风貌，于门厅处增加识别性强、字样为“No. 1”的钢结构门套，与旁边的唐山矿一号立井钢支架呼应，浑然一体。展厅既有了明显的入口标识，又融合在一号井的环境之中。

（3）新建策略

开滦煤矿博物馆是开滦国家矿山公园内的主

图5-3-3　第一佳矿分展厅

① 马中军. 开滦煤矿工业遗产景观营造 [J]. 工业建筑，2017，47（05）：52-55，61.

要新建建筑之一，总建筑面积7000平方米，共5层，高24米。在设计选址上，选择了连通已经废用的地下井巷的基地，并将其作为博物馆的一部分。博物馆的建筑设计灵感来自绞车房和1922年建造的天津开滦矿务局大楼（现为天津市政府大楼）。红砖与浅土黄色交织的建筑外观、三角山墙以及西方古典柱式是开滦历史的象征，也成为博物馆的造型基调（图5-3-4）。

（4）景观营造策略

在公园南入口处利用厂房框架形成虚空间，点明公园性质，并将园记碑巧妙布置在其内部。旁边高耸的烟囱则被用作灯架。

图5-3-4　开滦博物馆及其主雕塑

图5-3-5 厂房框架、烟囱路灯与园记碑

在雕塑设计方面，采用黑色花岗石雕就“世纪追梦”主碑（参见开滦博物馆图），用废弃的采煤平巷U36型支护钢架铸成副碑。在色彩和用料上都突出其与煤炭工业的关系，主题鲜明（图5-3-5、图5-3-6）。

图5-3-6 纪念碑副碑

（资料来源：李建国、张玮、李澈等，《解读城市里的矿山遗产：开滦国家矿山公园》，2009）

废旧设备部件经巧妙构思，组合形成具有视觉冲击力的大小景观雕塑，如开滦林西发电厂5号汽轮发电机组（1931年）经加设

图5-3-7　开滦林西发电厂5号汽轮发电机组展陈

基座与顶棚后布置在庭院中，成为重要的工业遗产景观；另外，通过创造性利用运煤车斗培土种植景观花卉，形成特别的景观小品（图5-3-7、图5-3-8）。

5.3.1.4　保护和利用成效

开滦国家矿山公园围绕“传承开滦开采文化，凸显百年矿山华章”主题，构建以国家矿山公园为核心的工业旅游整体框架，并以此为契机谋求企业及城市转型的更长远发展。经过精心规划和改造设计，开滦国家矿山公园顺利完成了向现代城市公共空间的转型。转型后的开滦国家矿山公园已成为国家工业遗产保护的成功范例，不仅成了市民公共活动和休闲空间、寻找城市记忆的精神园地，还成了传承爱国主义和企业精神的重要基地以及青少年接受工业科普和人文历史教育的第二课堂。开滦国家矿山公园已经成为唐山一道靓丽的城市风景线和响亮的城市名片，先后入选全国科普教育基地（2010年）、国家AAAA级旅游景区（2010年）、全国红色旅游经典景区（2011年）、全国旅游系统先进集体（2016年）、全国红色旅游经典景区名录（2016年）、国家工业遗产旅游基地（2019年）等。

图5-3-8　运煤车斗景观小品

5.3.2　启新水泥厂（启新 1889 创意产业园区）

原名：启新水泥厂

现名：启新1889创意产业园区

地址：唐山市路北区唐廷枢道与河西路交叉路口

占地面积：7.67万平方米

更新时间：2008年

设计单位：清华大学建筑学院

1889年，开平矿务局总办唐廷枢在大城山南麓开办了唐山细绵土厂。这是中国第一家立窑生产水泥的工厂，1907年改名为启新洋灰股份有限公司。启新水泥厂是中国第一桶水泥的诞生地，是中国水泥工艺的摇篮。2008年6月，按照唐山市委、市政府“退二进三”决策部署，启新水泥厂实施搬迁，原厂址核心部分作为工业遗址保留，建设启新水泥工业博物馆及1889文化创意产业园区。改造后，园区总占地面积7.67万平方米，总建筑面积近7万平方米。园区内保留有1910—1940年的4～8号窑5条完整的窑系统，以及包括珍贵的德国AEG发电机在内的4台发电机组，丹麦史密斯包机等具有重要工业文物价值的设备26套；遗存有1906年至1994年建设的建（构）筑物31座。启新水泥工业旅游区是集水泥工业文化展示、文化创意、特色旅游、配套商业为一体的大型综合性园区。

5.3.2.1　设计理念

启新水泥厂的设计定位为文化创意产业园区，设计者力求通过原水泥厂的更新活化打造具有活力和地域特色的城市公共空间。启新水泥厂改造设计坚持以唐山传统重工业城市转型为主线，突出原有启新厂房的历史文化和延续洋务运动时期工业厂房的风貌特点。启新水泥原有厂房和构筑物形式多样，建设年代复杂，结构零散，地块南北阻隔[①]。创意产业园项目（图5-3-9）

图5-3-9　启新1889创意产业园概念平面图

（资料来源：秦佳丽，《传统工业区的景观活化与更新研究》，2016）

① 林崇华，秦佳丽，王健伟．以唐山启新 1889 创意产业园为例谈传统工业区的活化再生 [J]．现代装饰（理论），2016（06）：51．

的设计采用了保留、恢复现有相对完好建筑的设计手法，对园区的规划结构划分采用了两横、三纵、四街区的结构分区。

5.3.2.2　保护与利用策略

（1）保护策略

启新1889创意产业园区传承延续了工业文化，最大程度保护了工业遗产。启新水泥厂区以钢筋混凝土砖混结构建筑为主，主要由生产区、库房区以及厂区街道和附属设施三部分组成。东侧是库房区，西边是生产区及发电车间，其间分布有厂区街道及附属设施。由南向北，库房区保存有厂区街道、石碴库、汽马车站台、乙包机、乙仓、水泥站台、甲包机、甲仓、丙仓；生产区及发电车间保存有厂区街道，1号、2号窑房，1号、2号磨房，3号原料磨，5号余温炉，8号窑，厂区广场，6号原料磨，8号窑，风扫煤磨，风扫煤磨房，熟料库，老水泥磨房，启新水泥厂发电厂，新水泥磨房，4号、5号窑房。

（2）改造策略

①建筑外观改造：启新水泥厂改造为启新水泥工业旅游区，主要是对工业建筑和景观的利用，通过旧的工业生产空间营造出具有历史感的怀旧氛围。在7.67万平方米的工厂原址中，保存了独特的“二磨一烧”水泥生产线和25处建（构）筑物及设备，如库房区的石碴库、汽马车站台、乙仓、水泥站台、甲仓、丙仓；生产区的1号、2号窑房，1号、2号磨房，风扫煤磨房，熟料库，老水泥磨房，启新水泥厂发电厂，新水泥磨房，4号、5号窑房。建筑外观仍保留了厂房的整体结构和外部颜色，厂房为钢筋混凝土独立柱加砖混结构外墙，外表是工业生产时代典型的红砖本色。原来的8号窑房和风扫煤磨房被改造为二层楼建筑

图5-3-10　启新水泥工业博物馆

图5-3-11　甲仓

的启新水泥工业博物馆（图5-3-10），二层楼内部空间被布置为启新水泥厂历史展览区，从二层楼玻璃橱窗可以清晰地观赏8号窑和风扫煤磨。原来的启新水泥厂发电厂原样保留，内部空间仍然是2台发电机组和控制台。原来的甲仓，曾是工厂的标志之一，现在成了1889创意产业园的艺术地标（图5-3-11）。

②空间功能置换：启新水泥厂的空间功能置换，是工业生产功能向文化生产功能的置换，是工业遗产旅游化的消费式改造。原有的水泥生产功能改变为休闲、餐饮、购物、娱乐等文娱生产

功能，为人们提供文娱消费场所。这种置换具体表现在工业建筑、工业机器设备等物质载体的外观改造和用途的变化上。工业遗产被改造为水泥工业博物馆及1889文化创意产业园，意味着物质载体与原有内涵的分离，将工业设施的用途加以变化、美化，以此美化环境为人们提供休闲娱乐的场地。原1号、2号窑房被改造为派对空间（图5-3-12），风扫煤磨房被改造为办公空间（图5-3-13）。

图5-3-12　派对空间

图5-3-13　办公楼

③景观小品设计：启新水泥厂废弃的各种各样的工业材料、工业设备和残砖瓦砾是景观小品设计的灵感来源。设计者遵循工业文脉延续的特色，保护现存工业遗迹，挖掘废弃材料和设施的价值，从而实现启新1889创意产业园的更新与活化。如尽量保持废弃的厂房和机器原有样貌，设计者用散文化语言进行描述，使之成为景观小品（图5-3-14、图5-3-15），既体现工业遗产的固有属性，又融入现代文化内涵。

图5-3-14　建筑遗迹改造的图片墙

图5-3-15　机器小品

5.3.2.3 保护和利用成效

目前，启新1889创意产业园区已被列入唐山市政府重点文化创意产业项目，成为唐山市十大标志性建筑之一，已被打造成爱国主义教育基地、中国近代工业发展史教育基地、唐山市城市历史教育基地和现代文化旅游产业基地。这里逐渐成为唐山市最具特色的文化商业时尚活力地带，既有历史积淀的工业怀旧体验，又包含信息时代的各种时尚元素。启新1889的成功打造推动了城市旅游产品转型升级，推进传统产业升级换代，助力唐山从资源型城市到工业文化旅游城市转变，构筑了一条反映城市历史和文化风貌的特色旅游线。

5.3.3 秦皇岛港西港工业遗存群（西港花园）

1898年，清光绪帝御批《添开秦皇岛口岸折》，自开口岸于秦皇岛。秦皇岛港成为中国最早“自开口岸”之一，并作为开滦矿务局的专属港口，负责煤炭运输。秦皇岛港在中华人民共和国成立后蓬勃发展，后成为中国能源运输主枢纽港、世界最大干散货港和能源输出港。大码头片区作为秦皇岛港的发祥地，历百年沧桑，开风气之先，托起了一个大港，兴起了一座城市。

2013年，根据城市发展需要，秦皇岛港大码头正式停产。河北港口集团坚持以习近平新时代中国特色社会主义思想为指引，按照市政府“以城定港、优化布局、加快转型升级”的指示精神，提出坚定地走转型升级、协调发展、绿色跨越的新路，确定将西港搬迁纳入集团“1441”战略。2017年12月，河北港口集团为了做大做强地产板块，实现集团市场化转型，完善社会功能，提升城市形象，构建主城区旅游核心资源，真正实现“还海于市，还海于民”，开工建设国际旅游港起步区的一期工程，揭开了秦皇岛港西港区退出港口运输生产功能之序幕。

秦皇岛西港花园是河北港口集团建设国际旅游港起步区的一期工程，占地面积约80公顷，包括秦皇岛港大码头、甲码头、乙码头、南栈房，老港路、靠山路和青松路沿线，以及太平湾堆场部分区域，其中的主要景观皆由港口废弃的设备设施重新加以设计和改造而成。

5.3.3.1 设计理念

秦皇岛港西港区历经清末时期、北洋时期、民国时期、日伪时期、解放战争时期、中华人民共和国成立后工业建设大发展的1950年代等历史时期，留有大量的工业遗产、遗存。这些工业遗产、遗存承载了中国港口工业的历史演变、人文精神、工业科技、建筑艺术、风土人情、情感记忆等多重价值。如何有效地保护、利用这些工业遗产资源，越来越受到政府、学者、专业人士以及广大城市居民的关注。

河北港口集团城市建设发展有限公司董事长赵启伟表示，“国际旅游港起步区一期工程充分考虑了与城市空间规划的衔接，主要围绕完善秦皇岛南片区城市功能的要求，在保留原有建筑风貌的基础上，坚持整理为主、绿化到位、风貌保护、产业导入的原则，对港区实施综合开发改造，努力将其打造成为工业与时尚相聚合、历史与现代相交融、风格独具特色的新型旅游景区”（图5-3-16、图5-3-17）。

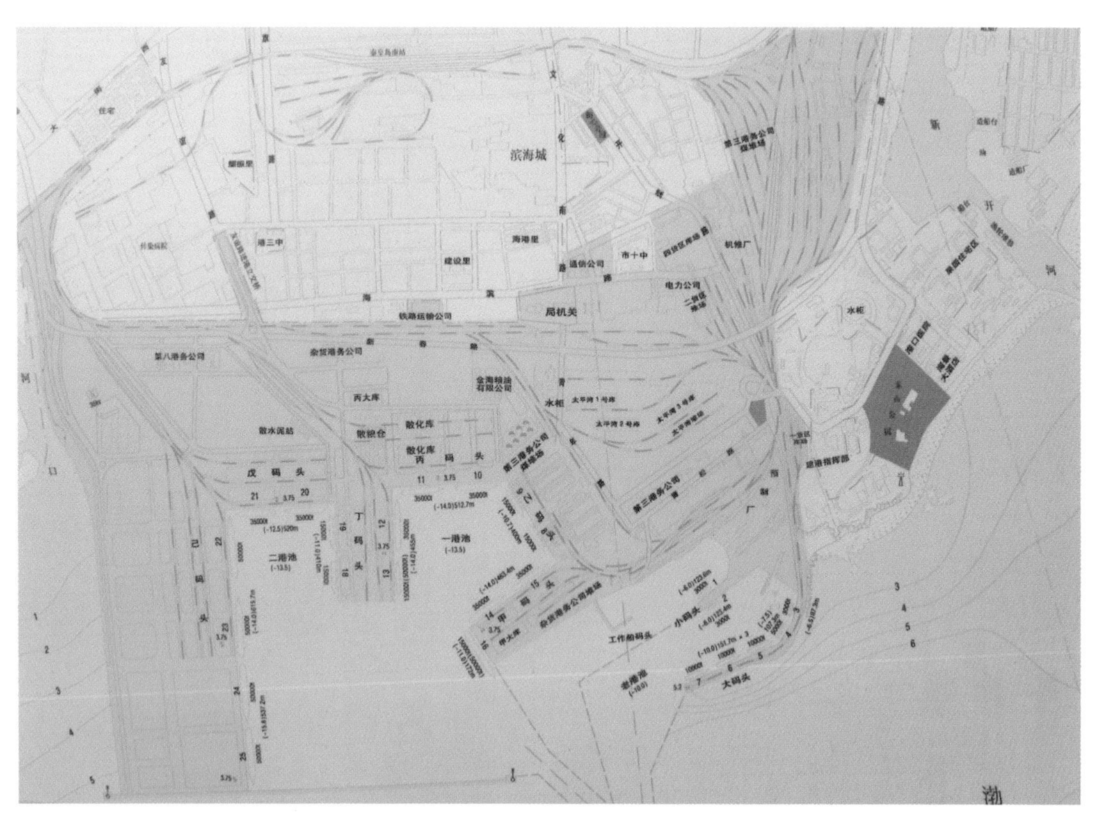

图5-3-16　一期工程范围

图5-3-17　一期工程效果图

5.3.3.2 保护与利用策略

秦皇岛港改造的一期工程，坚持保护性开发利用工业遗产、遗存，其设计和改造既不乏独有的工业氛围和深厚底蕴，又充满海港味道、时尚气息。改造工程不仅为港口工业遗产的保护、再利用提供了宝贵的经验，也开启了秦皇岛港城建设的新起点。

（1）大码头——游船码头

1899年，开平矿务局秦皇岛经理处开始建设大小码头及铁路专用线。1904年，开平自备船“西平”“广平”号增设客舱，开展客运业务。1915年，7号泊位竣工投产，大小码头之间新建一座船坞，可容纳500吨级船舶上坞，供修理港作船和其他大小船舶之用，大小码头格局基本形成。2013年大码头正式停产。2017年港口集团对大码头重新修复，将大码头改造为游船码头（图5-3-18）。在改造后的大码头，可乘坐秦皇岛主题游轮“寻仙1号”和“寻仙2号”（图5-3-19），探寻码头沿线秦皇岛港120年开埠地风光。

（2）港区车站——开埠地站

1899年，开平矿务局秦皇岛经理处将秦皇岛自备铁路由码头修至汤河，全长5.6公里，并建成港区车站。河北港口集团在建设西港花园的过程中，重新挖掘大码头厚重的港口历史文化底蕴，高标准建设中国离海最近的火车站——开埠地站（图5-3-20）。从改造后的开埠地站，可乘坐“秦旅山海号”小火车，以30公里每小时的速度，一路向北行驶，观看向日葵花海，游览板厂峪、闆城小镇，游历秦皇岛大海和高山，饱览秦皇岛山海花田美景。

图5-3-18　开埠地

图5-3-19　“寻仙1号”游轮

图5-3-20　开埠地站

（3）机修房——海誓花园

1914年，开平矿务局秦皇岛经理处在秦皇岛港修建机器房一座，它是秦皇岛港最初的机修单位；1916年，成立工匠厂（机修厂）；1920年6月5日，机器房由工匠厂再度扩建为机器厂（简称机厂），设机修、锻工、铸工、钳工、油漆等车间；1923年，机厂新建木工车间和锯木厂。西港花园将原来的机修房改造为海誓花园，是以爱情、婚庆为主题的婚庆文化产业园，将工业遗产与时尚的婚庆文化完美融合（图5-3-21、图5-3-22）。

图5-3-21　喜宴厅

图5-3-22　礼堂

图5-3-23 南栈房

（4）南栈房——文化艺术展馆

南栈房大库房建于1905年，长、宽分别为182.2米、12.8米，是秦皇岛开埠后建成的第一座大型库房。1912年重修南栈房，至1919年建成1～4号库房，有效面积达3000多平方米。1949年后改称一货区，一直作为港口五金、粮食、古巴糖、日用百货库房，后作为建港水泥库房。2008年南栈房被公布为河北省文物保护单位。南栈房的改造没有破坏一砖一瓦，基本按原样建成6000平方米的文化艺术展馆（图5-3-23）。

5.3.3.3 保护与利用成效

秦皇岛西港花园是河北港口集团建设国际旅游港起步区的一期工程。河北港口集团将以西港花园为起点，未来立足国际标准，坚持高端定位，持续将西港打造成为“旅游+科技+健康”的产业融合平台，建设成为健康之园、文化之园、靓丽之园，以聚焦国际高端旅游、跨境大宗贸易、战略新兴服务三大现代临港功能，对标世界级滨海旅游城市的水平要求，打造集邮轮游艇产业、保税购物消费、国际高端会展、跨境高端医疗、临港商务金融、滨海主题娱乐等多功能为一体的国际一流滨海新城区和多元融合型产业园区，争取成为中国港口转型、港产城融合的新典范。

附录Ⅰ

河北省工业遗产调研案例一览表

附表1　石家庄市工业遗产调研案例一览表

序号	名称（其他名称）	地址	始建时间（朝代/年份）	保存或改造利用状况	航片或照片	简介	保护身份
1	井陉瓷窑遗址	河北省石家庄井陉县	隋	部分		井陉窑遗址是历经隋、唐、宋、金、元、明、清等朝代的一处大型瓷窑址集群，遗址位于河北省井陉县中北部和井陉矿区	全国重点文物保护单位
2	井陉煤矿	河北省石家庄井陉矿区	1903	完整		井陉煤矿工业遗产建筑群包括井陉煤矿总办大楼、老井井架、皇冠塔、正丰矿1号井、汽绞车房、电绞车房、正丰矿仓库、电厂机组车间、正丰矿大烟囱、凤山车站、小姐楼及附属建筑、总经理办公大楼及附属建筑、地道及北斜井巷道	河北省文物保护单位、国家工业遗产名单、中国工业遗产保护名录
3	乏驴岭铁桥	河北省石家庄井陉县	1904	完整		乏驴岭铁桥由法国人设计建造，是一座正太铁路桥。钢架单跨75.5米，高7.5米，宽5.5米，桥面至谷底30米	河北省文物保护单位、中国工业遗产保护名录
4	石家庄车辆厂	河北省石家庄市新华区	1905	部分		石家庄车辆厂是为修建正太铁路而兴建的工厂。2011年工厂启动搬迁程序，目前石家庄车辆厂原有生产建筑全部拆除，仅存五栋别墅	河北省文物保护单位、中国工业遗产保护名录

续上表

序号	名称（其他名称）	地址	始建时间（朝代/年份）	保存或改造利用状况	航片或照片	简介	保护身份
5	正太饭店	河北省石家庄市桥西区	1907	完整		整个建筑坐西向东，共有三层。外部结构呈“日”字形，由东、西、南、中、北五栋楼组成，南、北、中三楼与东、西楼相互连接，形成主院和套院楼中楼格局，建筑特色有青砖墙、木窗、圆形门、木地板、木楼梯	河北省文物保护单位、中国工业遗产保护名录
6	石家庄电报局营业厅旧址	河北省石家庄市桥东区	1923	完整		石家庄电报局营业厅建于1920年代，坐东朝西，砖木结构，灰瓦顶，南北长12米，东西宽10米，高6.5米，占地面积120平方米	河北省文物保护单位
7	沕沕水电厂旧址	河北省石家庄市平山县	1947	完整		沕沕水电厂是我国第一座水力发电站。为了解决工作照明、发报的电力，利用沕沕水百米落差的泉水瀑布建设水力发电站，承担周围兵工厂所需电力能源和党中央驻地西柏坡用电供应任务	河北省文物保护单位
8	中央人民广播电台旧址	河北省石家庄市井陉县	1948	部分		1948年，为迎接全国解放，中央机关从陕北迁到河北省平山县西柏坡，中央人民广播电台则从西柏坡迁至矿区。现仅存电台大楼和地下室	河北省文物保护单位
9	华北制药厂	河北省石家庄市长安区	1953	完整		“156项目”之一，为苏联援建的我国第一家生产抗菌素的大型联合企业。华北制药厂办公楼是石家庄市区内保存规模最大、最完好的俄式建筑	河北省文物保护单位、中国工业遗产保护名录

续上表

序号	名称（其他名称）	地址	始建时间（朝代/年份）	保存或改造利用状况	航片或照片	简介	保护身份
10	正丰矿工业建筑群	河北省石家庄市井陉县	1912	完整		正丰矿是我国最早兴建的近代煤矿之一，现存包括段家楼和生产区在内的多处工业遗存	河北省文物保护单位、中国工业遗产保护名录
11	懋华亭	河北省石家庄市新华区	1935	完整		懋华亭为纪念正太铁路收归国有而修建。亭高9米，钢筋混凝土结构。在直径5米的台基上，8根八角形的柱子撑起形似将军头盔的亭顶，正北横额上镌刻“懋华亭”三个篆书大字。亭内汉白玉内壁嵌刻《懋华亭记》，记叙了修建该亭的经过	河北省文物保护单位、中国工业遗产保护名录
12	大石桥	河北省石家庄市新华区	1907	完整		大石桥由正太铁路员工倡议并捐资修建，长150米，高7米，宽10米，23孔，石砌拱券。大石桥是石家庄最早出现的铁路跨线桥	中国工业遗产保护名录
13	上安站	河北省石家庄市井陉县	1920	完整		上安站始建于1920年，由法国人设计建造，是正太铁路上的一个四等站。现属中国铁路北京局集团有限公司管辖。保存完好	中国工业遗产保护名录
14	白鹿泉大兴纱厂旧址	河北省石家庄鹿泉市白鹿泉乡	1921	完整		兴建于1921年的大兴纱厂是华北地区建厂最早、规模最大的现代化纺织企业。遗存仓库依托山体而建，共8间，保存状况均良好	无
15	藁城火车站	河北省石家庄市藁城区	1940	完整		藁城火车站建于1940年，石德铁路经过该站，现办理客货运业务，车站及其上下行区间均已实现电气化。车站隶属北京铁路局，是三等站	无

续上表

序号	名称（其他名称）	地址	始建时间（朝代/年份）	保存或改造利用状况	航片或照片	简介	保护身份
16	平山县骆驼鞍晋察冀军分区兵工厂旧址	河北省石家庄市平山县	1940	部分		该厂主要生产手榴弹和手雷，补充部队作战所需和装备地方武装。旧址分为南北两院，坐东朝西，四合院形制，硬山瓦顶	无
17	平山县清水口晋察冀军分区军鞋厂旧址	河北省石家庄市平山县	1942	完整		该厂隶属晋察冀四分区供给部，1942—1946年生产了大量军鞋，为一线战士提供了充足的后勤保障。旧址现存有三户宅院，保存状况较完好	无
18	正太铁路纪念碑和路章碑	河北省石家庄市	1910	完整		1907年正太铁路通车后，正太铁路局为规范过往车辆、行人和乘客的行为，在石家庄站竖石碑一座，正面碑文刻有“正太铁路局紧要告白路章摘要”和“行车治安章程”，高约2.2米，宽约1米。这座石碑成为正太铁路历史的见证，保存完好	石家庄市文物保护单位、中国工业遗产保护名录
19	平山县罗万晋晋察冀边区银行印钞一厂旧址	河北省石家庄市平山县	1943	完整		分东、西两院，坐北朝南，四合院形制，砖石木结构，硬山瓦顶，占地面积680平方米	无
20	平山县花木晋晋察冀边区银行印钞二厂旧址	河北省石家庄市平山县	1943	完整		仅存北房、西房，砖石土木结构。北房五间，硬山瓦顶；西房三间，平顶	无
21	平山县车见沟晋察冀边区银行印钞三厂旧址	河北省石家庄市平山县	1943	完整		分东、西两院，坐北朝南，东院四合院形制，占地面积225.6平方米。西院为三面房，瓦房，砖石木结构，占地面积130平方米	无

续上表

序号	名称（其他名称）	地址	始建时间（朝代/年份）	保存或改造利用状况	航片或照片	简介	保护身份
22	库隆峰陕北新华广播电台旧址	河北省石家庄市井陉县	1948	完整		前身是延安新华广播电台，1948年转移到库隆峰村。旧址分为南北两院，均为四合院，坐西朝东，正房为三间土窑，面积约800平方米	无
23	石家庄市第一棉纺织厂	河北省石家庄市长安区	1953	完整		宿舍区保存有建厂时期建造的多栋专家宿舍楼，以及1960年代建造的招待所、幼儿园、职工活动中心等遗存。保存状况良好	无
24	石太铁路翟家庄火车站售票处旧址	河北省石家庄市井陉县	1958	完整		翟家庄火车站为两层建筑，尖坡屋顶，二层设有直接到达轨道的简易桥，现车站已废弃，但是整体保存情况较为良好	无
25	石家庄焦化厂	河北省石家庄市谈固北大街	1958	完整		石家庄焦化厂始建于1958年，属下四个分厂，除焦炭产品外，还生产和回收28种化工产品，主要供应华北制药厂、石家庄印染厂、石家庄煤矿机械厂等	无
26	石家庄钢铁厂	河北省石家庄市和平东路	1958	完整		石家庄钢铁厂建于1958年，隶属于省冶金工业局，拥有炼铁、炼钢、轧钢等车间，产品有生铁、钢、铁合金、耐火材料等	无
27	岭底胜利扬水站	河北省石家庄市铜冶镇	1976	完整		胜利扬水站建于1976年，石砌建筑，起初为引水灌溉所用，现闲置	无

附表2 唐山市工业遗产调研案例一览表

序号	名称（其他名称）	地址	始建时间（朝代/年份）	保存或改造利用状况	航片或照片	简介	保护身份
28	开滦唐山矿早期工业遗存	河北省唐山市路南区	1878	完整		开滦唐山矿现遗存有达道、一号井、二号井、三号井、中央电厂汽机间厂房等建筑物和设备。遗存保存完好	全国重点文物保护单位、国家工业遗产名单、中国工业遗产保护名录
29	滦河铁桥	河北省唐山市滦县	清	部分		滦河铁桥现存唐山市滦县何茨线东侧，仍留有部分桥墩及钢架结构	全国重点文物保护单位、中国工业遗产保护名录
30	机车车辆厂地震遗迹	河北省唐山市路南区	1959	部分		现遗存为唐山机车车辆厂铸钢车间。建筑面积9072平方米，车间分为东、中、西三跨。预制装配结构。现仅留扭曲、倾斜的部分立柱，周边墙柱全部倒塌，顶架落地	全国重点文物保护单位、中国工业遗产保护名录
31	唐山陶瓷厂办公楼地震遗迹	河北省唐山市路北区	1951	部分		唐山陶瓷厂在地震中遗留下来，现作为办公场所使用。建筑面积700平方米，长26米，宽16米，高7.8米，地基为亚黏土，条形粗料石基础，粗料石、焦灰砌墙，每层有钢筋混凝土圈梁两道，楼板为钢筋混凝土浇筑	河北省文物保护单位、中国工业遗产保护名录
32	铁路旱桥	河北省唐山市路南区	1889	完整		旱桥铁路为开滦矿矿用铁路。旱桥全长约60米，桥宽4.5米，桥下为石砌桥墩，高8米，桥墩有加固和修缮痕迹。桥东北方向有一涵洞	唐山市文物保护单位

续上表

序号	名称（其他名称）	地址	始建时间（朝代/年份）	保存或改造利用状况	航片或照片	简介	保护身份
33	启新水泥厂	河北省唐山市路北区	1889	完整		遗存有启新水泥厂生产线及原发电厂。现已改造成启新水泥工业博物馆及1889文化创意产业园区。保护状况良好	唐山市文物保护单位、国家工业遗产名单、中国工业遗产保护名录
34	双桥里东桥	河北省唐山市路南区	1881	完整		双桥里东桥的桥梁整体为条石砌筑而成，下部为双孔结构，顶部砌有承重用的条石。虽然现在东桥仍在使用，但其存在着低矮、漏水、桥下路面不平的情况	唐山市文物保护单位
35	启新瓷厂汉斯·昆德旧居	河北省唐山市路北区	1914	完整		该建筑为砖木结构，东西长29米，南北宽20米，房顶为尖顶铁瓦。窗户均为落地窗。房屋四周带有回廊，东西两侧回廊已被改造成房间，现为工厂的办公用房	唐山市文物保护单位
36	开滦赵各庄矿洋房	河北省唐山市古冶区	1922	完整		现遗存8号、9号、10号洋房，木质结构，红顶铁瓦。8号洋房已改成节振国纪念馆，9号洋房现为赵各庄矿党委办公室。建筑基本保持原貌。保存状况较好	唐山市文物保护单位、国家工业遗产名单

续上表

序号	名称（其他名称）	地址	始建时间（朝代/年份）	保存或改造利用状况	航片或照片	简介	保护身份
37	飞机库	河北省唐山市路北区	1943	完整		遗存有3个飞机库，飞机库顶为半圆体，高3.5米，钢筋混凝土结构。正中设有飞机出入口。遗产保存状况一般	唐山市文物保护单位
38	范各庄矿一号井	河北省唐山市	1958	完整		范各庄矿一号井始建于1958年，1964年正式建成投产，是新中国成立后第一座自行勘探、自行设计、自行建造的大型现代化矿井，被誉为“新中国第一矿”	唐山市文物保护单位
39	中国铁路源头	河北省唐山市路南区	1881	部分		为唐胥铁路的部分遗存，是中国铁路起点，现已开发建设为“蒸汽机车园”，保存完好	中国工业遗产保护名录
40	煤河	河北省唐山市丰南区	1878	完整		煤河起自胥各庄镇，连接唐胥铁路，延至蓟运河，是当时唐山通向天津最畅达、便利的路径。河底宽5米，河面宽20米，深3.33米，河道有铁石水闸控制水位	无
41	开滦矿务局古冶段自备铁路桥	河北省唐山市古冶区	1889	完整		开滦矿务局古冶段自备铁路桥共南、北两段，南段在京山铁路线上面，钢铁水泥木石结构。北段桥下为废弃铁路，钢铁水泥木石结构。桥梁现已废弃	无

续上表

序号	名称（其他名称）	地址	始建时间（朝代/年份）	保存或改造利用状况	航片或照片	简介	保护身份
42	唐山开滦中央电厂汽机间	河北省唐山市古冶区	1906	完整		唐山开滦中央电厂汽机间长50米，宽20米，2层砖混结构，现属唐山开滦热电有限公司，已废弃，保存状况堪忧	无
43	唐山南站旧址	河北省唐山市路南区	1907	部分		唐山南站遗存有天桥和雨棚。旅客天桥为钢结构，桥高5.9米，天桥宽度3.1米，台阶宽度3.2米，跨越六股铁路线	无
44	马家沟砖厂	河北省唐山市开平区	1909	完整		厂内现留有1920年代建设的建筑砖生产车间及附属存砖处。车间内生产设备已停止使用。附属存砖处位于建筑砖生产车间北部，主体完整但损坏严重，棚顶为木结构，铁瓦顶基本脱落，现为工厂存料处	无
45	启新水泥厂发电车间凉水塔	河北省唐山市路北区	1914	完整		凉水塔为混凝土结构。现为环城水系启新公园的标志物	无
46	开滦矿务局外籍员司29号房	河北省唐山市路北区	1920年代	完整		开滦矿务局外籍员司29号房是经历过唐山大地震后唐山市区唯一没有倒塌的洋房。整体保存状况良好，外廊上的雕花、立柱等未遭到破坏，现处于闲置状态	无

续上表

序号	名称（其他名称）	地址	始建时间（朝代/年份）	保存或改造利用状况	航片或照片	简介	保护身份
47	潘家峪兵工厂	河北省唐山市丰润区潘家峪村	1939	完整		1937—1941年，冀东军分区在潘家峪设立了兵工厂，制造手榴弹和地雷等武器。现为库房，保存状况一般	无
48	原唐山飞机场专用铁路	河北省唐山市文化公园内	1943	部分		遗存铁路基本为东西向，长100米，外轨距1.57米，内轨距1.42米，轨顶、轨底间标有“♁ 50 U 71 M h 84 111”字样。遗存保存状况较好	无
49	唐山第一面粉厂原仓库	河北省唐山市路北区	1948	部分		工厂在城市发展过程中搬迁，四栋日伪时期遗留的旧库房和两栋1980年代建的粮仓被改造为唐山市城市规划展览馆，现为工业博物馆	无
50	唐海第一排水闸	河北省唐山市曹妃甸区	1950年代	完整		排水闸为混凝土砖石结构，共有闸孔13个，闸桥长约20米，宽约10米。唐海第一排水闸现仍使用，保存状况良好	无
51	唐海第二排水闸	河北省唐山市曹妃甸区	1950年代	完整		排水闸为混凝土砖石结构，闸桥一体。闸桥总长约20米，宽约10米。现已废弃，保存状况一般	无
52	唐海东灌区排水闸	河北省唐山市曹妃甸区	1950年代	完整		排水闸为混凝土砖石结构，共有闸孔2个。排水闸总长约15米，宽约5米。唐海东灌区排水闸现仍使用，保存状况良好	无

续上表

序号	名称（其他名称）	地址	始建时间（朝代/年份）	保存或改造利用状况	航片或照片	简介	保护身份
53	唐海四用分水闸	河北省唐山市曹妃甸区	1950年代	完整		分水闸为混凝土砖石结构，闸桥一体，共有闸孔4个，闸桥总长约30米，宽约4米。闸桥现仍使用，保存状况良好	无
54	唐海三用分水闸	河北省唐山市曹妃甸区	1950年代	完整		分水闸为混凝土砖石结构，闸桥一体，共有闸孔2个，总长约15米，宽约2米。现已废弃，保存状况堪忧	无
55	唐山市工人文化宫	河北省唐山市凤凰公园内	1968	完整		原为唐山市展览馆南馆，2000年改建为唐山市工人文化宫，建有南、北、西三个馆。2014年开放参观，保存完好	无

附表3 秦皇岛市工业遗产调研案例一览表

序号	名称（其他名称）	地址	始建时间（朝代/年份）	保存或改造利用状况	航片或照片	简介	保护身份
56	津榆铁路基址	河北省秦皇岛市海港区	1878	部分		津榆铁路基址位于河北省秦皇岛市海港区，长约100米，宽2米。但铁路路基已无路轨	全国重点文物保护单位
57	秦皇岛港大码头	河北省秦皇岛市海港区	1899	完整		遗存有码头主体建筑及3～7号泊位，信号塔等建（构）筑物和设备。各建（构）筑物和机械保存基本完好	全国重点文物保护单位、国家工业遗产名单、中国工业遗产保护名录
58	秦皇岛港小码头	河北省秦皇岛市海港区	1899	完整		秦皇岛港小码头现为秦皇岛港务集团有限公司第四港务公司生产作业区，各遗存建（构）筑物和机械保存基本完好	全国重点文物保护单位、中国工业遗产保护名录
59	开平矿务局秦皇岛经理处	河北省秦皇岛市海港区	1904	完整		建筑为二层砖混结构，玻璃木门窗，正面坐南向北。现已建设开发成西港花园的景点	全国重点文物保护单位、国家工业遗产名单、中国工业遗产保护名录
60	南山特等一号房	河北省秦皇岛市海港区	1909	完整		南山特等一号房由英国人建于1909年，砖木结构，欧式风格，玻璃木门窗。现使用单位为秦皇岛港务局	全国重点文物保护单位、国家工业遗产名单

续上表

序号	名称（其他名称）	地址	始建时间（朝代/年份）	保存或改造利用状况	航片或照片	简介	保护身份
61	秦皇岛开滦高级员司俱乐部	河北省秦皇岛市海港区	1911	完整		建筑结构呈“凹”字形，砖混结构，玻璃木门窗。现已建设成秦皇岛港口博物馆	全国重点文物保护单位、国家工业遗产名单
62	老船坞	河北省秦皇岛市海港区	1915	部分		老船坞位于河北省秦皇岛市海港区，保存有老船坞三面岸堤和水下钢筋混凝土坞底。现已开发建设为旅游景点	全国重点文物保护单位、国家工业遗产名单、中国工业遗产保护名录
63	日本三菱·松昌洋行开滦矿务局办公楼	河北省秦皇岛市海港区	1918	完整		建筑为二层砖木结构，玻璃木门窗。办公楼保护完好。现使用单位为秦皇岛中理外轮理货有限责任公司	全国重点文物保护单位、国家工业遗产名单、中国工业遗产保护名录
64	耀华机器制造玻璃股份有限公司秦皇岛工厂	河北省秦皇岛市海港区	1922	完整		厂区内保留有原电灯房、水塔、水泵房，其中电灯房为二层建筑，高13.6米，有明显的哥特式建筑特征，建筑保存完好	全国重点文物保护单位、中国工业遗产保护名录
65	开滦矿务局秦皇岛电厂	河北省秦皇岛市海港区	1928	完整		开滦矿务局秦皇岛电厂位于秦皇岛海港区，电力大楼为欧式建筑，砖混结构，建筑面积1800平方米，由英国人设计建造。现存为原建筑，保存完好，已开发建设成秦皇岛电力博物馆	全国重点文物保护单位、国家工业遗产名单

续上表

序号	名称（其他名称）	地址	始建时间（朝代/年份）	保存或改造利用状况	航片或照片	简介	保护身份
66	秦皇岛开滦矿务局车务处	河北省秦皇岛市海港区	1931	完整		建筑由英国人建造，砖木结构，地上三层，地下一层，原铁瓦顶，现为现浇顶，一层四面环廊，二层四面凉台，内有木制楼梯。现仍使用，使用单位为秦皇岛港务局机修厂	全国重点文物保护单位、国家工业遗产名单、中国工业遗产保护名录
67	山海关近现代铁路附属建筑	河北省秦皇岛市山海关区	1894、1903	完整		包括英式公寓、日本行车公寓和津榆铁路山海关机务段三幢建筑。均为砖木结构，瓦顶，造型独特。保存完好	河北省文物保护单位
68	南栈房	河北省秦皇岛市海港区	1905	完整		现遗存有2个库房和货运铁路路基。保存完好，现正开发建设为旅游景点	河北省文物保护单位、国家工业遗产名单
69	南山饭店	河北省秦皇岛市海港区	1915	完整		现存为原建筑式样，砖木结构。玻璃木门窗，保存完好。现仍在使用，使用单位为秦皇岛市蓝港国际旅行社有限公司	河北省文物保护单位、国家工业遗产名单
70	老港站地磅房	河北省秦皇岛市海港区	1917	完整		老港站地磅房位于河北省秦皇岛市海港区。砖混结构。现已废弃，保存状况一般	河北省文物保护单位、国家工业遗产名单

续上表

序号	名称（其他名称）	地址	始建时间（朝代/年份）	保存或改造利用状况	航片或照片	简介	保护身份
71	南山高级引水员住房	河北省秦皇岛市海港区	1917年前后	完整		现存为原建筑式样，保存完好。二层楼，砖石结构，玻璃木门窗，坐西向东	河北省文物保护单位、国家工业遗产名单、中国工业遗产保护名录
72	南山信号台	河北省秦皇岛市海港区	1940	完整		建筑为二层小楼，砖混结构，钢制玻璃门窗，水泥屋顶。南山信号台现已废弃，但保存完好	河北省文物保护单位、中国工业遗产保护名录
73	秦皇岛开滦矿务局高级员司特等房1	河北省秦皇岛市海港区	不详	完整		现存建筑保存状况良好。建筑为砖木结构，面阔三间，玻璃木门窗	河北省文物保护单位、中国工业遗产保护名录
74	秦皇岛开滦矿务局高级员司特等房2	河北省秦皇岛市海港区	1940	完整		现存建筑保存状况良好。砖混，面阔五间，进深两间，玻璃木门窗	河北省文物保护单位、中国工业遗产保护名录
75	秦皇岛开滦矿务局高级员司特等房3	河北省秦皇岛市海港区	不详	完整		现存为原建筑，砖木结构，保存状况良好	河北省文物保护单位、中国工业遗产保护名录
76	秦皇岛开滦矿务局高级员司特等房4	河北省秦皇岛市海港区	不详	完整		建筑式样为四面房屋院落式，砖混结构，玻璃木门窗，前后两排。现仍在使用，使用单位为秦皇岛市房屋拆迁有限公司。保存状况良好	河北省文物保护单位、中国工业遗产保护名录

续上表

序号	名称（其他名称）	地址	始建时间（朝代/年份）	保存或改造利用状况	航片或照片	简介	保护身份
77	秦皇岛开滦矿务局高级员司特等房5	河北省秦皇岛市海港区	不详	完整		建筑式样为"丁"字形，砖混结构，玻璃木门窗。现仍在使用，使用单位为秦皇岛市房屋拆迁有限公司。保存状况良好	河北省文物保护单位、中国工业遗产保护名录
78	锅伙	河北省秦皇岛市海港区	1917	部分		锅伙位于河北省秦皇岛市海港区，建筑为砖石结构，石墙、灰渣石灰顶。保存有1个整体结构单元。部分房屋已无门窗，现仍然有人居住，保存状况一般	秦皇岛市文物保护单位
79	京奉铁路汤河桥	河北省秦皇岛市海港区	1921—1923	完整		汤河桥分别横跨大、小汤河，主体为钢结构，大汤河桥桥体由10个钢筋水泥桥墩支撑，小汤河桥由6个桥墩支撑，两座桥构造样式基本相同，桥面结构也大体一致，每座桥上均有两股铁路线	秦皇岛市文物保护单位
80	北洋山海关铁路学堂	河北省秦皇岛市山海关区	1896	完整		现有房屋4栋，四合院布局，建筑为青砖瓦房，砖木结构，建筑高度6米，建筑面积1242.77平方米	山海关区文物保护单位
81	锦铁山海关乘务员公寓	河北省秦皇岛市山海关区	1930	完整		由日本人修建于1930年，为砖混结构两层建筑，玻璃木门窗，约长50米、宽12米、高20米，坐北向南，面宽十间，进深二间	山海关区文物保护单位

续上表

序号	名称（其他名称）	地址	始建时间（朝代/年份）	保存或改造利用状况	航片或照片	简介	保护身份
82	山海关桥梁厂	河北省秦皇岛市山海关区	1894	完整		山海关桥梁厂是中国建厂最早、规模最大的桥梁钢结构和铁路道岔生产制造企业，现为中铁山桥集团有限公司。主厂区总面积70万平方米，仍保留有部分建厂时期的建筑设备	国家工业遗产名单
83	柳江铁路	河北省秦皇岛市海港区	1915	完整		柳江铁路从秦皇岛海港区秦皇岛南站至原柳江煤矿，全长22.48公里	无
84	上庄坨日伪电厂旧址	河北省秦皇岛市抚宁县	1938	完整		整体建筑为南北两座连排三角桁架坡顶房屋，北侧房屋青砖砌至顶部，南侧房屋为二层，南墙有室外楼梯直通二层。厂房西侧有水泥烟囱一座。现为柳江国家地质公园中的地质灾害体验馆	无
85	浅野水泥有限公司	河北省秦皇岛市石门寨镇	日据时期	部分		该公司位于河北省秦皇岛市石门寨，保存有两栋厂房和铁路路基，二者保存完整，两栋厂房窗户规整，砖砌墙体。现已废弃	无
86	国际海员俱乐部	河北省秦皇岛市海港区	1940年代	完整		国际海员俱乐部位于河北省秦皇岛市海港区，为两边三层、中间四层的大楼，砖混结构。现仍在使用，使用单位为秦皇岛港务局，保存完好	无

续上表

序号	名称（其他名称）	地址	始建时间（朝代/年份）	保存或改造利用状况	航片或照片	简介	保护身份
87	港口俱乐部	河北省秦皇岛市海港区	1977	完整		港口俱乐部建筑为三层大楼，砖混结构，坐北向南，约长15米、宽10米。现仍在使用，使用单位为秦皇岛港务局，保存完好	无
88	华夏酒厂酒窖	河北省秦皇岛市昌黎县	1988	完整		长城华夏酒庄是一处集科研、种植、酿制、品评、旅游观光、餐饮、文化体验为一体的综合性酒庄。在酒庄内既可观光、放松娱乐，也可以了解葡萄酒酿造文化，品味葡萄酒	无

附表4　邯郸市工业遗产调研案例一览表

序号	名称（其他名称）	地址	始建时间（朝代/年份）	保存或改造利用状况	航片或照片	简介	保护身份
89	通二矿旧址	河北省邯郸市峰峰矿区	1957	完整		通二矿是1950年代由苏联援建的全国156个大型项目之一，至今完好保留了最初的用途、功能、形制，具有典型的时代特征，在新中国煤炭工业发展史、建设发展史上占有重要的地位	河北省文物保护单位
90	从台酒厂	河北省邯郸市邯山区	1945	部分		从台酒厂始建于1945年，现已搬迁。旧址遗存有酿酒车间和酒窖，已建设为博物馆	邯郸市首批历史建筑
91	峰峰电厂	河北省邯郸市峰峰矿区	1940	完整		峰峰电厂始建于1940年，现仍生产。由于新中国成立后进行了生产设备和技术的升级改造，始建时的遗存已很少，现仅遗留有始建时期的峰峰电厂医院	无
92	邯郸制氧机厂旧址	河北省邯郸市复兴区	1946	完整		邯郸制氧机厂始建于1946年，现已停产闲置。旧址仍遗存有建厂时建造的生产车间和1980年代建设的生产车间、单身职工宿舍和办公楼	无
93	邯郸市棉纺织印染联合厂家属楼群	河北省邯郸市丛台区	1950年代	部分		1950年代建造的宿舍已全部拆除，现家属宿舍为1980年代及以后所建	无
94	国营邯郸第一棉纺织厂旧址	河北省邯郸市邯山区	1951	改造		国营邯郸第一棉纺织厂始建于1951年，现已停产。厂区已售与开发商，厂房及生产设备现正在拆除改造中	无

续上表

序号	名称（其他名称）	地址	始建时间（朝代/年份）	保存或改造利用状况	航片或照片	简介	保护身份
95	国棉二厂宿舍	河北省邯郸市丛台区	1956	部分		国棉二厂宿舍始建于1956年，宿舍区现仍遗存有大量20世纪五六十年代建造的宿舍楼	无
96	邯郸钢铁厂旧址	河北省邯郸市复兴区	1958	完整		工厂始建于1958年，现仍生产。由于近年进行了大幅度的生产设备和技术改造，始建年代的建筑与设备遗存已很少	无
97	邯郸地方小铁路	邯郸市	1960	部分		邯郸的地方铁路是轨距为762毫米的窄轨小铁路。20世纪六七十年代，邯郸地方小铁路的建设达到高峰，其范围覆盖邯郸大部分县市，为当时邯郸的经济发展发挥了促进作用	无
98	成安县良棉厂旧址	河北省邯郸市成安县	1982	完整		成安县良棉厂始建于1982年，当时主要经营棉花良种的购销加工、榨油以及下脚料的处理等，设有轧花、榨油两个车间。原有厂区处于闲置状态	无

附表5　邢台市工业遗产调研案例一览表

序号	名称 （其他名称）	地址	始建时间 （朝代/年份）	保存或改造利用状况	航片或照片	简介	保护身份
99	邢台钢铁厂旧址	河北省邢台市桥西区	1958	完整		邢台钢铁厂始建于1958年，现仍生产。由于近年进行了大幅度的生产设备和技术改造，始建年代的建筑与设备遗存已很少	无
100	邢台冶金机械轧辊厂旧址	河北省邢台市桥西区	1958	完整		邢台冶金机械轧辊厂始建于1958年，现仍生产。由于生产设备和生产技术的更新，始建年代的建筑与设备遗存已很少	无
101	电报大楼	河北省邢台市桥西区	1970年代	完整		邢台邮电支局始建于1903年。1950年代翻建一座二层楼房，现已是危房。1970年代初建造电报大楼	邢台市首批历史建筑

附表6　保定市工业遗产调研案例一览表

序号	名称（其他名称）	地址	始建时间（朝代/年份）	保存或改造利用状况	航片或照片	简介	保护身份
102	保定电影胶片制造厂旧址	河北省保定市竞秀区	1958	完整		是我国第一个电影胶片制造厂，下设10个生产车间和7个辅助车间，还有研究所、工艺技术试验室以及磁带分厂	保定市文物保护单位、中国工业遗产保护名录
103	乾义面粉厂	河北省保定市莲池区	1919	完整		乾义面粉厂始建于1919年，现仍遗存有当年建造的五层制粉大楼1座，仓库4座，烟囱1座，两层营业楼1座	中国工业遗产保护名录
104	高易铁路	河北省保定市高碑店市	清	部分		高易铁路初建于1902年，为窄轨铁路，抗日战争期间遭到严重破坏。自1987年起，河北省投资沿原线路走向重建标准轨距新线，1990年开通运行	无
105	唐县蟒栏晋察冀军分区兵工厂旧址	河北省保定市唐县	1939	完整		兵工厂始建于1939年，主要生产手榴弹和迫击炮。旧址分南北两院，土木石结构，硬山灰补瓦顶	无
106	天鹅化纤厂旧址	河北省保定市竞秀区	1957	完整		该厂建造于我国“一五”期间，坐北向南，聘请德国技术人员建造。现仍遗存有当年建造的厂房和车间。厂里三个烟囱中有一个是用德国进口砖砌建的	无

续上表

序号	名称（其他名称）	地址	始建时间（朝代/年份）	保存或改造利用状况	航片或照片	简介	保护身份
107	保定热电厂旧址	河北省保定市竞秀区	1958	部分		我国“一五”期间由国家确定兴建的华北地区第一座高温高压热电联产厂，是为604厂、胶片厂建造的配套工厂，为各厂提供蒸汽，设备由德国进口	无
108	高阳钻床厂	河北省保定市高阳县	1958	部分		高阳钻床厂早已停产，现仅保存有两栋厂房	无
109	河北磨床厂	河北省涿州市鼓楼大街	1950年代	部分		磨床厂破产，厂区已闲置	无

附表7　张家口市工业遗产调研案例一览表

序号	名称（其他名称）	地址	始建时间（朝代/年份）	保存或改造利用状况	航片或照片	简介	保护身份
110	张家口火车站	河北省张家口市桥西区	1909	部分		张家口火车站始建于1909年。1910年代向南北各扩建1间。新中国成立后，11座券门被安装上木质挡风门。20世纪六七十年代，屋顶的女儿墙及中央站匾被拆除	河北省文物保护单位
111	下花园车站	河北省张家口市下花园区	1909	部分		下花园车站始建于1909年，是中国铁路北京局集团有限公司管辖的三等站，下花园车站的东边遗存有1909年建的水塔，保存完好	河北省文物保护单位
112	宣化府车站	河北省张家口市宣化区	1909	完整		宣化府车站位于河北省张家口市宣化区，始建于1909年，大体上保存完好，但女儿墙与站匾被全部拆除，站房正面的门窗保存完好，中部的三处券门在1950年代增加木质门窗，东侧部分的两处窗户均被改造，防雨帽被拆除	河北省文物保护单位
113	泥河子铁路桥	河北省张家口市宣化区	1909	完整		该桥为每孔10米的十孔上承式钢板桥梁，现已缩减为八孔。保存状况良好	无
114	张家口探矿机械总厂	河北省张家口市桥东区	1910	部分		其前身为京绥铁路开办的铁路工厂。1953年被列为国家“一五”期间156项重点建设项目之一	无
115	东花园火车站	河北省张家口市怀来县	1955	完整		东花园火车站位于河北省张家口市怀来县，始建于1955年。2011年该站停用，车站站房保存完好	无

续上表

序号	名称（其他名称）	地址	始建时间（朝代/年份）	保存或改造利用状况	航片或照片	简介	保护身份
116	下花园煤矿工人俱乐部	河北省张家口市下花园区	1955	完整		俱乐部始建于1955年，用以放映电影，兼作剧院和礼堂，下花园煤矿破产后，职工俱乐部关闭	无
117	东方红桥	河北省张家口市桥东区	1957	部分		始建于1957年，后改造为跨河的步行观景桥，更名为钻石桥。2009年改回原名——东方红桥	无
118	红旗楼铁路桥	河北省张家口市	1957	完整		红旗楼铁路桥位于河北省张家口市，始建于1957年，现已废弃。保存状况一般	无

附表8 承德市工业遗产调研案例一览表

序号	名称（其他名称）	地址	始建时间（朝代/年份）	保存或改造利用状况	航片或照片	简介	保护身份
119	倒流水金矿遗址	河北省承德市兴隆县挂兰峪镇	1929	完整		倒流水金矿遗存有1个采矿坑口，钢筋混凝土结构（经过修缮），坑口约宽1.5米、高1.2米，保存状况较好	河北省文物保护单位
120	锦承铁路线日伪碉堡群	河北省承德市承德县下板城镇积余庆村	1930年代	部分		1933年，承德被日军占领。日军于1934年修建了锦古铁路，并相继在铁路沿线关键的战略地带修筑了防御碉堡。碉堡群包含9个保存基本完好的不同类型的碉堡和4个已经拆除的碉堡	河北省文物保护单位
121	滦平铁路隧道遗址	河北省承德市拉海沟村	1937	完整		滦平铁路隧道遗址约长250米、宽5.7米、高7米。1937年8月，日本修建了承德到古北口的承古铁路。铁路贯穿滦平全境，现只留下了废弃的隧道16处，隧道总长度1770米，此隧道是其中之一。该隧道保存状况较好	河北省文物保护单位
122	锦古线武烈河铁路桥	河北省承德双桥区	1930年代	完整		锦古线武烈河铁路桥约长45米、宽3米、高2.5米。大桥为钢结构，保存完好	承德市历史文化建筑
123	江钻石油机械公司建筑群	河北省承德双桥区	1955	完整		早期为石油学校及其实习工厂，1970年修建为石油机械厂。工业遗存有教学楼、大烟囱、办公楼、物资库房、总装车间、文化中心、热加工车间、机加工车间等。遗存保存完好	承德市历史文化建筑

续上表

序号	名称（其他名称）	地址	始建时间（朝代/年份）	保存或改造利用状况	航片或照片	简介	保护身份
124	铁路工人俱乐部	河北省承德市	1965	完整		铁路俱乐部位于河北省承德市，二层建筑，砖木结构，玻璃木门窗，约长30米、宽10米、高25米，保存完好	承德市历史文化建筑
125	承德老火车站	河北省承德市双桥区	1936	完整		承德老火车站约长40米、宽12米、高30米，砖木结构，玻璃木门窗，琉璃瓦顶，中西融合风格，坐北向南。保存基本完好	无
126	洒金沟矿务局旧址	河北省宽城县汤道河镇洒金沟村	民国	完整		洒金沟矿务局旧址位于河北省宽城县汤道河镇洒金沟村，现保存有洒金沟矿务局老房子，围墙已拆除，老房子中仍有住户，保存状况一般	无
127	大庙铁矿旧址	河北省承德市双滦区	1940	完整		1940年伪满洲特殊铁矿株式会社建立了大庙铁矿，1942年完成采掘。1945年冀察热辽辖区八路军办事处接管大庙采矿所，随后移交冀察热辽实业公司管理。1946年国民党军队占领承德，大量设备物资遭到盗卖。1953年国家恢复建设大庙铁矿，1959年正式投产，至1959年共生产铁矿石2019.49万吨，工业总产值29 240万元。1998年停产。工业遗存保存状况较好	无

续上表

序号	名称（其他名称）	地址	始建时间（朝代/年份）	保存或改造利用状况	航片或照片	简介	保护身份
128	承德钢铁厂旧址	河北省承德市双滦区	1954	完整		承德钢铁厂是国家“一五”时期苏联援建的“156项目”之一。1959年，热河铁矿场与承德市钢铁厂合并成立承德钢铁厂，简称“承钢”，是中国北方钒钛钢铁生产基地。现仍在生产	无

附表9　沧州市工业遗产调研案例一览表

序号	名称（其他名称）	地址	始建时间（朝代/年份）	保存或改造利用状况	航片或照片	简介	保护身份
129	青县铁路给水所	河北省沧州市青县	1911	完整		青县铁路给水所位于沧州市青县会川路西端路北100米处，始建于1911年，现保存有当时所建的给水所房屋一排，面阔六间、进深三间及长宽各约5米的水井房1间，另有两排面阔六间、进深一间的建筑年代不详的房屋及一排面阔二间、进深一间的房屋。占地面积约2500平方米，给水所整体保存状况良好	河北省文物保护单位、中国工业遗产保护名录
130	连镇铁路给水所	河北省沧州市东光县	1908	完整		连镇铁路给水所位于沧州市东光县连镇四街西，西临运河，东临铁路，现存有三处建筑：①蓄水池，圆形，直径约10米；②欧式尖顶房，长约17米，高约8米，铁皮顶上开有2个顶窗；③水电房，高约6米，长宽均为3米，砖砌结构。保存完好	无
131	泊头火柴厂旧址	河北省沧州泊头县城	1912	部分		泊头火柴厂前身为泊镇永华火柴股份有限公司，工厂生产火柴改写了国人依赖“洋火”的历史。2012年破产，当地文物部门对主要生产设备进行了保护，现在仅存大门和一部分宿舍	无

附录Ⅱ

河北省各地市工业遗产保护与利用条例

1.《保定市工业遗产保护与利用条例》（2018年7月1日实施）

第一章　总　则

第一条　为了加强对工业遗产的保护与利用，传承和展示保定工业文明，根据《中华人民共和国文物保护法》《中华人民共和国非物质文化遗产法》《中华人民共和国城乡规划法》等法律法规的规定，结合本市实际，制定本条例。

第二条　本市行政区域内工业遗产的普查、认定、保护、利用及其监督管理活动，适用本条例。

第三条　本条例所称的工业遗产，是指本市历史上具有时代特征和工业风貌特色，承载着公众认同和地域归属感，反映本市工业发展历程，具有较高历史、科技、文化、艺术、经济、社会等价值的工业遗存。

工业遗产分为物质工业遗产和非物质工业遗产。

第四条　工业遗产的保护与利用，应当遵循科学规划、属地管理、有效保护、合理利用的原则。

第五条　任何单位和个人都应当依法保护工业遗产。

鼓励单位和个人对破坏或者危害工业遗产的行为依法进行劝阻、检举或者控告。

第六条　市、县级人民政府负责本行政区域内的工业遗产保护与利用工作。

文物行政主管部门对本行政区域内的工业遗产保护与利用实施监督管理。

发展改革、工信、国资、城乡规划、财政、住房和城乡建设、国土、科技、环保、公安、消防、交通、旅游、人防、档案、市场监管、城市管理综合执法等有关部门，在各自职责范围内，做好工业遗产保护与利用工作。

工业遗产所在地的乡（镇）人民政府、街道办事处及村（居）民委员会，应当协助有关部门做好工业遗产的保护与利用工作。

第七条　文物行政主管部门应当会同城乡规划、工信和国资部门组织编制工业遗产保护与利用专项规划，报本级人民政府批准，纳入本级国民经济和社会发展规划、历史文化名城保护规划或者城市总体规划。

县（市）工业遗产保护与利用专项规划，应当报市文物行政主管部门备案。

第八条　市、县级人民政府应当将工业遗产保护经费列入本级财政预算。

第九条　市、县级人民政府及其有关部门应

当充分运用出版物、展览、广播、电视、互联网等多种媒体和渠道，加强对工业遗产保护与利用的宣传教育，提高公民对工业遗产价值的认知，增强公民的工业遗产保护与利用意识。

第十条　充分发挥社会力量在工业遗产普查、认定、科学研究和保护利用等方面的积极作用。

鼓励社会力量通过捐助、捐赠等方式支持、参与工业遗产的保护与利用。

对工业遗产保护与利用做出突出贡献的单位或者个人，由市、县级人民政府给予奖励。

第十一条　市文物行政主管部门应当会同发展改革、工信、国资、城乡规划、财政、住房和城乡建设、国土、科技、环保、公安、消防、交通、旅游、人防、城市管理综合执法等有关部门建立联席会议制度，组织、协调工业遗产保护与利用工作中的有关事宜，重大事项报市人民政府批准。

第二章　普查与认定

第十二条　市人民政府应当设立工业遗产保护专家委员会，由文物、工业、历史、文化、科技、规划、建筑、旅游和法律等方面的专业人士组成，为工业遗产普查、认定工作提供咨询，对工业遗产进行评审。

第十三条　工业遗产的普查应当定期开展。市文物行政主管部门负责制定全市工业遗产普查的具体办法，并组织实施。

工业遗存的所有权人、管理人或者使用人应当配合普查工作。

第十四条　工业遗存的所有权人、管理人或者使用人可以向文物行政主管部门申报工业遗产，其他单位或者个人可以向文物行政主管部门推荐工业遗产。

第十五条　市文物行政主管部门应当会同有关部门，根据市工业遗产保护专家委员会的评审意见，提出市级工业遗产建议名录，报市人民政府审查认定。

第十六条　符合下列条件之一的工业遗存，市人民政府可以直接认定为市级工业遗产：

（一）建国后“一五”及“二五”期间建设的国有重点工业企业；

（二）“文革”期间建设的具有较大影响力的国有工业企业；

（三）改革开放以来建设的非常具有代表性的国有工业企业。

第十七条　非国有工业企业，符合下列条件之一的工业遗存，征求所有权人、管理人或者使用人以及社会公众的意见后，市人民政府可以认定为市级工业遗产：

（一）一定时期内具有稀缺性，在本市具有较大影响力的；

（二）同一时期在本市同行业内具有代表性或者先进性的；

（三）商号在全国或者本省具有较高知名度的；

（四）代表性建筑本体尚存、建筑格局完整，具有时代特征和工业风貌特色的；

（五）与重要历史进程、历史事件、历史人物有关或者承载民族认同感、地域归属感的；

（六）反映本市特色产业发展历史，对本市经济社会发展产生过重要推动作用的；

（七）传统生产工艺、手工技能等具有较高价值的；

（八）其他可以认定为工业遗产的。

第十八条　市人民政府认定的市级工业遗产，应当向社会公布。

第十九条　工业遗产集中成片，具有一定规模，工业风貌保存完整，能反映出某一历史时期或某种产业类型的典型风貌特色，有较高历史价值的区域，由市人民政府列为工业遗产保护区，进行整体保护与利用。

第三章　保护与利用

第二十条　文物行政主管部门应当按照工业遗产保护与利用规划，划定保护范围和建设控制地带，报本级人民政府批准公布实施。

工业遗产确定公布后一年内，文物行政主管部门应当及时设立标识、界桩等保护设施。

标识应当载明工业遗产名称、保护范围、公布时间等相关内容。

第二十一条　文物行政主管部门应当与所有权人签订工业遗产保护协议，明确相关权利与义务。

第二十二条　工业遗产的所有权人为工业遗产的保护责任人，负责工业遗产的防护加固、修缮整治、安全防卫等日常维护管理工作。

文物行政主管部门应当向社会公示工业遗产保护责任人，并定期组织对工业遗产的保护情况进行检查评估。

工业遗产保护责任人不具备保护、修缮能力的，可以委托其他公民、法人或者社会组织代行管理。

第二十三条　不可移动的工业遗产应当对建筑物主要外观特征、结构形式进行整体保留，并进行修缮、维护。

尚在使用中的工业遗产，在妥善保护、确保安全的前提下，可以继续进行相关生产经营活动。

第二十四条　在工业遗产保护区内规划建设项目时，城乡规划部门应当征求本级文物行政主管部门的意见。

第二十五条　工业遗产以原址保护为主；无法实施原址保护，需要迁移异地保护的，应当报市文物行政主管部门审查，经市人民政府批准后实施。

不宜在原地保护的可移动工业遗产，可以由博物馆、图书馆及档案馆等予以征集收藏、陈列展示。

第二十六条　在工业遗产保护范围和建设控制地带内，不得实施与保护工作无关的建设工程。因特殊情况需要进行建设工程的，城乡规划部门批准工程设计方案前，应当征求文物行政主管部门意见。

第二十七条　传统生产工艺、手工技能等非物质工业遗产应当做好工艺流程等相关档案资料的保护，注重传承与传播。

第二十八条　在工业遗产保护范围内，禁止下列破坏或者危害工业遗产的行为：

（一）在工业遗产或者保护设施上涂污、刻划、张贴、攀登；

（二）擅自移动、拆除、损坏保护标识、界桩和其他工业遗产保护设施；

（三）违规采矿、采砂、采石、取土、打井、挖建沟渠池塘改变地形地貌的行为；

（四）擅自迁移、拆除工业遗产；

（五）其他有损工业遗产保护的行为。

第二十九条　不可移动的工业遗产权属变更的，工业遗产所有权人应当将变更情况书面报告市文物行政主管部门。

第三十条　列入破产清算、企业改制、转让的工业遗产，处置前应当征求文物行政主管部门的意见。

第三十一条　在发生危及工业遗产安全的突发事件、自然灾害等情况下，市、县级人民政府以及工业遗产保护责任人应当及时采取相应处置措施。

第三十二条　市人民政府应当综合运用行政、经济、法律等手段，制定财政、融资、土地、职工安置等政策，引导工业遗产保护责任人进行综合开发利用。

第三十三条　工业遗产保护责任人可以采取建设创意产业园、主题博物馆、主题文化广场、遗址公园等多种方式，展示和利用工业遗产。

第三十四条　国有工业遗产、使用工业遗产保护经费的非国有工业遗产符合开放条件的，应当向公众开放。

第三十五条　鼓励开展非物质工业遗产的记录和非物质工业遗产代表性项目的整理、出版等活动。

第四章　法律责任

第三十六条　对违反本条例的行为，法律法规有规定的，从其规定。

第三十七条　文物行政主管部门和其他负有工业遗产保护与利用职能的部门及其工作人员有下列行为之一的，由所在单位或者上级主管部门、监察机关责令改正；情节严重的对直接负责的主管人员和其他直接责任人员依法依规给予行政处分；构成犯罪的，依法追究刑事责任：

（一）不履行或者怠于履行监督管理责任的；

（二）发现违法行为不按规定报告、处理的；

（三）贪污、挪用工业遗产保护经费的；

（四）实施建设工程的设计方案未征求文物行政主管部门意见的；

（五）其他滥用职权、玩忽职守、徇私舞弊、弄虚作假的。

第三十八条　违反本条例规定，工业遗产保护责任人不依法履行日常维护管理等保护责任的，由文物行政主管部门责令其限期改正。

第三十九条　违反本条例规定，在工业遗产保护范围内，有下列行为之一的，由文物行政主管部门责令其改正；拒不改正的，处二百元以上五百元以下罚款；情节严重的，处五百元以上一千元以下罚款；造成损失的，依法承担赔偿责任：

（一）在工业遗产或者保护设施上涂污、刻划、张贴、攀登；

（二）擅自移动、拆除、损坏保护标识、界桩和其他工业遗产保护设施；

（三）其他有损工业遗产保护行为的。

第四十条　违反本条例规定，在工业遗产保护范围内，擅自取土、打井、挖建沟渠池塘改变地形地貌的，由文物行政主管部门责令改正；情节较轻的，对单位处一万元以上二万元以下的罚款，对个人处一千元以上二千元以下的罚款；情节较重的，对单位处二万元以上五万元以下的罚款，对个人处二千元以上五千元以下的罚款；造成损失的，依法承担赔偿责任。

第四十一条　违反本条例规定，在工业遗产保护范围内，擅自采矿、采砂、采石的，由文物行政主管部门责令改正；情节较轻的，对单位处二万元以上五万元以下的罚款，对个人处二千元以上五千元以下的罚款；情节较重的，对单位处五万元以上十万元以下的罚款，对个人处五千元以上一万元以下的罚款；有违法所得的，没收违法所得；造成损失的，依法承担赔偿责任。

第四十二条　违反本条例规定，擅自迁移、拆除工业遗产的，由文物行政主管部门责令改正，处二十万元以上五十万元以下罚款；造成损失的，依法承担赔偿责任。

第四十三条　人民法院、人民检察院、公安机关和市场监督管理等部门对依法没收的可移动工业遗产，应当登记造册，妥善保管，结案后依法处置。

第五章　附　则

第四十四条　被认定为文物的工业遗产，按照《中华人民共和国文物保护法》等法律法规的规定执行。

被认定为非物质文化遗产的工业遗产，按照《中华人民共和国非物质文化遗产法》等法律法规的规定执行。

第四十五条　本条例所称的物质工业遗产，包括与工业发展相关的工矿、厂房、仓库、码头、桥梁、办公建筑及其他构筑物等不可移动的工业遗存，还包括机器设备、生产工具、工业产品、办公用品、生活用具、历史档案、书稿、影音资料和其他出版物等可移动的工业遗存。

本条例所称的非物质工业遗产，包括生产工艺流程、手工技能、原料配方、商号、经营管理、企业文化、企业精神、企业故事等相关内容。

第四十六条　县级工业遗产的认定、保护与利用，参照本条例的有关规定执行。

第四十七条　本条例自2018年7月1日起施行。

2.《邯郸市工业遗产保护与利用条例》（2019年9月1日实施）

第一章　总　则

第一条　为了加强工业遗产的保护与利用，传承和展示邯郸工业文明，弘扬历史文化，根据有关法律、法规，结合本市实际，制定本条例。

第二条　本市行政区域内工业遗产的普查、认定、保护、利用及其监督管理活动，适用本条例。

第三条　本条例所称工业遗产，是指反映本市工业发展历程，具有历史时代特征和风貌特色，承载着公众认同和地域归属感，具有较高历史、科技、艺术、社会价值的工业文化遗存。工业遗产包括物质遗产和非物质遗产。物质遗产包括厂房（车间、作坊）、管理和科研场所、矿场、仓库、码头桥梁道路等运输基础设施、住房教育休闲等附属生活服务设施及其他构筑物等不可移动的物质遗存，以及机器设备、工具用具、商标徽章、文献档案、图书资料、影像录音等可移动的物质遗存。非物质遗产包括经营管理经验、生产工艺、手工技能、原料配方、商号字号、企业文化等工业文化形态。

第四条　工业遗产的保护和利用，应当遵循政府引导、社会参与、科学规划、分类管理、保护优先、合理利用的原则。

第五条　市、县级人民政府负责本行政区域内的工业遗产保护与利用工作，将工业遗产保护经费列入本级财政预算。市、县级工业和信息化行政主管部门负责所管辖区域内工业遗产保护与利用的监督管理。发展改革、文物、财政、国有资产管理、自然资源规划、建设、科技、文化广电旅游、交通运输、公安、城管执法等有关部门，在各自职责范围内，做好工业遗产保护与利用工作。工业遗产所在地的乡（镇）人民政府、街道办事处及村（居）民委员会，应当协助有关部门做好工业遗产的保护与利用工作。

第六条　工业遗产的所有权人为工业遗产的保护责任人。工业遗产有管理人或者使用人的，管理人或者使用人也应当履行保护工业遗产的职责。工业遗产的保护责任按照前款规定无法确定的，由所在地人民政府负责先行保护。

第七条　市、县级人民政府应当建立工业遗产保护与利用联席会议制度，组织、协调相关部门和单位做好工业遗产保护与利用工作。

第八条　市、县级人民政府及其有关部门应当加强对工业遗产保护与利用的宣传教育，通过利用出版物、展览、广播、电视、互联网等多种媒体形式，提高公民对工业遗产价值的认知，增强公民的工业遗产保护与利用意识。

第九条　单位和个人有权对破坏或者危害工业遗产的行为进行劝阻、依法检举或者控告。鼓励社会力量通过捐助、捐赠、组织公益活动、设立基金等方式支持、参与工业遗产的保护与利用。对工业遗产保护与利用做出突出贡献的单位或者个人，由市、县级人民政府给予奖励。

第二章　普查与认定

第十条　市、县级人民政府应当设立工业遗产保护与利用专家委员会。专家委员会由工业、文物、历史、文化、教育、旅游、科技、规划、建筑、法律和经济等方面的专业人士组成，对工业遗产进行评审，为工业遗产的认定、保护、利用等有关事项决策提供咨询意见。

第十一条　工业遗产的普查由市工业和信息化行政主管部门会同国有资产管理、文物等有关部门联合组织实施。工业文化遗存的所有权人、管理人或者使用人应当配合普查工作。

第十二条　工业文化遗存的所有权人、管理人或者使用人可以向工业和信息化行政主管部门申报工业遗产，其他单位或者个人可以向工业和信息化行政主管部门推荐工业遗产。

第十三条　符合下列条件之一的工业文化遗存，可以认定为工业遗产：

（一）对所管辖区域的工业发展起到过重要推动作用，具有历史阶段标志性和行业代表性，与工业发展有关的生产生活建（构）筑物及其他设施等不可移动工业文化遗存；

（二）具有时代特征和工业风貌特色，代表性建筑本体尚存、建筑格局完整，建筑技术领先或者极具特色的不可移动工业文化遗存；

（三）与所管辖区域工业发展、重大历史事件或者重要人物有关的机器设备、工具用具、商标徽章、文献档案、图书资料、影像录音等可移动工业文化遗存；

（四）体现邯郸工业发展历程和地方特色，具有标志性或者时代性的工业产品；

（五）在一定范围内或者特定历史时期产生过重要社会影响的经营管理经验、生产工艺、手工技能、原料配方、商号字号、企业文化等具有较高价值的非物质工业文化遗存；

（六）与所管辖区域工业发展重大历史事件有关的事件发生地或者重要人物活动场所；

（七）其他具有较高社会价值，可以认定为工业遗产的工业文化遗存。对于煤炭、钢铁、冶金、陶瓷、纺织、电力、建材等体现邯郸工业特色的工业文化遗存优先给予认定。

第十四条　市、县级人民政府接到本级工业和信息化行政主管部门会同国有资产管理、文物等有关部门根据工业遗产保护与利用专家委员会的评审意见报送的工业遗产建议名录，经向社会公示后，可以认定为工业遗产并且公布。涉及非国有企业的，工业和信息化行政主管部门等相关部门应当事先听取所有权人、管理人或者使用人的意见。

第十五条　符合下列条件之一的工业文化遗存，市、县级人民政府接到本级工业和信息化行政主管部门依照第十四条第一款规定程序报送的工业遗产建议名录后，可以直接认定为工业遗产并且公布：

（一）体现邯郸地方特色的古代、近代工业文化遗存；

（二）建国前建设的发挥过重要作用的现代工业文化遗存；

（三）建国后至改革开放前建设的国有重点工业企业和具有较大社会影响力的国有工业企业；

（四）改革开放以来建设的非常具有代表性的国有工业企业。

第十六条　工业遗产不得擅自调整或者撤销。确因不可抗力或者其他原因导致工业遗产发生显著变化，需要调整或者撤销的，参照原认定程序办理。

第十七条　市、县级人民政府可以根据不可移动工业遗产的保护价值，认定其为市级重点工业遗产保护单位、县级重点工业遗产保护单位。工业遗产集中成片，能够反映出特定历史时期或者产业类型的典型风貌特色，具有较高保护价值的区域，市人民政府可以列为工业遗产保护区，进行整体保护与利用。

第十八条　城乡建设中发现有重要保护价值而且尚未确定为工业遗产的工业文化遗存，经市、县级工业和信息化行政主管部门初步确认后，可以参照本条例的有关规定要求工业文化遗存的所有权人、管理人或者使用人采取先予保护的措施。市、县级人民政府应当在采取先予保护措施之日起二个月内做出是否为工业遗产的认定。不认定为工业遗产或者未在规定期限内做出认定的，工业文化遗存的所有权人、管理人或者使用人可以解除保护措施。

第三章　保护与利用

第十九条　工业与信息行政主管部门应当会同有关部门根据本级国民经济和社会发展规划、国土空间总体规划，组织编制工业遗产保护与利用专项规划，对已经认定的工业遗产划定保护范围和建设控制地带，报本级人民政府批准后执行。

第二十条　市、县级人民政府应当在公布工业遗产名录的同时，明确每处工业遗产的保护内容，并且向工业遗产的所有权人颁发工业遗产认定证书。工业遗产公布后一年内，工业遗产的保护责任人应当在市、县级工业和信息化行政主管部门的指导下，根据划定的保护范围和建设控制地带及时设立保护标识、界桩等保护设施。标识应当载明工业遗产名称、保护范围、公布机构和时间等相关内容。

第二十一条　工业遗产的所有权人、管理人或者使用人，应当根据工业遗产保护与利用专项规划，制定工业遗产专项保护方案，负责工业遗产的防护加固、修缮整治、安全防卫等日常维护管理工作。

第二十二条 对于价值较高的工业遗产，市、县级工业和信息化行政主管部门应当与保护责任人签订工业遗产保护协议，明确相关权利与义务。

第二十三条 工业遗产以原址保护为主；确实无法实施原址保护的不可移动工业遗产，应当报工业遗产保护联席会议审查，经本级人民政府批准后迁移异地保护或者拆除；不宜在原址保护的可移动工业遗产，可以由博物馆、图书馆以及档案馆等具有收藏保护能力的机构予以征集收藏、陈列展示。

第二十四条 经营管理经验、生产工艺流程、手工技能、原料配方、商号字号、企业文化等非物质工业遗产应当由所有权人做好相关档案资料的保护，注重传承与传播。

第二十五条 在工业遗产保护范围内，禁止下列破坏或者危害工业遗产的行为：

（一）在工业遗产或者保护设施上涂污、刻划、张贴、攀登；

（二）擅自移动、拆除、损坏保护标识、界桩和其他工业遗产保护设施；

（三）违规采矿、采砂、采石、取土、打井、挖建沟渠池塘改变地形地貌的行为；

（四）擅自迁移、拆除工业遗产；

（五）其他有损工业遗产保护的行为。

第二十六条 在工业遗产保护范围内进行建设活动，应当符合工业遗产保护规划和下列规定：

（一）不得擅自改变工业遗产空间格局和建筑原有的立面、色彩；

（二）除确需建造的建筑附属设施外，不得进行新建、扩建活动，对现有建筑进行改建时，应当保持或者恢复其历史文化风貌；

（三）不得擅自新建、扩建道路，对现有道路进行改建时，应当保持或者恢复其原有的道路格局和景观特征；

（四）不得擅自设置户外广告、招牌等设施，不得破坏建筑空间环境和景观。

第二十七条 鼓励对工业遗产进行综合利用，设立工业技术博物馆或者其他专业博物馆、主题文化公园、社区历史陈列馆、文化艺术创意中心等文化设施。

第二十八条 鼓励利用工业遗产开发区域或者跨区域的工业旅游线路，或者建设工业文化产业园区、特色小镇（街区）、创新创业基地等，培育工业设计、工艺美术、工业创意等业态。

第二十九条 尚在使用中的工业遗产，在妥善保护、确保安全的前提下，可以继续进行相关生产经营活动或者发展商业、服务业、新兴产业。

第三十条 鼓励社会资本参与工业遗产保护与利用。市、县级人民政府及相关部门应当对工业遗产保护与利用项目中的公益性、公共性服务平台建设与服务事项，通过政府购买服务、补贴、贷款贴息等方式优先予以支持。鼓励开展非物质工业遗产的记录和非物质工业遗产代表性项目的整理、出版等活动。

第四章 法律责任

第三十一条 工业和信息化行政主管部门、其他负有工业遗产保护与利用职能的部门及其工作人员有滥用职权、玩忽职守、徇私舞弊行为的，由其同级人民政府或者上级主管部门、监察机关责令改正；情节严重的对直接负责的主管人员和其他直接责任人员依法依规给予行政处分；涉嫌犯罪的，依法移交司法机关追究刑事责任。

第三十二条 违反本条例规定，工业遗产的所有权人、管理人或者使用人不依法履行日常维护管理等保护责任的，由市、县级工业和信息化行政主管部门责令其限期改正。

第三十三条 违反本条例规定，在工业遗产保护范围内，有下列行为之一的，由市、县级工业和信息化行政主管部门责令其改正；拒不改正的，处五百元以上一千元以下罚款；情节严重的，处一千元以上两千元以下罚款；造成损失的，依法承担赔偿责任：

（一）在工业遗产或者保护设施上涂污、刻划、张贴、攀登；

（二）擅自移动、拆除、损坏保护标识、界桩和其他工业遗产保护设施；

（三）其他有损工业遗产保护行为的。

第三十四条 违反本条例规定，在工业遗产保护范围内，擅自采矿、采砂、采石的，由市、县级工业和信息化行政主管部门责令改正；情节较轻的，对单位处二万元以上五万元以下的罚款，对个人处二千元以上五千元以下的罚款；情节较重的，对单位处五万元以上十万元以下的罚款，对个人处五千元以上一万元以下的罚款；有违法所得的，没收违法所得；造成损失的，依法承担赔偿责任。

第三十五条 违反本条例规定，在工业遗产保护范围内，擅自取土、打井、挖建沟渠池塘等改变地形地貌的，由市、县级工业和信息化行政主管部门责令改正；情节较轻的，对单位处一万元以上二万元以下的罚款，对个人处一千元以上二千元以下的罚款；情节较重的，对单位处二万元以上五万元以下的罚款，对个人处二千元以上五千元以下的罚款；造成损失的，依法承担赔偿责任。

第三十六条 违反本条例规定，擅自迁移、拆除工业遗产的，由市、县级工业和信息化行政主管部门责令改正，处二十万元以上五十万元以下罚款；造成损失的，依法承担赔偿责任。

第三十七条 人民法院、人民检察院、公安机关和市场监督管理等部门对依法没收的可移动工业遗产，应当登记造册，妥善保管，结案后依法处置。

第五章 附 则

第三十八条 被认定为文物或者非物质文化遗产的工业遗产，分别按照《中华人民共和国文物保护法》《中华人民共和国非物质文化遗产法》等法律法规和相关保护要求执行。

第三十九条 本条例自2019年9月1日起施行。

3.《邢台市工业遗产保护与利用条例》（2020年1月1日实施）

第一章 总 则

第一条 为了加强对工业遗产的保护与利用，传承和展示邢台工业文明，根据相关法律法规，结合本市实际，制定本条例。

第二条 本市行政区域内工业遗产的普查认定、保护管理、利用发展及其监督管理活动，适用本条例。

已认定为文物的工业遗产，文物保护法律法规另有规定的，从其规定。

已认定为非物质文化遗产的工业遗产，非物质文化遗产法律法规另有规定的，从其规定。

第三条　本条例所称工业遗产，是指本市行政区域内，反映工业发展历程，具有历史时代特征和风貌特色，承载着公众认同和地域归属感，具有较高历史、科技、文化、艺术、社会等价值，经过相关程序认定的工业遗存。

工业遗产包括物质工业遗产和非物质工业遗产。

物质工业遗产包括厂房、矿场、作坊、仓库、办公用房和码头、桥梁、道路等运输基础设施，居住教育休闲等附属生活服务设施以及其他建（构）筑物等不可移动的物质遗存，还包括机器设备、生产工具、工业产品、办公用品、生活用品、历史档案以及徽章、文献、手稿、影音资料、图书资料等可移动的物质遗存。

非物质工业遗产包括生产工艺流程、手工技能、原料配方、商标商号、经营管理模式、企业文化等工业文化表现形式。

第四条　工业遗产的保护与利用应当遵循政府引导、社会参与，科学规划、分类管理，保护优先、合理利用，动态传承、可持续发展的原则。

第五条　市、县级人民政府负责本行政区域内工业遗产的保护与利用工作。

市工业和信息化行政主管部门对本市工业遗产的保护利用实施监督管理，指导县级地方开展工业遗产保护利用工作。其他有关部门，在各自职责范围内，做好工业遗产保护利用相关工作。

工业和信息化行政主管部门应当会同发展和改革、国资、自然资源和规划、财政、文化广电和旅游、住房和城乡建设、科技、生态环境、公安、应急管理、交通、人防、市场监管、城市管理综合行政执法等有关部门建立联席会议制度，组织、协调工业遗产保护与利用工作中的有关事宜，重大事项报本级人民政府批准。

工业遗产所在地的乡（镇）人民政府、街道办事处及村（居）民委员会，应当协助有关部门做好工业遗产的保护与利用工作。

第六条　工业遗产的所有权人为工业遗产保护责任人。工业遗产权属不清或者所有权人下落不明的，使用人或者管理人为保护责任人。所有权人与使用人或者管理人就保护责任有书面合同约定的，从其约定。

第七条　工业遗产所在地的市、县级人民政府工业和信息化行政主管部门应当会同自然资源和规划、国资、文化广电和旅游等部门组织编制工业遗产保护与利用专项规划，报本级人民政府批准，纳入本级国民经济和社会发展规划或者国土空间规划。

第八条　市、县级人民政府应当将工业遗产保护经费列入本级财政预算，保证日常管理和专项保护工作的需要。

第九条　市、县级人民政府及其有关部门应当加强对工业遗产保护与利用的宣传教育，提高公民、法人和其他组织对工业遗产价值的认知，增强全社会的工业遗产保护与利用意识。

公民、法人和其他社会组织有权对破坏、损坏或者危害工业遗产的行为依法进行劝阻、举报。

第十条　鼓励和支持公民、法人和社会机构通过捐赠、捐助、科研、科普、公益活动、设立基金等多种方式参与工业遗产保护与利用工作。

第十一条　单位或者个人有下列事迹之一的，市、县级人民政府应当给予表彰或者奖励：

（一）在工业遗产保护科学研究方面有重要发明创造的；

（二）在保护和抢救工业遗产过程中作出突出贡献的；

（三）捐献重要工业遗产或者为工业遗产保护利用事业作出捐赠的；

（四）长期从事工业遗产保护利用工作，成绩显著的；

（五）应当给予表彰或者奖励的其他事迹。

第二章　普查认定

第十二条　工业遗产的普查应当定期开展。市人民政府工业和信息化行政主管部门应当会同国有资产、文化广电和旅游行政主管部门联合制定全市范围内工业遗产普查的具体办法，并组织实施。县级人民政府应当明确相关机构具体负责本行政区域内工业遗产的普查和申报工作。工业遗产的所有权人、管理人或者使用人应当配合普查工作。任何单位和个人不得拒报、迟报、瞒报、虚报、伪造、篡改普查资料。

对普查中涉及的国家秘密、商业秘密或者个人隐私，普查机关及其工作人员应当履行保密义务。

第十三条　在本市具有重要历史价值的企业实施搬迁改造、破产清算前，市、县级人民政府应当对其原有工业遗存的价值进行调查和评估。符合条件的，应当提前采取必要保护措施，并及时申报工业遗产。

第十四条　工业遗存的所有权人可以向所在地工业和信息化行政主管部门提出认定工业遗产的申请，其他单位或者个人可以向所在地工业和信息化行政主管部门推荐工业遗产。

第十五条　市人民政府应当设立工业遗产保护专家委员会。专家委员会由工业、文物、历史、文化、科技、教育、规划、建筑、旅游和法律等方面的专业人士组成，为普查和认定工业遗产等有关事项提供咨询和评审意见。

第十六条　市工业和信息化行政主管部门应当会同有关部门对普查、申报或者推荐的项目进行核查，经专家委员会评审并征求工业遗存所有权人或者管理人、使用人的意见后，向社会公示，提出工业遗产建议名录，报请市人民政府批准并向社会公布。

第十七条　具备下列条件之一的工业遗存，可以依法认定为市级工业遗产：

（一）一定时期内具有稀缺性、唯一性，在本市乃至全省、全国具有较大影响力的；

（二）某一时期在本市乃至全省、全国同行业内具有代表性或者先进性的；

（三）与邢台重要历史事件、重要历史人物有关或者承载民族认同感、地域归属感，具有明显集体记忆和情感联系的；

（四）代表性建筑本体尚存、建筑格局完整，具有时代特征和工业风貌特色，对城市空间形态的演变产生重大影响的；

（五）反映装备制造、钢铁、煤炭等邢台特色产业发展历程，对本市经济社会发展产生过重要推动作用的；

（六）具有重要价值的企业档案资料和作出杰出贡献的人物事迹资料（包括文字、图片、图纸、影像、录音等实物资料）；

（七）具有较高价值的生产工艺流程、手工技能、原料配方、商标商号、经营管理模式、企业文化等工业文化表现形式；

（八）其他有较高历史和社会价值的工业遗存。

第十八条　对于体现本市工业特色的工业遗存给予优先认定。

对具有一定历史影响的，小、多、散的工业遗存，可以以集群的形式予以认定。

第十九条　工业遗产集中成片、工业风貌保存完整、具有一定规模，能反映出某一历史时期或某种产业类型的典型风貌特色、有较高历史价值的区域，由市人民政府列为工业遗产保护区，进行整体保护和利用。

第三章　保护管理

第二十条　市工业和信息化行政主管部门应当会同自然资源和规划行政主管部门，按照工业遗产保护与利用专项规划，划定工业遗产的保护范围和建设控制地带，报请市人民政府批准公布和实施。

工业遗产名录公布后一年内，工业和信息化行政主管部门应当设立保护标识、界桩等保护设施。标识应当载明工业遗产名称、保护范围、公布时间等相关内容。

第二十一条　工业遗产的保护责任人负责工业遗产的监测评估、防护加固、修缮整治、安全防卫等日常维护管理工作。

对于价值较高的工业遗产，工业和信息化行政主管部门应当与保护责任人签订工业遗产保护协议，明确相关权利与义务。

第二十二条　工业和信息化行政主管部门应当指导遗产保护责任人制定保护方案，并定期对工业遗产的保护情况进行巡查评估。

工业遗产保护责任人不具备保护管理能力的，市、县级人民政府应当采取必要措施进行保护管理。

第二十三条　工业遗产以原址保护为主；无法实施原址保护，需要迁移异地保护的，应当报市工业和信息化行政主管部门审查，经市人民政府批准后实施。

不宜在原址保护的可移动工业遗产，应当由博物馆、图书馆及档案馆等机构予以征集收藏、陈列展示。

第二十四条　不可移动的工业遗产应当对建筑物主要外观特征、结构形式进行整体保留，并进行必要修缮、维护。

尚在使用中的不可移动工业遗产，在妥善保护、确保安全的前提下，可以继续进行相关生产经营活动。

第二十五条　在工业遗产保护范围和建设控制地带内实施建设工程的，必须符合工业遗产保护与利用专项规划的要求，建设工程设计方案应当报自然资源和规划行政主管部门批准。

工业遗产的修缮应当符合工业遗产保护要求，建立完善的修缮档案，并提前征求工业和信息化行政主管部门的意见。

第二十六条　生产工艺流程、手工技能、原料配方、商标商号、经营管理模式、企业文化等非物质工业遗产应当做好相关档案资料的保护，注重传承与传播。

第二十七条　禁止下列破坏或者危害工业遗产的行为：

（一）在工业遗产或者保护设施上涂污、刻划、张贴、攀登等行为；

（二）擅自移动、拆除、损坏保护标识、界桩和其他工业遗产保护设施等行为；

（三）擅自采矿、采砂、采石、取土、打井、挖建沟渠池塘等改变地形地貌的行为；

（四）擅自迁移、拆除工业遗产等行为；

（五）其他有损工业遗产保护的行为。

第二十八条　工业遗产发生权属变更等情形的，变更后的所有权人应当将工业遗产的权属和保护责任人等变更情况书面报告工业和信息化行政主管部门。

第二十九条　在发生危及工业遗产安全的突发事件、自然灾害等情况时，市、县级人民政府和工业遗产保护责任人应当及时采取相应处置措施。

第三十条　工业遗产核心物项损毁并无法修复，不再符合认定条件，需移出工业遗产名录的，按照程序报市人民政府批准后实施。原工业遗产所有权人及有关方面不得继续使用“邢台市工业遗产”字样和相关标志、标识。

第四章　利用发展

第三十一条　工业遗产的利用，应当符合工业遗产保护与利用专项规划，保持整体风貌，传承工业文化。

第三十二条　市、县级人民政府和工业遗产保护责任人应当综合利用互联网、大数据、云服务等科技手段，加强对工业遗产的宣传报道和传播推广。鼓励开展工业文艺作品创作、展览、科普和爱国主义教育等活动，大力弘扬工匠精神、劳模精神和企业家精神。

第三十三条　鼓励建设创意产业园、主题博物馆、主题文化广场、遗址公园、特色小镇（街区）等，发掘整理、展示利用工业遗产，促进工业遗产的生态可持续发展。

第三十四条　支持开发具有生产流程体验、历史人文与科普教育、特色产品推广等功能的工业旅游项目，完善基础设施和配套服务，打造具有地域和行业特色的工业旅游线路。

第三十五条　鼓励开展非物质工业遗产记录和代表性项目的整理、出版等活动。

第三十六条　鼓励和支持工业遗产所有权人将符合开放条件的工业遗产向公众开放。

第三十七条　鼓励开展工业遗产保护与利用的学术研究和交流，加强工业遗产资源调查，挖掘工业遗产价值，提升工业遗产保护利用水平和能力。

第五章　法律责任

第三十八条　违反本条例规定，行政管理部门及其工作人员有下列行为之一的，由本级人民政府或者上级主管部门、监察机关责令改正；情节严重的，对直接负责的主管人员和其他直接责任人员依法给予政务处分；构成犯罪的，依法追究刑事责任：

（一）不履行或者怠于履行监督管理责任，造成工业遗产损毁或者流失的；

（二）未按规定进行巡查评估或者发现违法行为不按规定报告、处理的；

（三）贪污、挪用工业遗产保护经费的；

（四）泄露工业遗产调查中涉及的国家秘密、商业秘密或者个人隐私的；

（五）其他滥用职权、玩忽职守、徇私舞弊、弄虚作假的行为。

第三十九条　违反本条例第二十五条规定，对工业遗产的安全和历史文化风貌造成破坏的，由工业和信息化行政主管部门责令改正，并处五万元以上十五万元以下罚款。

第四十条 违反本条例第二十七条第一款、第二款规定的，由工业和信息化行政主管部门责令改正；拒不改正的，处二百元以上五百元以下罚款；情节严重的，处五百元以上一千元以下罚款。

第四十一条 违反本条例第二十七条第三款规定的，由工业和信息化行政主管部门责令改正；情节较轻的，对单位处二万元以上五万元以下罚款，对个人处二千元以上五千元以下罚款；情节较重的，对单位处五万元以上十万元以下罚款，对个人处五千元以上一万元以下罚款；有违法所得的，没收违法所得。

第四十二条 违反本条例第二十七条第四款规定的，由工业和信息化行政主管部门责令改正，并处二十万元以上五十万元以下罚款。

第四十三条 违反本条例规定，造成损失的，依法承担赔偿责任；构成犯罪的，依法追究刑事责任。

第六章 附 则

第四十四条 县级工业遗产的普查、认定、保护和利用，参照本条例的规定执行。

第四十五条 本条例自2020年1月1日起施行。

4.《承德市工业遗产保护与利用条例》（2020年12月1日实施）

第一章 总 则

第一条【立法目的】 为了加强工业遗产的保护与利用，传承工业文明，弘扬历史文化，根据有关法律、法规，结合本市实际，制定本条例。

第二条【适用范围】 本市行政区域内工业遗产的调查、认定、保护、利用以及监督管理，适用本条例。

第三条【概念类别】 本条例所称工业遗产，是指具有历史、科技、文化、艺术、经济、社会等价值，经市、县（市、区）人民政府认定的工业遗存。

工业遗产包括物质工业遗产和非物质工业遗产。

物质工业遗产包括不可移动物质工业遗产和可移动物质工业遗产。不可移动物质工业遗产指厂房、仓库、作坊、炉窑、矿场、码头、桥梁、道路、办公楼、住房及其他建（构）筑物等物质遗产；可移动物质工业遗产指机器设备、生产工具、工业产品、办公用具、生活用具、历史档案、文献、手稿、视听资料、图书资料等物质遗产。

非物质工业遗产包括生产工艺流程、手工技能、原料配方、商标、商号、经营管理模式等非物质遗产。

第四条【遵循原则】 工业遗产的保护利用管理，应当发挥遗产所有人的主体作用，坚持政府引导、社会参与，保护优先、合理利用，动态传承、可持续发展的原则。

第五条【政府与部门职责】 市、县（市、区）人民政府应当建立工业遗产保护与利用联席会议制度，负责组织、协调本行政区域内工业遗产的保护与利用工作。

市、县（市、区）人民政府工业和信息化主管部门负责本行政区域内的工业遗产保护管理工作。有关部门按照各自职责分工，共同做好工业遗产保护相关工作。

乡（镇）人民政府、街道办事处及村（居）民委员会，应当协助有关部门做好工业遗产的保护与利用工作。

第六条【专项规划】 工业和信息化主管部门应当会同有关部门组织编制工业遗产保护与利用专项规划，报本级人民政府批准，纳入本级国民经济和社会发展规划、历史文化名城保护规划或者城市总体规划。

县（市、区）工业遗产保护与利用专项规划，应当报市工业与信息化主管部门备案。

第七条【经费保障】 市、县（市、区）人民政府应当将工业遗产保护经费列入本级财政预算。

鼓励社会力量通过捐助、捐赠、组织公益活动、设立基金等方式支持、参与工业遗产的保护与利用。

第八条【宣传推广】 市、县（市、区）人民政府及其有关部门应当加强对工业遗产保护与利用的宣传教育，通过利用出版物、展览、广播、电视、互联网等多种媒体形式，提高公民对工业遗产价值的认知，增强公民的工业遗产保护与利用意识。

第九条【给予奖励】 市、县（市、区）人民政府对工业遗产保护与利用做出突出贡献的单位或者个人给予奖励。

第二章 调查与认定

第十条【开展调查】 工业和信息化主管部门应当会同有关部门组织开展工业遗产调查。

公民、法人和其他组织应当配合调查，如实提供有关信息和资料。

第十一条【申报与推荐】 遗产所有权人或者使用人可以向工业和信息化主管部门申报工业遗产，其他单位或者个人可以向工业和信息化主管部门推荐工业遗产。

第十二条【认定条件】 具备下列条件之一的工业遗存，可以认定为工业遗产：

（一）一定时期内具有稀缺性、唯一性，在本市乃至全省、全国具有较大影响力的；

（二）同一时期在本市乃至本省、全国同行业内具有代表性或者先进性的；

（三）与重要历史进程、历史事件、历史人物有关或者承载民族认同感、地域归属感，具有明显集体记忆和情感联系的；

（四）有时代特征和工业风貌特色，代表性建筑本体尚存、建筑格局完整或者建筑技术领先的；

（五）反映本市采掘、冶炼、加工、制造等特色产业发展历史，对本市经济社会发展产生过重要推动作用的；该工业所形成的产业对促进我市社会经济发展直接相关或对城市化进程产生深远影响，或因该类产业设施、建筑形成某种文化景观，并对城市空间形态的演变产生过重大影响；

（六）具有重要价值的企业和职工档案资料（包括文字、图片、图纸、影像、录音等实物资料）；

（七）生产工艺流程、手工技能、原料配方、商号、经营管理模式、企业文化等工业文化形态具有较高价值的；

（八）其他可以认定为工业遗产的。

对于体现本市工业特色的煤炭、钢铁、医药、食品、机械电子电力类工业遗产给予优先认定。

第十三条【专家委员会】 市、县（市、

区）人民政府应当设立工业遗产保护专家委员会，负责工业遗产评审工作。专家委员会由文物、工业、历史、文化、科技、规划、建筑、旅游和法律等方面的专业人员组成，为工业遗产的认定、调整、撤销以及规划、保护、利用等有关事项提供论证评审意见。

第十四条【认定程序】 工业和信息化主管部门负责组织工业遗产评审工作。

遗产所有权人提出申请，由工业和信息化主管部门初审，提交专家委员会进行评审，拟定工业遗产名录，在官方网站公示10日无异议后报本级人民政府批准并向社会公布。

第十五条【工业遗产保护区】 工业遗产集中成片，具有一定规模，工业风貌保存完整，能反映出某一历史时期或某种产业类型的典型风貌特色，有较高历史价值的区域，可以由市人民政府确定为工业遗产保护区，进行整体保护与利用。

第十六条【调整或撤销】 依法认定的工业遗产不得擅自调整或者撤销。确因不可抗力或者其他重大变化，需要调整或者撤销的，由工业和信息化主管部门提出，经专家委员会评审后报本级人民政府批准。

第三章　保护与利用

第十七条【保护责任人】 工业遗产的所有权人或者使用人为工业遗产的保护责任人，按照谁使用、谁负责、谁保护、谁受益的原则，负责工业遗产的防护加固、持续监测、修缮整治、安全防卫等日常维护管理工作。

工业遗产权属变更的，工业遗产所有权人应当将变更情况向工业和信息化主管部门备案。

第十八条【保护协议】 工业和信息化主管部门应当向社会公示工业遗产保护责任人，并定期对工业遗产的保护情况进行检查、评估。

工业和信息化主管部门应当与保护责任人签订工业遗产保护协议，明确相关权利与义务。

工业遗产保护责任人不具备保护、修缮能力的，可以委托具有保护能力的其他公民、法人或者其他组织代为履行保护、管理职责。

第十九条【保护范围划定】 工业和信息化主管部门应当根据工业遗产保护与利用专项规划，划定保护范围和建设控制地带，报本级人民政府批准后公布实施。

工业遗产公布后一年内，工业遗产的保护责任人应当在工业和信息化主管部门的指导下，根据划定的保护范围和建设控制地带及时设立保护标识、界桩等保护设施。标识应当载明工业遗产名称、保护范围、公布机构和时间等相关内容。

第二十条【分类、登记】 保护责任人应当在工业和信息化主管部门指导下做好工业遗产的分类、登记、修复、保管和评估等工作。

第二十一条【保护措施】 保护责任人对非物质工业遗产应当采取以下保护措施：

（一）采用文字、绘图、拍照、录音、录像等方式进行真实完整地记录；

（二）征集、收购相关资料、实物，保存、保护相关建（构）筑物、场所等；

（三）其他措施。

第二十二条【禁止行为】 在工业遗产保护范围和建设控制地带内，禁止下列行为：

（一）在工业遗产或者保护设施上涂污、刻划、张贴、攀爬；

（二）在禁止拍摄的区域或者对禁止拍照的

工业遗产进行拍摄、拍照；

（三）擅自移动、拆除、损坏工业遗产保护标识、界桩和其他保护设施；

（四）修坟立碑或者违反规定取土、打井、采砂、采石、采矿等改变地形地貌的行为；

（五）违反规定倾倒、堆放垃圾或者排放污染物；

（六）生产、储存、销售和使用易燃、易爆、剧毒、放射性、腐蚀性物品；

（七）其他损害工业遗产保护的行为。

公民、法人和其他组织对损害工业遗产的行为有权进行劝阻、检举。

第二十三条【新建建（构）筑物】　在工业遗产建设控制地带内，新建、改建、扩建建筑物或者构筑物的，其设计方案应当符合工业遗产保护专项规划，其外观、高度、体量、色调、建筑风格等应当与该工业遗产的环境、历史风貌相协调，并报经自然资源和规划主管部门批准。

第二十四条【原址、异地保护】　工业遗产以原址保护为主。无法实施原址保护，需要迁移异地保护的，应当报工业和信息化主管部门审查，经本级人民政府批准后迁移异地保护，或者由博物馆、图书馆及档案馆等具有收藏保护能力的机构予以征集收藏、陈列展示。

第二十五条【工业遗产的修缮】　工业遗产的修缮应当符合工业遗产保护与利用专项规划和相关规范要求，并征求工业和信息化主管部门的意见。修缮时，工业和信息化主管部门应当给予指导，保护责任人应当建立修缮档案。

第二十六条【综合利用】　鼓励对工业遗产的综合利用，结合文化创意产业、博览科学教育、旅游生态环境等因素，建设特色小镇（街区）、创意产业园、工业技术博物馆、主题文化广场、遗址公园等文化设施。

第二十七条　尚在使用中的工业遗产，在妥善保护、确保安全的前提下，可以继续进行相关生产经营活动或者发展商业、服务业和新兴产业。

第二十八条【向公众开放】　鼓励将工业遗产向公众开放。国有工业遗产、使用工业遗产保护经费的非国有工业遗产具备开放条件的，应当向公众开放。

第二十九条【学术交流】　鼓励开展工业遗产的学术研究和交流，挖掘工业遗产价值，推动工业遗产再利用。

鼓励开展非物质工业遗产的记录和非物质工业遗产代表性项目的整理、出版等活动。

第四章　法律责任

第三十条　对违反本条例的行为，有关法律、法规、规章已经设定行政处罚的，从其规定。

第三十一条　有关行政主管部门违反本条例规定，滥用职权、玩忽职守、徇私舞弊的，对其直接负责的主管人员和其他直接责任人员，给予政务处分；构成犯罪的，依法追究刑事责任。

第三十二条　违反本条例第十七条的规定，工业遗产保护责任人无正当理由拒不履行日常维护管理义务的，由工业和信息化主管部门责令其限期改正；逾期不改正的，由工业和信息化主管部门组织有关单位代为维护管理，所需费用由保护责任人承担。

第三十三条　违反本条例第二十二条第（一）项、第（二）项、第（三）项规定的，由工业和信息化主管部门责令限期改正；逾期不改正的，由工业和信息化主管部门处二百元以上五百元以下罚款；情节严重的，处五百元以上两千元以下罚款；造成损失的，依法承担赔偿责任。

违反本条例第二十二条第（四）项规定的，由工业和信息化主管部门责令限期改正；情节较轻的，对单位处一万元以上五万元以下的罚款，对个人处一千元以上五千元以下的罚款；情节严重的，对单位处五万元以上十万元以下的罚款，对个人处五千元以上一万元以下的罚款；有违法所得的，没收违法所得；造成损失的，依法承担赔偿责任。

违反本条例第二十二条第（五）项、第（六）项规定的，由有关行政主管部门按照职责分工依照相关法律、法规的规定予以查处；涉嫌犯罪的，移送司法机关处理；造成损害的，依法承担赔偿责任。

第三十四条　违反本条例第二十三条的规定，未经自然资源和规划主管部门批准，在工业遗产建设控制地带内擅自新建、改建、扩建建筑物或者构筑物的，由自然资源和规划主管部门依照相关法律、法规的规定予以查处；造成损失的，依法承担赔偿责任。

第三十五条　违反本条例的规定，擅自迁移、拆除工业遗产的，由工业和信息化主管部门责令限期改正，并处十万元以上五十万元以下罚款；涉嫌犯罪的，移送司法机关处理；造成损失的，依法承担赔偿责任。

第五章　附　则

第三十六条　被认定为文物或者非物质文化遗产的工业遗产，分别按照《中华人民共和国文物保护法》《中华人民共和国非物质文化遗产法》等法律法规执行。

第三十七条　本条例自2020年12月1日起施行。

5.《唐山市工业遗产保护与利用条例》（2021年1月1日实施）

第一章　总　则

第一条　为了加强工业遗产的保护和利用，展示唐山工业文明，传承唐山中国近代工业摇篮的历史荣誉，根据有关法律法规，结合本市实际，制定本条例。

第二条　本市行政区域内工业遗产的调查、认定、保护、利用及其监督管理活动，适用本条例。

第三条　本条例所称工业遗产，是指自1878年开平矿务局成立以来，具有较高历史价值、科技价值、艺术价值和社会价值，并经市人民政府认定公布的工业文化遗存。

工业遗产包括物质遗产和非物质遗产。物质遗产包括作坊、车间、厂房、管理和科研场所、矿区等生产储运设施，以及与之相关的生活设施和生产工具、机器设备、产品、档案等；非物质遗产包括生产工艺知识、管理制度、企业文化等。

第四条　工业遗产的保护和利用，应当遵循政府引导、社会参与，科学规划、分类管理，保护优先、合理利用，动态传承、高质量发展的原则。

第五条　市、县级人民政府负责本行政区域内的工业遗产保护与利用工作，应当建立工业遗产保护与利用联席会议制度，组织、协调相关部门和单位做好工业遗产保护与利用工作。

市、县级人民政府工业和信息化行政主管部

门负责本行政区域内工业遗产认定等管理工作，指导地方和企业开展工业遗产保护利用工作。

发展改革、文化广电旅游、财政、公安、国有资产管理、自然资源规划、住建、科技、交通运输、城管执法等有关部门按照各自职责，做好工业遗产保护与利用的相关工作。

工业遗产所在地的镇（乡）人民政府、街道办事处及村（居）民委员会，应当协助有关部门做好工业遗产保护与利用的相关工作。

第六条　市、县级人民政府应当将工业遗产保护经费列入本级财政预算。

第七条　市、县级人民政府及其有关部门应当充分利用出版物、展览、广播、电视、互联网等多种媒体和渠道，加强对工业遗产保护与利用的宣传教育，通过刊播工业遗产保护公益广告等多种形式，提高公民对工业遗产价值的认知，增强公民的工业遗产保护与利用意识。

第八条　鼓励社会力量通过捐助、捐赠、组织公益活动、设立基金等方式，支持、参与工业遗产保护和利用。

公民、法人和其他社会组织有权对破坏、损坏或者危害工业遗产的行为依法进行劝阻、举报。

第二章　调查与认定

第九条　市人民政府应当设立工业遗产保护专家委员会。专家委员会由工业、文物、历史、文化、旅游、科技、城乡规划、建筑、国土资源、法律和经济等方面的专业人士组成，为工业遗产的认定、调整、撤销以及保护、利用等有关事项决策提供咨询意见。

第十条　工业遗产调查和申报认定由市工业和信息化行政主管部门会同国有资产管理、文化广电和旅游等有关部门联合组织实施。

县级人民政府负责实施本行政区域内工业遗产项目调查和推荐申报工作。

工业文化遗存的所有权人、管理人或者使用人应当配合调查工作。

第十一条　工业遗产的所有权人、管理人或者使用人可以向工业和信息化行政主管部门申报工业遗产，其他单位或者个人可以向工业和信息化行政主管部门推荐工业遗产。

第十二条　工业和信息化行政主管部门会同国有资产管理、文化广电旅游等有关部门在调查和社会推荐基础上提出工业遗产建议名录，征求所有权人、使用人以及社会公众意见后，经专家委员会评审并经工业遗产保护联席会议通过，报请本级人民政府确定公布。

第十三条　符合下列条件之一的工业文化遗存，且保护和利用工作基础良好的，可以确定为工业遗产：

（一）一定时期内具有稀缺性，在本市具有较大影响力的；

（二）同一时期在本市同行业内具有代表性或者先进性的；

（三）与重要工业发展的历史事件、历史人物有关的，在本市具有较高影响力的；

（四）代表性建筑本体尚存、建筑格局完整，具有时代特征和工业风貌特色的；

（五）反映本市特色产业发展历史，对本市经济社会发展产生过重要推动作用的；对本市城市空间形态的演变产生重大影响的；承载民族认同和地域归属感，具有明显集体记忆和情感联系的；

（六）具有重要价值的企业和职工档案资料（包括文字、图片、图纸、影像、录音等实物资料）；

（七）具有较高价值的生产工艺知识、管理制度、企业文化等；

（八）其他有较高价值的工业遗存。

对于体现唐山工业特色的煤矿、水泥、陶瓷类工业遗产可适当降低认定标准；震后保留下来的原始工业遗存可直接认定为工业遗产。

第十四条　工业遗产集中成片，具有一定规模，工业风貌保存完整，能反映出某一历史时期或者某种产业类型的典型风貌特色，有较高历史价值的区域，可以由市人民政府列为工业遗产保护区，进行整体保护与利用。

第十五条　城乡建设中发现有重要保护价值而且尚未确定为工业遗产的工业文化遗存，经市、县级工业和信息化行政主管部门初步确认后，可以参照本条例的有关规定，由工业文化遗存的所有权人、管理人或者使用人采取先予保护的措施。

市、县级人民政府应当在采取先予保护措施之日起二个月内作出是否为工业遗产的认定。不予认定为工业遗产或者未在规定期限内作出认定的，工业文化遗存的所有权人、管理人或者使用人可以解除保护措施。

第三章　保护与利用

第十六条　工业遗产的所有权人为工业遗产的保护责任人，负责工业遗产的防护加固、修缮整治、安全防卫等日常维护管理工作。

工业遗产权属不清或者所有权人下落不明的，使用人或者管理人为保护责任人。

所有权人与使用人或者管理人就保护责任有书面合同约定的，从其约定。

第十七条　工业遗产保护责任人应当在遗产区域内醒目位置设立标志，内容包括遗产的名称、标识、认定机构名称、认定时间和相关说明。工业遗产标识由市工业和信息化行政主管部门发布。

第十八条　工业遗产保护责任人应当建立完备的遗产档案，记录工业遗产的核心物项保护、遗存收集、维护修缮、发展利用、资助支持等情况，收藏相关资料并存档。

市工业和信息化行政主管部门负责建立和完善工业遗产档案数据库，工业遗产保护责任人应当予以配合。

第十九条　工业遗产保护责任人应当设置专门部门或者由专人监测遗产的保存状况，采取有效保护措施，保持遗产格局、结构、样式和风貌特征，确保核心物项不被破坏。

工业遗产格局、结构、样式和风貌特征出现较大改变的应当及时恢复，核心物项如有损毁的应当及时修复。有关情况应在三十个工作日内向市工业和信息化行政部门报告。

第二十条　工业遗产的核心物项调整按照原申请程序提出。工业遗产核心物项损毁并无法修复，不再符合认定条件的，按照公布程序将其从工业遗产名单中移除，遗产所有权人及有关方面不得继续使用“唐山市工业遗产”字样和相关标志、标识。

第二十一条　工业遗产的利用，应当充分听取社会公众的意见，科学决策，保持整体风貌，传承工业文化。

第二十二条　加强对工业遗产的宣传报道和

传播推广，综合利用互联网、大数据、云计算等高科技手段，开展工业文艺作品创作、展览、科普和爱国主义教育等活动，弘扬工匠精神、劳模精神和企业家精神，促进工业文化繁荣发展。

第二十三条　支持有条件的地区和企业依托工业遗产建设工业博物馆，发掘整理各类遗存，完善工业博物馆的收藏、保护、研究、展示和教育功能。

第二十四条　支持利用工业遗产资源，开发具有生产流程体验、历史人文与科普教育、特色产品推广等功能的工业旅游项目，完善基础设施和配套服务，打造具有地域和行业特色的工业旅游线路。

第二十五条　鼓励利用工业遗产资源，建设工业文化产业园区、特色小镇（街区）、创新创业基地等，培育工业设计、工艺美术、工业创意等业态。

第二十六条　鼓励强化工业遗产保护利用学术研究，开展专业培训及国内外交流合作，培育支持专业服务机构发展，提升工业遗产保护利用水平和能力，扩大社会影响。

第二十七条　鼓励市中心区工业用地依法变更为商业用地。支持市中心区工业企业利用厂房、库房发展商业服务业、新兴产业。

鼓励社会资本参与工业遗产保护利用，对于符合支持条件的保护利用项目，从市文化旅游产业融合发展专项资金中给予适当补贴；对保护利用项目中的公益性、公共性服务平台建设与服务事项，通过政府购买服务等方式予以支持。

第二十八条　鼓励开展非物质工业遗产的记录和非物质工业遗产代表性项目的整理、出版等活动。

第四章　法律责任

第二十九条　工业遗产保护与利用职能单位或部门及其工作人员有下列行为之一的，由所在单位或者上级主管部门、纪检监察机关责令改正；情节严重的对直接负责的主管人员和其他直接责任人员依法依规给予行政处分；构成犯罪的，依法追究刑事责任：

（一）不履行或者怠于履行监督管理责任的；

（二）发现违法行为不按规定报告、处理的；

（三）贪污、挪用工业遗产保护经费的；

（四）其他滥用职权、玩忽职守、徇私舞弊、弄虚作假的。

第三十条　违反本条例规定，有下列行为之一的，由所在地人民政府工业遗产保护行政主管部门责令改正；逾期不改正的，处五百元以上一千元以下罚款；情节严重的，处一千元以上两千元以下罚款；造成损失的，依法承担赔偿责任：

（一）在工业遗产或者保护设施上涂污、刻划；

（二）擅自移动、拆除、损坏保护标识和其他工业遗产保护设施；

（三）其他有损工业遗产保护行为的。

第三十一条　违反本条例规定，工业遗产保护责任人不依法履行日常维护管理、监测，建立档案等保护责任的，由所在地人民政府工业遗产保护行政主管部门责令限期改正，逾期不改正的，依法将其从工业遗产名单中移除。

违反本条例规定，造成工业遗产核心物项损毁且无法修复的，由所在地人民政府工业遗产保护行政主管部门处二十万元以上五十万元以下罚款。

第五章　附　则

第三十二条　被认定为文物的工业遗产，按照《中华人民共和国文物保护法》等法律法规的规定执行。

被认定为非物质文化遗产的工业遗产，按照《中华人民共和国非物质文化遗产法》等法律法规的规定执行。

第三十三条　本条例自2021年1月1日起施行。

参考文献

[1] 北京市档案馆．京张铁路百年轨迹[M]．北京：新华出版社，2014．

[2] 陈真．中国近代工业史资料[M]．北京：生活·读书·新知三联书店，1957．

[3] 《当代中国的河北》编辑委员会．当代中国的河北（上）[M]．北京：当代中国出版社，2009．

[4] 方尔庄．河北通史·清朝（下）[M]．石家庄：河北人民出版社，2000．

[5] 高阳地方志编纂委员会．高阳县志[M]．北京：方志出版社，1999．

[6] 井陉矿务局第三矿志编纂委员会．井陉矿务局第三矿志[M]．石家庄：河北省井陉矿务局印刷厂，2006．

[7] 开滦矿务局史志办公室．开滦煤矿志·第二卷（1878—1988）[M]．北京：新华出版社，1995．

[8] 开滦矿务局史志办公室．开滦煤矿志·第五卷（1878—1988）[M]．北京：新华出版社，1995．

[9] 肯德．中国铁路发展史[M]．李抱宏，译．北京：生活·读书·新知三联书店，1958．

[10] 天津市地方志修编委员会．天津通志：铁路志[M]．天津：天津社会科学院出版社，1997．

[11] 王恒山，张殿文．经纬天地谱春秋：国营石家庄第二棉纺织厂史志（1954—1990）[M]．北京：光明日报出版社，1992．

[12] 河北省地方志编纂委员会．河北省志·第2卷：建置志[M]．石家庄：河北人民出版社，1993．

[13] 河北省地方志编纂委员会．河北省志·第3卷：自然地理志[M]．石家庄：河北科学技术出版社，1993．

[14] 河北省地方志编纂委员会．河北省志·第23卷：纺织工业志[M]．北京：方志出版社，1996．

[15] 河北省地方志编纂委员会．河北省志·第24卷：化学工业志[M]．北京：方志出版社，1996．

[16] 河北省地方志编纂委员会．河北省志·第28卷：煤炭工业志[M]．北京：方志出版社，1996．

[17] 河北省地方志编纂委员会．河北省志·第30卷：电力工业志[M]．北京：方志出版社，1996．

[18] 河北省地方志编纂委员会．河北省志·第31卷：冶金工业志[M]．北京：方志出版社，1996．

[19] 河北省文物局．河北省第三次全国文物普查重要新发现[M]．北京：科学出版社，2015．

[20] 华药厂志办．华北制药厂厂志（1953—1990）[M]．石家庄：河北人民出版社，1995．

[21] 李秦生．秦皇岛老照片[M]．香港：香港文汇出版社，2003．

[22] 李文治．中国科学院经济研究所中国近代经济史参考资料丛刊第三种·第1辑：中国近代农业史资料

（1840—1911）[M]．北京：生活·读书·新知三联书店，1957．
[23] 刘伯英，冯钟平．城市工业用地更新与工业遗产保护[M]．北京：中国建筑工业出版社，2009．
[24] 李鸿章．李鸿章全集（1—12册）[M]．长春：时代文艺出版社，1998．
[25] 李志龙．开滦史鉴撷萃（上册）[M]．石家庄：河北人民出版社，2011．
[26] 李松欣．保定市城市建设志[M]．北京：中国建筑工业出版社，1999．
[27] 宓汝成．中国近代铁路史资料[M]．北京：中华书局，1963．
[28] 牟安世．洋务运动[M]．上海：上海人民出版社，1956．
[29] 南开大学经济研究所．启新洋灰公司史料[M]．北京：生活·读书·新知三联书店，1963．
[30] 皮特·柯睿思．关内外铁路[M]．北京：新华出版社，2013．
[31] 石家庄市第一棉纺织厂厂志编纂办公室．棉一厂志（1953—1988）[M]．石家庄：石家庄第一棉纺织厂劳动服务公司印刷厂，1990．
[32] 首都水泥工业学校．水泥烧成工艺[M]．北京：中国建筑工业出版社，1961．
[33] 铁道部档案史志中心．中国铁路历史钩沉[M]．北京：红旗出版社，2002．
[34] 王智．燕赵百年[M]．石家庄：河北人民出版社，2001．
[35] 王汝霖．华药三十年 [M]．石家庄：河北人民出版社，1988．
[36] 谢忠厚，方尔庄，刘刚范，等．近代河北史要[M]．石家庄：河北人民出版社，1990．
[37] 西南交通大学校史编辑室．西南交通大学校史·第1卷（1896—1949）[M]．成都：西南交通大学出版社，1996．
[38] 徐冀．开滦煤矿志·第一卷[M]．北京：新华出版社，1992．
[39] 徐冀．开滦煤矿志·第二卷[M]．北京：新华出版社，1992．
[40] 项海帆，潘洪萱，张圣城，等．中国桥梁史纲[M]．上海：同济大学出版社，2009．
[41] 严兰绅．河北通史·民国（上）[M]．石家庄：河北人民出版社，2000．
[42] 闫觅．产业链视角下的旧直隶工业遗产群研究[M]．北京：中国石化出版社，2017．
[43] 杨大金．现代中国实业志[M]．北京：商务印书馆，1938．
[44] 虞和平．中国现代化历程[M]．南京：江苏人民出版社，2001．
[45] 詹天佑．京张铁路工程纪略[M]．北京：中华工程师学会，1915．
[46] 张国辉．洋务运动与中国近代企业[M]．北京：中国社会科学出版社，1979．
[47] 张贵，刘雪芹．河北经济地理[M]．北京：经济管理出版社，2017．
[48] 朱文通，王小梅．河北通史·民国（上）[M]．石家庄：河北人民出版社，2000．
[49] 朱文通，王小梅．河北通史·民国（下）[M]．石家庄：河北人民出版社，2000．
[50] 祝慈寿．中国工业技术史[M]．重庆：重庆出版社，1995．
[51] 中国人民政治协商会议唐山市开平区委员会．开平文史资料选编·第2辑[Z]．1991．

[52] 中国人民政治协商会议河北省保定市委员会文史资料研究委员会. 保定文史资料选辑·第6辑[Z]. 1989.

[53] 中国人民政治协商会议石家庄市委员会文史资料委员会，石家庄铁路分局路史编辑办公室. 石家庄文史资料·第13辑：正太铁路史料集[Z]. 1991.

[54] 中共石家庄市委党史研究室. 中国共产党石家庄历史大辞典（1921—1949）[M]. 北京：国家行政学院出版社，2007.

[55] 政协石家庄市委员会. 石家庄城市发展史[M]. 北京：中国对外翻译出版公司，1999.

[56] 郑红彬，陈迟. 河北天津古建筑地图（上）[M]. 北京：清华大学出版社，2018.

[57] 方强. 启新洋灰公司生产经营述论（1906—1937）[D]. 保定：河北大学，2007.

[58] 何东宝. 正太铁路与沿线经济发展（1907—1937）[D]. 石家庄：河北师范大学，2006.

[59] 郝帅. 从技术史角度探讨开滦煤矿的工业遗产价值[D]. 天津：天津大学，2013.

[60] 孔雪静. 城市中心区大规模工业遗产改造再利用研究：以唐山启新水泥厂改造为例[D]. 邯郸：河北工程大学，2014.

[61] 李惠民. 近代石家庄城市化研究（1901—1949）[D]. 石家庄：河北师范大学，2007.

[62] 李海涛. 近代中国钢铁工业发展研究（1840—1927）[D]. 苏州：苏州大学，2010.

[63] 王雨萌. 河北省工业遗产调查与价值评估[D]. 河北：河北工程大学，2018.

[64] 岳金龙. 王占元与乾义面粉公司研究[D]. 保定：河北大学，2011.

[65] 傅烨. 光辉的历程：记华北制药厂[J]. 中国工商，1990（12）：6.

[66] 郭瑞琦，刘田洁，王怡宁，等. 保定百年工业遗产乾义面粉厂的改造[J]. 工业建筑，2018，48（06）：191-194.

[67] 林崇华，秦佳丽，王健伟. 以唐山启新1889创意产业园为例谈传统工业区的活化再生[J]. 现代装饰（理论），2016（06）：51.

[68] 李松松，徐苏斌，青木信夫. 文物语境下的工业遗产价值解读[J]. 中国文化遗产，2019（01）：54-61.

[69] 马中军. 开滦煤矿工业遗产景观营造[J]. 工业建筑，2017，47（05）：52-55，61.

[70] 薛毅. 从传统到现代：中国采煤方法与技术的演进[J]. 湖北理工学院学报（人文社会科学版），2013，30（05）：7-15.

[71] 徐苏斌，郝帅，青木信夫，等. 开滦煤矿工业遗产群研究及其价值认定的探讨[J]. 新建筑，2016（03）：10-13.

[72] 贾葆. 事变后华北铁路建设概况[J]. 建设，1942，1（7）：39-41.

[73] 杨欢，陈厉辞. 秦皇岛市玻璃博物馆与工业遗产保护[J]. 文物春秋，2013（4）：68-71.

[74] 赵兴国. 启新洋灰公司概观[J]. 河北省银行经济半月刊，1946（1）：26-29.

[75] Xu S B. Foreign Technicians Who Worked for the Imperial Railway in North China from 1880's to 1900's[C]. Urbanization and Land Reservation Research-International Conference Proceedings of Urbanization and Land Resources Management：437-438.

[76] 马中军. 华北制药厂工业遗产调查[C] // 刘伯英. 中国工业建筑遗产调查、研究与保护：2017年中国第八届工业建筑遗产学术研讨会论文集. 北京：清华大学出版社，2019：230-231.

[77] 刘炜. 石家庄正太饭店的创建年代考证[EB/OL]. http://blog.sciencenet.cn/blog-2687371-1161239.html.

[78] 高一方. 铁路大厂的前世今生：正太铁路石家庄总机厂（中车石家庄公司）发展史 [EB/OL]. https://wenku.baidu.com/view/0ef366096d85ec3a87c24028915f804d2b168796.html.

[79] 藤森照信. 日本近代建筑[M]. 黄俊铭，译. 济南：山东人民出版社，2010.

[80] 黄景海. 秦皇岛港史・现代部分[M]. 北京：人民交通出版社，1987.

[81] 王庆普. 秦皇岛港[M]. 北京：人民交通出版社，2000.

[82] 王庆普. 秦皇岛港百年建设史[M]. 北京：中国标准出版社，2002.

[83] 闫永增. 以矿兴市：近代唐山城市发展研究（1878—1948年）[D]. 厦门大学，2007.

[84] 黄志鹏，贾慧献. 保定工业遗产的代表：乾义面粉公司与保定西郊八大厂[C] // 中冶建筑研究总院有限公司. 2020年工业建筑学术交流会论文集（中册）. 北京：工业建筑杂志社，2020：82-86.

后记

《中国工业遗产史录·河北卷》对河北省的工业发展概况、工业遗产现状及价值评估、工业遗产典型案例及保护再利用政策进行了较深入的研究。本书的出版凝聚着众人的心血，各章节执笔具体分工如下：第一章至第三章由闫觅负责，第四章的撰写及参与人员有闫觅、马中军、郑红彬、王雨萌、段雅淇、冯田甜、郝帅、胡紫叶、李丹、查菁，第五章由马中军、郑红彬、闫觅撰写整理，全书由闫觅统稿。

本书在编写过程中得到了相关专业人员的帮助和指导，在此衷心感谢河北省考古研究院毛保忠研究员、秦皇岛市文物管理局郭绘宇副研究员以及当地文物部门的大力支持，感谢天津大学建筑学院青木信夫教授、徐苏斌教授等专家学者提出的宝贵意见，同时感谢华南理工大学出版社编校人员为本书出版所做出的努力。

对于河北省工业遗产的保护和利用还有很多专题有待我们进一步深入研究，由于著者水平有限，本书难免有纰漏和不当之处，恳请各位专家、读者以及所有对工业遗产抱有浓厚兴趣的人士批评指正。本研究得到国家社科重大基金项目“我国城市近现代工业遗产保护体系研究”（12＆ZD230）、国家自然科学基金青年基金项目“产业链视角下的京津冀工业遗产群关联性研究”（51608337）、河北省高等学校社科研究2019年度项目（SD191078）等基金的资助，特此感谢。

闫　觅

2022年4月